Jean Heidmann

Odyssee im Kosmos

Aus dem Französischen von Norbert Lauinger

Birkhäuser Verlag
Basel · Boston · Berlin

Die Originalausgabe erschien 1986 unter dem Titel:
«L'Odyssée Cosmique. Quel destin pour l'univers?» bei Editions Denoël, Paris

CIP-Titelaufnahme der Deutschen Bibliothek

Heidmann, Jean:
Odysee im Kosmos / Jean Heidmann. Aus dem Franz. von
Norbert Lauinger. – Basel ; Boston ; Berlin : Birkhäuser, 1990
Einheitssacht.: L'Odyssée cosmique <dt.>
ISBN 3-7643-2381-3

Umschlaggestaltung: Zembsch' Werkstatt, München
Layout: Gregor Messmer, Basel
Printed in Germany
ISBN 3-7643-2481-3

Für Marie-Ange, die unter der gestirnten Kuppel des Planetariums so oft auf Flügeln in dieses rätselhafte Universum davonschwebt

Für ihre konstruktiven Ratschläge danke ich:

Lucette Bottinelli, maître de conférences à l'université Paris-XI-Orsay,
Brandon Carter, directeur de recherche au C.N.R.S., Observatoire de Paris,
Thibault Damour, chargé de recherche au C.N.R.S., Observatoire de Paris,
Alain Dupas, maître de conférences à l'université Paris-Sud,
Lucienne Gouguenheim, professeur à l'université Paris-XI-Orsay,
Rémi Hakim, professeur à l'université Paris-VII,
Albert Messiah, directeur de recherches au Centre d'études nucléaires de Saclay,
Béatrice Sandré, professeur de physique au collège Mondétour à Orsay,
Marie-Ange Sevin, chargée d'exposés au palais de la Découverte.

Inhaltsverzeichnis

Vorwort

Das Universum ist groß.

Um vom Schwindel vor den Tiefen des Raums erfaßt zu werden, genügt es, sich drei Gestirne vorzunehmen, drei der Welt der Planeten, der Sterne der Milchstraße und der extragalaktischen Sterne zugehörige Gebilde: den Mond, den Polarstern und die Andromedagalaxie. Mit seiner Geschwindigkeit von 300'000 Kilometer pro Sekunde benötigt das Licht 11/4 Sekunden, um vom Mond zu uns zu gelangen, 600 Jahre vom Polarstern und 2 Millionen Jahre von der Andromeda bis zu uns.

Das Universum ist alt.

Seine Vergangenheit baut sich in ineinander übergehenden Zeiträumen stufenweise auf. Wenn einige Jahrtausende den Zeitraum seiner historischen Vergangenheit umschreiben und die prähistorische Vergangenheit sich über einige Millionen Jahre erstreckt, dann hat die geologische Vergangenheit einige Milliarden Jahre, und die kosmologische Vergangenheit reicht – bis zum Urknall – 15 Milliarden Jahre zurück.

Das Universum ist wundervoll.

Die Spiralgalaxien, die Gasnebel sind von transparenter Schönheit; die Sternhaufen spannen unwirkliche Brückenbögen zueinander; die Planeten und ihre Trabanten besitzen märchenhafte Landschaften. Selbst das benachbarteste Gestirn, der Mond, hat die Menschheit stets in Erregung gehalten. Ich bin wie verzaubert, wenn ich ihn, zwischen seinem ersten Viertel und der Vollmondphase, früh abends an einem klaren Himmel in der Abenddämmerung thronen sehe. Die Sonnenbeleuchtung modelliert ihn so gut, daß seine Rundheit, seine Kugelgestalt deutlich ins Auge fällt. Seine tiefdunklen Täler, die seine leuchtend weiße Vorderseite als Flecken übersäen, seine Gebirgsumrisse, die am linken Rand gerade erkennbar werden, machen aus ihm einen Globus, dessen Schönheit das Wissen darum ergänzt, daß eine derartige Masse eine präzise, äußerst genaue Umlaufbahn um die Erde durchläuft und dies seit 4 Milliarden Jahren.

Das Universum ist geheimnisvoll.

Weshalb, so läßt sich fragen, begleitet uns eine solche Kugel? Warum nicht Bänder, ein Vorhang, ein Bogen? Weshalb diese Globen, verloren in einem unermeßlichen, vielleicht unendlichen Raum? Oder gekrümmten Raum, verknüpft mit der Zeit in einer 4-dimensionalen Raumzeit? Und das Leben, der Verstand, das Bewußtsein, derzeitige Erfolgsetappen des Universums auf der Erde. Und vielleicht andernorts auch, in anderen Welten, in noch entwickelteren Stadien . . .

Das Universum ist komplex.

Immer ausgeklügeltere Instrumente enthüllen komplizierte Prozesse, immer neue Prüfsteine für immer grandiosere Theorien: die Relativitätstheorie, die Quantenphysik, die Theorie der Großen Vereinheitlichung . . . Das Universum ist unsere Wohnstätte, unser Heimathafen, unser Substrat. Unser Schicksal ist in einer grundlegenden Symbiose an seines gebunden. Wir hängen von komplexen physikalischen Systemen ab, die von den organischen Molekülen bis zu den großen Galaxienhaufen reichen. Wir hängen hier und jetzt von ihnen ab aufgrund der Entwicklungsgesetze, die sie beherrschen, und seit eh und je von den Entwicklungen, die diese Gesetzmäßigkeiten selbst genommen haben. Wir hängen von ihnen ab durch den innersten Aufbau der Elementarteilchen der Materie, auf denen im letzten alles beruht. Wir sind nur eine Schaumflocke auf tobenden Wogen.

Die Menschen wollen wissen, wo sie stehen; wollen wissen, woher sie kommen; sie wollen das Schicksal, das auf sie zukommt, erkennen. Es ergibt sich aus dem des Kosmos, in den sie mit Leib und Seele – aus denen sie bestehen – eingetaucht sind. Sie wollen verstehen, um die Schönheiten und Annehmlichkeiten des Lebens besser genießen zu können, um aus ihnen mit bestmöglichem Einblick den größten Nutzen zu ziehen.

Das Ziel dieses Buches ist es, den erstaunlichen Reichtum des Kosmos aufzudecken und durch den skizzenhaften Entwurf des derzeitigen Zustands dieses unglaublichen Universums zu klarer Erkenntnis beizutragen. Nach einem ersten Blick auf «die sternenübersäte Nacht», nach einer ersten Beschwörung des «Universums, eines tausendjährigen Rätsels», werde ich ein generelleres Bild malen: «das Universum auf den ersten Blick». Dann ein Triptychon, das mehr in die Tiefe geht: «das relativitätstheoretische Universum», «das quantentheoretische Universum», «das inflationäre Universum».

Und ich werde mit «das Universum und Wir» auf jene Fragen zurückkommen, die uns noch näher berühren.

I
Die sternenübersäte Nacht

Die Nacht, ein Fenster zum Universum ...

Unser Fenster zum Universum ist die Nacht. Tagsüber verwehrt das Himmelsblau dem Auge den Einblick in den jenseitigen Weltraum; dieses Blau, das seine Entstehung dem Aufprall des intensiven Sonnenlichts auf die Sauerstoffmoleküle der Erdatmosphäre verdankt. Am Grund dieses – einige Dutzend Kilometer dicken – Gasmeeres ist die Lage die gleiche wie hinter einem Tüllschleier: beleuchtet ein starker Projektor das Stoffgewebe, so verschwindet, was jenseits von ihm war. Nur der Projektor selbst bleibt sichtbar. Bei Tage bleibt also nur die Sonne sichtbar und genaugenommen bisweilen auch der Mond, aber vergleichsweise blasser, so daß viele Leute sogar meinen, er sei tagsüber unsichtbar. Lassen wir den Projektor aber erlöschen, so taucht die äußere Welt auf: die Sterne, die Planeten.

Besäße die Erde keine Atmosphäre, dann wären die Sterne am hellichten Tag sichtbar. Ein von den 12 Apollo-Astronauten, die auf dem Mond landeten – abgesehen von der unangenehmen Blendung durch die Sonne – sehr geschätzter Anblick. Andererseits ist der Schleier auf der Venus, die ständig von einer dichten Atmosphäre umhüllt ist und deren Druck nahezu den hundertfachen Wert des irdischen Drucks erreicht, so dick, daß bei Nacht kein Stern und bei Tag noch nicht einmal die Sonne erkennbar ist; nur eine diffuse Helligkeit beleuchtet die Landschaft. Ein apokalyptischer Himmel, von dem die dichten Nebel oder bedrückenden Riesenkumuluswolkendecken nur ein sehr vages Bild vermitteln.

Welche Vorstellung vom Universum könnten Venusbewohner überhaupt erlangen, ohne die Kenntnis von Sternen, Planeten, Kometen und Spiralnebeln? Beim Anblick ihrer unveränderlichen Landschaften – ganz wie die auf Erden uns unveränderlich erscheinen mögen – wären sie schließlich, dem Wechsel von Tag und Nacht ausgesetzt, doch zur

Erforschung ihres Globus gelangt und hätten festgestellt, daß er eine vereinzelte Kugel in einem leeren Raum ist. Hätten sie noch etwas mehr Physik betrieben, dann hätten sie das Experiment mit dem Foucaultschen Pendel oder andere ähnliche Versuche mit Kreiselkompassen machen können und wären zu der Erkenntnis gelangt, daß ihr Globus sich nahezu im Einklang mit dem Wechsel von Tag und Nacht um seine Achse dreht. Daraus hätten sie abgeleitet, daß ein unbekannter Leuchtkörper in 225 Tagen eine Umlaufbahn um ihren Globus durchläuft und daß ihr Globus sich außerdem in 243 Tagen einmal um sich selbst dreht. Mit der Entdeckung der Schwerkraftgesetze würden sie bei einer Extrapolation der Eigenschaften ihrer Atmosphäre eine Mindestentfernung ihres Leuchtkörpers errechnen und einen Mindestwert seiner Energieproduktion. Mit weiteren Fortschritten in Richtung auf die Kernphysik würden sie sich die Art seiner Energieproduktion erklären können und so vielleicht zu einer einigermaßen richtigen Vorstellung von der Sonne gelangen.

Aber damit wäre auch schon Schluß, mehr würde ihnen nicht gelingen. Für sie wäre das Universum reduziert auf ihren eigenen Globus, der als Planet um die Sonne kreist. Ohne genaue Bezugspunkte für dessen Lokalisation hätten sie das leichte Auspendeln nicht messen können, das der massige Planet Jupiter verursacht. Außer wenn sie die Radioastronomie beherrschen und so durch ihre Atmosphäre hindurchzusehen gelernt hätten oder sich durch die Konstruktion von Raketen über sie hinaus hätten erheben können. Letztendlich wird mit dem Fortschritt schließlich alles entdeckbar.

Aber sind die Erdenbewohner nicht, in etwas geringerer Ausprägung, in einer ähnlichen Situation, trotz ihrer schönen Nächte? Wenn auch die Menschen und Tiere aller Zeiten die Sterne schon immer gesehen haben, so sind doch ihre Entfernungen, und damit ihre wahre Natur, erst seit einem Jahrhundert bekannt: Gestirne, die der Sonne vergleichbar, aber unermeßlich viel weiter entfernt sind. Das Licht braucht 8 Minuten, um von der Sonne bis zu uns zu gelangen. Aber 4 Jahre, um uns vom benachbartesten Stern zu erreichen (der, so der wissenschaftliche Ausdruck, 4 Lichtjahre entfernt ist). Und unter den Hunderten von Milliarden Sternen, deren Schwarm unsere Galaxie bildet, sind die entferntesten 100'000 Lichtjahre weit weg.

Auch die Entdeckung der Planeten ist neueren Datums. Die frühen abendländischen, chinesischen, präkolumbianischen Beobachter hatten unter den Sternen 5 leuchtende Punkte ausgemacht, die sich auf dem Hintergrund des Himmels in komplizierter Form bewegten. Aber es bedurfte der präzisen Arbeiten von Kopernikus und Kepler und der Beobachtungen von Galilei mit den ersten Fernrohren am Ende des 16., Anfang des 17. Jahrhunderts, um die wirkliche Natur dieser seltsamen leuchtenden Punkte aufzuhellen, die bei uns auf die Namen Merkur, Venus, Mars, Jupiter und Saturn getauft wurden: Himmelskörper, die der Erde ähneln, einen Umfang zwischen 5000 und 140'000 km erreichen, in abgestuften Entfernungen zwischen 60 Millionen und 1,5 Milliarden Kilometern um die Sonne kreisen, in Umlaufzeiten, die sich zwischen 88 Tagen und 29 Jahren abstufen. Erst in den letzten 20 Jahren haben die Satelliten und Raumsonden der Menschen all diesen Planeten Besuche abgestattet und in spektakulärer Weise das Wissen um dieses planetarische Universum bereichert. Mit der Entdeckung von ca. 60 Himmelskörpern mit mehr als 200 km Durchmesser im Sonnensystem hat sich den Erdenbewohnern ein neues Abenteuerland eröffnet.

Am Anfang des 20. Jahrhunderts endete die Beschreibung des Universums bei den Sternen. Das Sonnensystem ist, mit seiner Ausdehnung von einigen Lichtstunden, um einen – unter den Hunderten von Milliarden anderen Sternen – unscheinbaren Stern zentriert. Sie alle sind in einem riesigen abgeplatteten System angeordnet, dessen Spur am Himmel die Milchstraße darstellt, ein breiter milchiger Schweif, der sich in die Tiefe des Nachthimmels erstreckt. Ihr Band entsteht durch das – in der Perspektive – scheinbare Zusammenstapeln unzähliger Sterne in einer Tiefe von 100'000 Lichtjahren, entlang der Medianebene unserer Galaxie. Hier endete das sichtbare, in einem grenzenlosen Raum isolierte Universum.

Und doch, bereits im Jahr 964, hatte der Astronom Abd al-Rahman al-Sufi auf einem Himmelsglobus den schwachen Schein einer anderen Galaxie im Sternbild der Andromeda eingetragen. Aber erst 1923 enthüllte Edwin Hubble, der die ersten großen optischen Teleskope voll nutzte, deren wahre Natur: eine der unsrigen gleichende Galaxie, weit draußen im extragalaktischen Raum. Seither haben die gründlichsten Nachforschungen 100 Milliarden Galaxien registriert, bis zu Entfernungen von Milliarden von Lichtjahren, an der Grenze der derzeitigen Erkenntnismöglichkeiten. In diesem Jahrhundert hat die Entdeckung der Welt der Galaxien dem Kosmos eine außergewöhnliche Spannweite verliehen. Verglichen mit dem Raumvolumen, das man im 19. Jahrhundert der Sternenwelt zuschrieb, ist das extragalaktische Universum eine Million Milliarden mal größer . . .

Die Erdbewohner waren also bis gestern fast Venusbewohnern vergleichbar. Wenn sie zum Universum hin aus dem nächtlichen Fenster gelehnt die Sterne sahen, so wußten sie von ihnen kaum mehr als jene unter dem Wolkenhimmel. Und ist dies nicht auch das Los aller Bewohner der Großstädte? Welcher Städter kann sich, wenn er abends die Fensterläden schließt, an einer Schau des Universums ergötzen und seinen Geist und seine Neugierde sich in grenzenlose Räume erheben lassen? Sich einen Augenblick überwältigen lassen von grundsätzlichsten Fragen nach seinem Platz in diesem unendlich großen Kosmos, nach seiner Bestimmung in diesem grandiosen Rahmen? Wie selten sind doch die Nächte in der Stadt, in denen der Polarstern nicht erlöscht hinter dem staub- und rauchbeladenen, von Scheinwerfern, Laternen und Leuchtreklamen angestrahlten atmosphärischen Schleier? Der Polarstern, der unmittelbar daran erinnert, daß die Erde mit ihren Städten, ihren Bergen, Ozeanen und Milliarden Bewohnern sich in 24 Stunden einmal um sich selbst dreht, um ihre zu ihm hin orientierte Achse.

Derartige Schauspiele erreichen die Städter nur noch beim wilden Campen in den Bergen, bei einer Segelschiffkreuzfahrt oder – noch leichter – an einem langen Abend auf der Schwelle des Hauses auf dem Lande . . . ohne Fernsehen. Und doch lassen sich diese erhabenen Schauspiele auch wieder in den Städten selbst finden, nämlich in den Planetarien. Ein Planetarium ist ein Projektionssaal, dessen Decke als Halbkugel ausgebildet ist, die – weiß gestrichen – als Projektionswand dient. Von der Saalmitte aus projiziert ein «Planetar» ungeheure Mengen von Lichtpunkten, die die Illusion vermitteln, es seien ebenso viele Sterne.

In einem bequemen Schaukelstuhl mit Panoramablick gewöhnt sich der sich selbst überlassene Betrachter mit dem zunehmenden Abblenden der Umgebungsbeleuchtung allmählich an das Dunkel. Im Horizont zeichnen sich die bekannten Umrisse der großen Gebäude seiner Stadt ab, während eine entsprechende Musik an das sanfte Herabkommen der Nacht gewöhnt. Der Effekt ist so naturgetreu, daß man zu frösteln beginnt, so als würde eine abendliche Brise durch den Saal ziehen. Dann erscheinen allmählich die Sterne, die leuchtkräftigsten zuerst und alle übrigen nach und nach mit zunehmender Verdunklung des Himmelsgewölbes. Es wird voll und ganz Nacht, mit 3000 Gestirnen am Gewölbe. Man erkennt den Großen Bären in Form einer Bratpfanne und das helle Band der Milchstraße als einen unermeßlichen Bogen.

Die beschleunigte Darstellung der Bewegungen der Gestirne mit Hilfe des Projektors des Planetariums macht diese deutlicher und fördert ihr Verständnis. So kann die tägliche Bewegung, die die Gestirne in 24 Stunden von ihrem Aufgang im Osten bis zu ihrem Untergang im Westen führt, auf eine Minute zusammengedrängt werden. Dieser phantastische Rundlauf der Sterne offenbart sofort, daß der Große Bär um einen festen Punkt herumläuft, der durch den Polarstern gekennzeichnet ist.

Die große Überraschung bei der ersten Vorführung im Planetarium besteht darin, daß man lernt, die meisten von einer schönen Nacht dargebotenen Erscheinungen als scheinbare Phänomene, ja als Täuschungen zu erkennen. Ein unwiderstehlicher Eindruck, als wären alle Sterne in gleicher Entfernung, wie festgemacht an einem Halbkugelgewölbe über dem irdischen Horizont, vergleichbar einer Käseglocke über einem Teller. Daher kommt es auch, daß sich die Vorstellung von einem Himmelsgewölbe so zäh und lange im geistigen Gepäck der Menschheit hielt. Nein, in Wirklichkeit verteilen sich die Sterne in der Tiefe des Raums auf sehr unterschiedliche Entfernungen. Und diese andere Täuschung: als würde das Himmelsgewölbe sich als Ganzes im Laufe der Nacht von Ost nach West drehen, während der Erdboden an einem festen Ort bliebe. Dieser tägliche Bewegungsablauf kommt statt dessen tatsächlich durch die Drehung der Erde um sich selbst in 24 Stunden und relativ zum Raum, in dem sich die Gestirne verstreut befinden, zustande.

Später bei der Vorführung, wenn es um die Erklärung der Jahreszeiten geht, zeigen die beschleunigten Bewegungsabläufe, daß die Sonne im Laufe des Jahres ihren Standort relativ zu den Sternen am Himmelsgewölbe entlang eines großen schräg liegenden Kreises verschiebt. In Wirklichkeit ist es die Erde, die bei ihrem jährlichen Umlauf um die Sonne, bei dem sie einen weiten Kreis mit einem Radius von 150 Millionen Kilometern zieht, die Sonne – aus der jeweiligen Perspektive – an verschiedenen Punkten am Himmel erscheinen läßt. Den Gipfel der Täuschungen steuern die Planetenbewegungen bei. Sie erscheinen derart kapriziös und unregelmäßig, daß die Menschen ihnen astrologische Vorbedeutungen zugesprochen haben. Die ersten vernünftigen Erklärungen verloren sich in unentwirrbaren Systembildungen, und man mußte das 16. Jahrhundert abwarten, bis die korrekte Erklärung gelang: eine Kombination der Relativbewegungen der Erde und der Planeten auf ihren jeweiligen Umlaufbahnen um ihr zentrales Gestirn, die Sonne. Eine Menge anderer Täuschungen hat die Menschheit in die Irre geführt: die Sternbilder, diese schönen geometrischen Figuren, die die hellsten Sterne an den Himmel zeichnen, haben keinerlei besondere Bedeutung; sie resultieren im allgemeinen aus perspektivischen Effekten, durch die rein zufällig schwachleuchtende nahe Sterne mit fernen, aber leuchtkräftigeren Sternen zueinander in Beziehung gesetzt werden. Oder, daß die Sterne in Wirklichkeit keine leuchtenden Punkte sind, sondern gewaltige Kugeln; einige haben den tausendfachen Durchmesser der Sonne; die Umlaufbahn des Planeten Saturn würde in ihrem Innern untergebracht werden können. Nur ihre sehr großen Entfernungen lassen sie als leuchtende Punkte erscheinen. Oder, daß die Planeten nicht selbst leuchten, sondern nur das Licht der Sonne zu uns reflektieren. Oder auch, daß der kleine milchige Fleck, den ein scharfer Blick bei guten Sichtbedingungen in einer besonders klaren Nacht im Sternbild der Andromeda ausmachen kann, keine Gaswolke ist, sondern eine Galaxie wie unsere eigene, aus Hunderten von Milliarden Sternen bestehend, die bei der großen Entfernung so aussehen, als seien sie auf engstem Raum angehäuft.

Trotz des großartigen Wunders dieses bei Nacht zum Universum hin offenen Fensters hat es lange gedauert, bis die wahre Natur des Kosmos entwirrt war, und heute noch, gerade in diesen Jahren, ja in diesem Jahr selbst, setzt jeder neue Entdeckungsschritt in Erstaunen.

... und eine für Fragestellungen offene Tür

Sie, ich, unsere Vorfahren, unsere Nachkommen, wir sind alle Epiphänomene des Universums, fast wie Verzierungen des Rauhreifs an einer eiskalten Fensterscheibe. Mag sich die warme Luft noch niederschlagen, oder mag ein Sonnenstrahl sie wieder aufwärmen, oder mag ganz einfach die Fensterscheibe in Stücke zerspringen: Die hübschen Figuren werden sich entfalten, wieder verflüssigen oder auf immer verschwinden. Stellen wir uns vor, die Erdatmosphäre würde immer dunstiger oder die Sonne würde übermäßig aufheizen oder – noch radikaler – die Materie würde verschwinden, so wäre alles für uns verändert. Unser Los ist derart mit der Bestimmung des Universums verknüpft, daß uns sein Schicksal gewaltig interessieren muß.

Dies ist auch der Grund, weshalb die Menschheit, seitdem sie dazu in der Lage ist, d. h. seit einigen Jahrtausenden, einen erheblichen Anteil ihres geistigen Potentials dieser Grundfrage widmet. Die großen Denker des griechischen Altertums sind wahrscheinlich die ersten, die relativ weit zum Kern der Probleme vorgedrungen sind. Wenn ihre Ideen in der Folgezeit, unter dem Einfluß abweichender Konzeptionen, die in anderen Zivilisationszentren aufkamen, mehr oder weniger in Vergessenheit gerieten, dann sind sie doch auch im Laufe des letzten

Jahrtausends wieder durchgedrungen und sind schließlich von der Menschheit insgesamt akzeptiert worden.

Die unglaublich große Verschiedenartigkeit der Konzeptionen von der Natur und der Bestimmung des Universums, die im Laufe der Zeiten oder unter verschiedenen Völkern einander gegenübertraten, würde es als Anmaßung erscheinen lassen, wenn man einer bestimmten Idee das Privileg zuspräche, sie würde die Welt korrekt beschreiben. Bestimmte Ideen, die gerade erst ein Jahrhundert alt sind, könnte man belächeln, erst recht, wenn man darauf verzichtet, sich in das gedankliche Umfeld der Epoche zurückzuversetzen. Hierbei bekommen wir es mit dem Problem der Treffsicherheit des Unternehmens Wissenschaft zu tun. Der bedeutsame grundlegende Unterschied zwischen der Newtonschen Vorstellung von der Schwerkraft und derjenigen Einsteins läßt berechtigte Zweifel am Stellenwert des mutmaßlichen Fortschritts aufkommen. Und doch ist jeder neue Gesichtspunkt zugelassen nach einem einfachen und obersten Kriterium: er muß die Eigenheiten des Universums noch besser erklären können. So hat Einstein zusätzlich zu all den Phänomenen, die Newton erklärt hat, eine kleine bizarre Seltsamkeit an der Umlaufbahn des Planeten Merkur aufgeklärt, die Newtons Theorie nicht deuten konnte. Stellen so auch die Arbeiten von Kopernikus und Galilei einen sicheren und unerschütterlichen Fortschritt dar? Ehrlich gesagt, ja. Wie könnte man davon nicht überzeugt sein beim Gedanken an die 11 Menschen, die sich gleichzeitig im Frühjahr 1984 während mehrerer Tage den Luxus geleistet haben, Umlaufbahnen um die Erde an Bord eines Space-Shuttle und eines Soyouz-Salyout zu durchlaufen und so diese Erde in ihrer vollen Wirklichkeit zu betrachten.

Diese beiden Beispiele, die die Schwerkraft und die Natur der Erde beisteuern, veranschaulichen die unterschiedlichen Gewißheitsgrade, die die Wissenschaftler ihren Arbeiten zusprechen: Wenn sie bereit sind, für die Aussagen über die Erde ihre Hand ins Feuer zu legen (andere mußten sich dafür leider tatsächlich verbrennen lassen), so sind sie dazu andererseits nicht bereit, wenn es um die Einsteinsche Theorie der Schwerkraft geht. Sie wittern dahinter, weil bestimmte Aspekte noch unbefriedigend erklärt und noch unklar formuliert sind, zukünftige Fortschritte, die vielleicht in erreichbarer Nähe liegen und deren aufregendster Aspekt vielleicht die außergewöhnlichen Erkenntnisse wären, die über das Schicksal des Universums eröffnet werden könnten.

Ich werde in diesem Buch aufrichtig sein: Die Sicherheitsgrade oder Grade der Unsicherheit dessen, was ich darstellen werde, sollen angegeben werden, damit der Leser sich im Labyrinth des Wissens zurechtfinden kann. Nur wenn ich mich durch zu große Begeisterung für bemerkenswerte Entdeckungen hinreißen lasse, könnte ich wohl dazu neigen, allzu vorsichtig zu werten. Als einen bescheidenen Lohn für meine Mühe beim Versuch dieser Darstellungen würde ich es betrachten, wenn es mir gelänge, ein nüchternes Gleichgewicht zwischen Begeisterung und vernünftiger Wertung zu finden.

Auch in einem anderen Punkt möchte ich klare Stellung beziehen. Zunächst möchte ich aber noch ein weiteres Mal ein wunderbares Schauspiel aufrufen, das für die heutigen Städter unsichtbar bleibt, das aber unsere Vorfahren, als sie noch unter freiem Himmel nächtigten, in Erstaunen versetzte und das mich zuletzt im Frühjahr des Jahres 1984 verblüfft hat. Gibt es einen beruhigenderen Anblick als einen sternenbesäten schönen Nachthimmel, an dem sich wie auf einem zarten Grundmuster aus Tausenden von Gestirnen die großen Sternbilder klar abzeichnen? Was würde zuversichtlicher machen können als die Feststellung, daß der Himmel sich im Laufe der Nacht langsam und majestätisch von Ost nach West bewegt? Und die sichere Beobachtung, daß dieser vertraute Himmel am Tag danach, an den Folgetagen und das ganze Jahr über im Wechsel der Jahreszeiten in stets gleicher Weise vorhanden bleibt. Ja, aber dennoch kommt an diesem idyllischen Himmel Mars vor, der rote Mars; ein Gestirn, das nicht den übrigen gleicht, sondern durch sein Verhalten und sein Aussehen beunruhigt. Er wandert nicht nur irgendwie zwischen den Sternen hindurch, nein, er verändert seine Position auf unregelmäßige Weise, läuft bisweilen vorwärts, dann wieder rückwärts und durchläuft Schleifen. Obwohl er im allgemeinen kaum stärker als die gewöhnlichen Sterne leuchtet, passiert es ihm aber in bestimmten Jahren, daß er seinen Glanz im Laufe von Wochen steigert und alle an Leuchtkraft übertrifft. Sieht man ihn dann nachts in seinem roten Glanz gewaltig, ohne Funkeln, glühen, so ist dies ein wirklich beeindruckendes Schauspiel. Man kommt sich sehr klein vor im Anblick dieser lautlosen Darbietung, die voll ungenügend erklärter Widersprüche ist. Und dann wird Mars von neuem wieder unscheinbar und läuft auf seiner komplizierten und unvorhersehbaren Bahn weiter.

Es ist nicht erstaunlich, daß manche Zivilisationen unter dem Eindruck derartiger Erscheinungen auf den Gedanken kamen, die Gestirne könnten einen Einfluß auf das Schicksal der Menschen haben. Auf diesem Boden entstand die Astrologie. Aber seitdem sind diese Bewegungsabläufe gedeutet und erklärt worden. Die Entfernung zum Mars ist mit den Wiking-Sonden, die auf ihm 1976 gelandet sind, in Kilometern gemessen worden, und ihre ungeheure Größe macht jede Hypothese über eine geheime Auswirkung auf die Menschen zunichte.

Dementsprechend wird in diesem Buch also der astrologische Aspekt des Schicksals des Universums nicht angesprochen werden. Was ich diesem Gesichtspunkt immerhin zugestehen kann, besteht darin, daß ich sage: Jawohl, die Gestirne haben Einfluß auf die Menschen; der beste Beweis dafür ist, daß man im allgemeinen, wenn die Sonne untergegangen ist, schläft – mit Ausnahme der meisten Astronomen. Ja gewiß, es war nur als Scherz gemeint; in der Tat wirkt die Sonne gewaltig auf uns ein: durch Phänomene wie Tag und Nacht, durch die Jahreszeiten; und vorhin habe ich die katastrophalen Folgen ausgemalt, die ihre energetische Aufheizung hätte. Auch der Mond, unser nächster Nachbar, kann Einfluß auf uns nehmen über die Gezeiten, über den poetischen Effekt der Mondscheinnächte; aber astrologische Wirkungen? Nein. Und noch weniger von Mars und den anderen Planeten, die weit entfernt sind. Muß man deshalb enttäuscht sein? Ich denke nicht, denn die Wirklichkeit übertrifft die Vorstellungskraft. Hierfür ein ganz aktuelles Beispiel – es datiert von 1983.

Der Mond ist dadurch, daß er seine Schwerkraftanziehung auf die Ozeane der Erde ausübt, der Urheber der Gezeiten. Diese verlangsamen infolge von Reibung der Flüssigkeitsmassen an den Küsten und Meeresböden die Rotation der Erde. So dauerte vor 400 Millionen Jahren der Tag 22 Stunden. Aber mit zunehmender Verlangsamung der Erdumdrehung entfernt sich – den Gesetzen der Mechanik entsprechend – der Mond; um ein modernes Bild zu gebrauchen: Die Abbremsung der Erde durch den Mond überträgt auf diesen einen Impuls, unter dessen Wirkung er auf eine zunehmend höhere Umlaufbahn angehoben wird. Tatsächlich zeigen die genauen Lasermessungen, die über die in den 70er Jahren auf der Oberfläche des Mondes abgesetzten Reflektoren durchgeführt werden, eine jährliche Entfernung um mehrere Zentimeter an. Andererseits beschreibt die Erdachse, die zur Ebene der Umlaufbahn um die Sonne und zur Ebene der Umlaufbahn des Mondes geneigt ist, ganz allmählich eine taumelnde Bewegung, analog der Achse eines Kreisels. Derzeit findet dieses Taumeln in 26'000 Jahren einmal statt. Aber mit zunehmender Entfernung des Mondes verändert sich diese Periodizität allmählich, und wie zufällig wird in 1,5 Milliarden Jahren die Taumelperiode der Erdachse synchron zu der winzigen Gravitationsanziehung werden, die der Planet Saturn auf die Erde ausübt. Und dann wird ein Resonanzphänomen mehr und mehr die Bewegung dieser Achse stören. Ein geläufiges Resonanzbeispiel ergibt sich beim Anstoßen einer Schaukel: gibt man ihr einen mit ihrem Hin- und Herschwingen gut synchronisierten Impuls, so wird dieses sich mehr und mehr verstärken. Das Endergebnis ist dabei, daß die Erdachse in 1,5 Milliarden Jahren, statt wie heute um 23° geneigt zu sein, um 60° geneigt sein wird. Diese Neigung aber bestimmt das Klima, weil sie die geographische Breite der Polarkreise festlegt. Liegen die Polarkreise derzeit auf der Höhe von Island und der Küste der Antarktis, so werden sie in dieser fernen Zukunft über Nordafrika und Australien verlaufen und das Klima des Erdballs völlig durcheinanderbringen. Und dazu kommt, daß die Neigung bei 60° nicht stabil bleibt, sondern alle 100'000 Jahre hin und her schwingen wird, wodurch sie rasche Zyklen klimatischer Veränderungen auslösen dürfte, an die sich das Leben auf der Erde nur schwerlich wird anpassen können. Dies also sind Einflüsse der Gestirne, aber sie haben nichts Astrologisches an sich.

II
Das Universum, ein tausendjähriges Rätsel

Ein wunderbarer Text, der in Rom am Ende der Herrschaft des Kaisers Augustus durch den Dichter Markus Manilius verfaßt wurde, soll helfen, das tausendjährige Rätsel des Kosmos darzustellen. Er ist seinem Versgedicht «Die Astronomiker» entnommen. Das 2000 Jahre alte Manuskript war bis ins 10. Jahrhundert in Vergessenheit geraten; seine erste Übersetzung ins Französische ist 1786 in Paris veröffentlicht worden. Wenn ich über es berichten kann, dann aufgrund eines glücklichen Zufalls, denn ich bin kein Geschichtswissenschaftler. Aber als Liebhaber der Astronomie, der Seineufer und alter Bücher habe ich dem Erwerb dieses «Glücksfundes» vor nunmehr bereits 20 Jahren nicht widerstehen können. Und es geschah mit dem Gedanken an die Einleitung zu diesem Buch, daß ich zum erstenmal Manilius aufschlug.

Manilius war wahrscheinlich kein Astronom; seine Kenntnisse entnahm er verschiedenen griechischen und lateinischen Autoren. Das Besondere an seinem Buch ist, daß er einen breiten Überblick über die Astronomie gibt, und dies in einer für die geistige Entwicklungsgeschichte des Abendlandes entscheidenden Epoche. Das Jahrtausend vor Manilius war Zeuge einer Astronomie, die in die richtige Richtung ging: Der Durchmesser der Erde war geschätzt, ihre isolierte Stellung im Weltraum war ernsthaft in Betracht gezogen worden. Das darauffolgende Jahrtausend hat ihren Niedergang erlebt. Die Astronomiker treffen die Auswirkungen dieser Entwicklung, zumal ihr größter Teil astrologischer Plunder ist. Aber der Abschnitt über die Entstehung der Welt, über die elementaren Bausteine und die Kugelgestalt der Erde, über den Himmel und die Gestirne ist des Jahrhunderts des Augustus würdig. Hier liegt er vor, als Auszug aus der Ausgabe von 1786. Ich habe Kommentare dazwischengefügt, die nicht dazu dienen sollen, Manilius auf den neuesten Stand zu bringen, sondern dazu, die Themen dieses

Buches einzuführen. Andererseits bedaure ich das Zerhacken seines Textes; vielleicht kann der Leser diesem Nachteil dadurch abhelfen, daß er ihn zunächst in einem Stück liest. Er wird dann den umfassenden Blick des Römers bei diesem großartigen Thema, das auch 2000 Jahre danach noch großartig ist, genießen können.

Da meine Gesänge die ganze Tiefe des Himmels umfassen und da ich mir vornehme, das Wissen um die Ratschlüsse des Schicksals auf die Erde zu bringen, muß meine größte Sorge sein, das Bild der Natur nachzuzeichnen

Auch ich will das Universum beschreiben, in erster Linie seinen Inhalt und seine Objekte. Die ersten Blicke durch das Fenster der Nacht waren nur eine oberflächliche Einweihung. Es wird die Rede von Kosmologie sein müssen, von Galaxien, Sternen, Planeten, Quasaren, von Materie, Antimaterie, Quarks, Leptonen, Baryonen, magnetischen Monopolen und schwarzen Löchern; von einer Vielzahl von Gestirnen und Materiebausteinen, von denen einige bestaunenswert und zugleich geheimnisvoll sind. Auch wird, allerdings in bescheidenerer Weise, denn auf diesen Gebieten bin ich kein Spezialist, die Rede sein von organischen Molekülen, von präbiotischen Molekülen, von Ursuppe, von Eukaryoten, von Ediakariern, vom Australopithekus: lauter Gebilde, Organismen und Wesen, die für das Schicksal, das der Kosmos bis heute im Sonnensystem vorantrieb, von grundlegender Bedeutung waren.

und die allgemeine Anordnung all dessen, was das Universum ausmacht.

Hierbei wird es um Raum-Zeit gehen, um Krümmung des Weltraums, um Zeitverkürzung, um die Weltmodelle der Einsteinschen Relativitätstheorie, um die Expansion des Universums, die Entwicklung des Lebens, der Planeten und anderer Planetensysteme, die dem Leben eventuell günstige Bedingungen bieten könnten, um die Bildung der Atome in den Sternen oder in der ersten Viertelstunde der Existenz des Universums, das Aufkommen von Materie kurz nach dem Zeitpunkt Null des Urknalls und die Bildung von Molekülen im interstellaren Raum.

Daß die Welt keinen Urgrund ihrer Existenz anerkennt; daß sie diese nur sich selbst verdankt; daß sie von jeher bestanden hat und für immer wird bestehen sollen; daß sie nie einen Anfang gehabt hat und nie ein Ende wird haben können. Daß das Chaos sie gezeugt hat mit der Trennung der Elemente, die anfangs ohne jede Ordnung gemischt waren; und daß die

Finsternis, nachdem sie eine von Licht glänzend helle Welt hervorgebracht hat, gezwungen war, sich in die tiefsten Abgründe zurückzuziehen.

Heute noch sind all diese Fragen von brennender und lebendiger Aktualität. In unseren Tagen steht die Theorie des Urknalls im Mittelpunkt unserer Überlegungen. Aber ich werde die Probleme ergänzend hinzufügen, die sich ihr in den letzten 10 Jahren gestellt haben mit der Feststellung der nahezu vollkommenen Homogenität des Universums insgesamt, die durch die Entdeckung der kosmischen 3°-Hintergrundstrahlung möglich wurde. Ich werde die außergewöhnliche Lösung anführen, die gerade erst vor kurzem durch die Theorie der inflationären Ausdehnung des Universums in Aussicht gestellt wurde; eine Theorie, die uns in den ersten unendlich kurzen Zeitpunkt des Kosmos und zugleich in die geheimnisvollen mikroskopischen Machenschaften der sog. Elementarteilchen eintauchen läßt. Und ich werde auch die Frage ansprechen, die nun legitim ist, in wissenschaftlichen, wenn auch noch etwas vagen Begriffen zu stellen: Was war vor dem Urknall?

Daß die Welt aus dem Feuer entstanden ist, daß die Sterne, diese Augen der Natur, ihr Entstehen einer lebendigen Flamme verdanken, die in allen Dingen brennt und die am Himmel den schrecklichen Donner auslöst.

Manilius spricht das erste der 4 zu jener Zeit geläufigen Elemente an. Aus unserer Sicht könnte es sich um die Hölle des Urknalls handeln, um das ursprüngliche «es werde Licht», von dem aus das ganze Universum seinen Aufschwung genommen zu haben scheint: um vieles entsetzlicher als dieser schreckliche Donner.

Daß das Wasser das universelle Grundelement sei, ohne das die für immer erstarrte Materie ohne Leben bliebe; und daß es das Feuer hervorgebracht hat, durch das es selbst verflüchtigt wird.

Es geht um das Wasser, das zweite Element der Antike; um seine Rolle bei der Entstehung des Lebens, also für unsere Existenz; um sein seltenes Vorkommen auf den Planeten, wobei unsere außergewöhnliche Erde es allein im Überfluß besitzt und deshalb den Namen «Ozeanplanet» bekam. Und das schreckliche Element des Feuers, dasjenige einer aus den Fugen geratenden Sonne, die in etwa 10 Milliarden Jahren die Erde verflüchtigen, auslöschen wird; oder das einer möglichen erneuten

Kontraktion des Weltraums, zum Urknall gegenläufig, die alles zum Verschwinden bringen wird.

Oder, daß schließlich die Erde, das Feuer, die Luft und das Wasser aus sich selbst Bestand hätten; daß diese 4 Elemente die Gliedmaßen der Gottheit darstellen würden;

Der Ursprung von allem: Ist es dieses quantenhafte Vakuum, dessen zufallsbedingte Schwankungen die gesamte Materie des Universums und die einer unbestimmten Zahl paralleler und von dem unsrigen ganz abgekoppelter Universen hervorgebracht hätte? Dies ist eine der Möglichkeiten der Theorie vom inflationären Universum. Es wäre eine mögliche Lösung für die durch das anthropische Prinzip aufgeworfene Frage nach einer Erklärung dafür, wie und durch welchen unwahrscheinlichen Zufall das Universum so oft im Roulettespiel gewinnen konnte, um letztendlich das Aufkommen der Menschheit zu ermöglichen.

daß sie das Universum ausgebildet haben und als Schöpfer alles Vorhandenen kein Wesen erkennen lassen, das vor ihnen dagewesen wäre:

Hierbei werde ich neuere Theorien ansprechen, die behaupten, das Universum sei zufällig und aus dem Nichts heraus entstanden . . .

daß sie alles so geordnet und gefügt haben, daß das Kalte sich mit dem Warmen, das Trockene mit dem Feuchten, das Feste mit dem Flüssigen verbindet; daß sie, gerade weil sie stets miteinander im Krieg liegen und doch stets gemeinschaftlich handeln, zu engsten Verbindungen zusammenfanden, die geeignet waren, Neues zu schaffen, und kraftvoll genug, um alles, was heute Bestand hat, hervorzubringen.

Damit gelangen wir zum Problem des Bestehens physikalischer Gesetze in der Natur, deren Ursprung letztendlich noch viel geheimnisvoller zu sein scheint als selbst der Ursprung der Materie. Und auch die Physik der Verbindungen von Quarks, Gluonen, Bosonen, die «elementar» genannten Teilchen aller Arten hervorbringen, die ihrerseits wiederum die Grundlage für Atome und Moleküle sind und «das Feste» im Kosmos darstellen, von dem letztlich alles abhängt.

Diese verschiedenartigen Meinungen werden stets umstritten bleiben; stets wird man an der Entstehung der Welt zweifeln: der Grund ihres Bestehens ist uns verborgen, er liegt jenseits der Erkenntnismöglichkeiten der Menschen und der Götter.

Ein lobenswertes Bescheidenheitsbekenntnis, dem man Anerkennung zollen muß. Aber die Bescheidung darf nicht daran hindern, daß man – in aller Bescheidenheit – etwas unternimmt. Und die seit Manilius erreichten Fortschritte lassen auf weitere zukünftige Fortschritte hoffen.

Aber was auch ihr Ursprung sei, zumindest gelingt eine übereinstimmende Beurteilung des Gefüges ihrer Bestandteile: Alle sind sie in einer unveränderlichen Ordnung an ihrem jeweiligen Platz.

Tatsächlich anerkennt Manilius, daß gewisse Fortschritte erzielt wurden. Bedauernswerterweise befinden sich 2000 Jahre danach einige darunter, die nicht unbedingt so sicher scheinen; und so wird es auch einem Teil unserer Fortschritte in zukünftigen Jahrhunderten ergehen.

Das Feuer, spitzfindiger als andere Elemente, eroberte sich einen Platz in der am höchsten gelegenen Region; indem es sich am gestirnten Himmel einrichtete, bildete es dort gleichsam eine Flammenbarriere, die der Natur als Grenzwall dient.

Hieraus resultiert die Quelle des Lichts der Sonne und der Sterne: die Kernenergie. Aber das Licht der Quasare ist noch ein Rätsel: werden sie aufgeheizt mit der Energie, die beim unaufhaltsamen Absturz von Sternen in schwarze Löcher frei wird?

Die flüchtige Luft belegte die darauf gleich folgende Region; sie breitete sich in die Leere des Weltraums hinein aus, und da sie unterhalb der Gestirne ihren Platz hat, liefert sie dem Feuer den nötigen Nachschub.

Der Ursprung der Atmosphäre; der Ursprung von Mars und von Venus, die alle so verschieden sind und deshalb zu so unterschiedlichen Schicksalen auch für das Leben führten: die so behagliche Erde zwischen dem Mars mit seiner Vereisungskatastrophe und der Venus mit ihrem Treibhauseffekt.

Der dritte Platz wurde vom Wasser belegt; seine stets bewegten Fluten haben die unendlichen Ebenen der Meere ausgebildet: Diese Flüssigkeit, in leichten Dunst verwandelt, wird zum Keim der Luft, der sie als Nährstoff dient. Die Erde rundet sich unter ihrem Gewicht, und so findet sie sich unterhalb der anderen Elemente angebracht: sie war anfangs nur eine Schlammasse, mit Flugsand vermischt, den das flüssige Element absinken ließ, um seinen Platz in einer höher gelegenen Region einzunehmen.

Bestürzende Leere der kosmischen Räume, kostbares Floß der sich bildenden Erde, ursprüngliche Grundlage für ein Überleben. Hier fügen sich die erreichten Fortschritte ein, die in den zwei letzten Jahrzehnten mit den Raumforschungsunternehmen im Sonnensystem im Wissen um die Bildung der Planeten erzielt wurden.

Je mehr das flüssige Element sich rar machte und sich in die Luft verflüchtigte, desto mehr zog die ausgetrocknete Erde die Wasser zusammen und zwang sie, sich nur noch in den Tälern zu ergießen. Die Berge erhoben sich vom Grund des Meeres, die feste Erde wurde inmitten der Fluten geboren, von allen Seiten her allerdings noch vom weiten Ozean umgeben.

Hier geht es um die Befreiung des im Schmelzprozeß befindlichen urtümlichen Erdballs vom Gas seiner Uratmosphäre; um die Verdichtung der ersten kontinentalen Felsschollen, ohne die unsere Entwicklung vielleicht bei den ersten Meeresvielzeller-Lebewesen, den Ediakariern, geendet hätte.

Die Erde ist unbeweglich, denn das Universum entfernt sich von ihr: in alle Himmelsrichtungen in gleichem Maße; sie ist so sehr von überall her heruntergestürzt, daß sie in keiner Richtung mehr fallen kann: Sie ist der Mittelpunkt und zugleich der unterste Punkt im ganzen Universum.

Dies ist nicht mehr gültig; aber besteht nicht ein ähnliches Problem mit dem Universum der Galaxien insgesamt? Alle Galaxien entfernen sich voneinander, denn der Raum, der sie enthält, dehnt sich aus.

Manilius, Dir gebührt Dank für diesen Text. Er schenkte mir eine Einleitung zu einem Thema, das Dich bereits begeisterte. Und ohne Not hast Du es uns möglich gemacht, die unzähligen Fragen aufzulisten, die es anzusprechen gilt, um in die Geheimnisse des Kosmos einzudringen, in diesen tragenden Grund, in dem wir nur eine gebrechlich-zarte, aber doch so schöne Verzierung des Rauhreifs sind. Verstünden wir unser Schicksal besser, dann könnten wir vielleicht vermeiden, daß ein tödlicher Hauch für immer unsere zerbrechliche Substanz zum Schmelzen bringt. Manilius, Du hast, seit der Astronom Giovanni Battista Riccioli im 17. Jahrhundert den Mondkratern seine heute gebräuchlichen Namen verliehen hat, den Deinigen im Meer der Dünste, einem Krater von 40 Kilometer Durchmesser. Eine wohlverdiente Auszeichnung. (Photo 1)

III
Das Universum auf den ersten Blick

Zehn hoch eine Zahl

Das alltägliche Leben bietet wenig Gelegenheiten dafür, sehr große Zahlen zu benutzen; im allgemeinen kommt man mit seinen zehn Fingern aus. Ein Haus, zwei Autos, drei Kinder zu haben, zehn Äpfel zu kaufen oder gar einige Tausender pro Monat zu verdienen; all diese Zahlen kommen mit wenigen Stellen aus. Hingegen rechnet ein Finanzminister schon in Milliarden, in Tausenden von Milliarden der jeweiligen Währung. Die Wissenschaft, die weit über das hinausgeht, was unsere begrenzten Sinne erfassen, kann ohne große Zahlen nicht auskommen. Es gibt praktisch kein genaues und geläufiges Wort für die Anzahl der Synapsen im Gehirn, der Sterne in unserer Galaxie oder der Moleküle in einem Liter Wasser. Man muß 10er-Potenzen benutzen, um sie auszudrücken. Gestützt auf ein wenig Mathematik ist es nicht einmal nötig, diese zu definieren. Es geht ganz einfach so:

10^1 = zehn oder 10;
10^2 = zehn, 2 × mit sich selbst multipliziert, also hundert oder 100;
10^3 = zehn, 3 × mit sich selbst multipliziert, also tausend oder 1000;
10^4 = zehn, 4 × mit sich selbst multipliziert, also zehntausend oder 10'000, oder auch die Zahl 1 mit 4 Nullen usw.

Generell gilt für die Potenz n, daß sie die 10 n mal mit sich selbst multipliziert, darstellt; oder die 1 mit n Nullen; hier gibt es nun keine bequemen Ausdrücke mehr, und man schreibt einfach 10^n und spricht von «zehn hoch n». Ein Beispiel: die größte Zahl, die oft in Spielen für Kinder vorkommt, um eine ungeheuer große Zahl auszudrücken, ist «Ein-Hundert-Tausend-Millionen-Milliarden», also eine

1 mit 2 + 3 + 6 + 9 = 20 Nullen oder 10^{20}. Es ist bereits eine erhebliche Zahl: Sie beschreibt die Anzahl der Moleküle in einem Fingerhut voll Luft.

Die Zehnerpotenzen erleichtern es also, große Zahlen auszudrükken. Und auch ganz kleine? Statt mit 10 zu multiplizieren, genügt es zu teilen, und um den Unterschied deutlich zu machen, spricht man dann von «zehn hoch minus n»:

10^{-1} = 1, geteilt durch 10 oder ein Zehntel oder eben 0,1;
10^{-2} = 1; 2 × geteilt durch 10 oder ein Hundertstel oder eben 0,01;
10^{-3} = 1; 3 × geteilt durch 10 oder ein Tausendstel oder eben 0,001 usw.;
10^{-n} = 1; n mal geteilt durch 10; auch hierfür gibt es keinen geläufigen Ausdruck; man schreibt 10^{-n}; es ist die Zahl 1, der ein Komma und n Nullen hinter dem Komma vorangehen. So ist das «Einhundert-Tausend-Millionen-Milliardstel» der Kinder gleich 10^{-20}. Und das ist bereits eine kleine Zahl, denn 10^{-20} Meter sind z. B. eine Strecke, die 10'000mal kleiner ist als der Durchmesser des Kerns eines Wasserstoffatoms.

Diese Art des Zählens ist erstaunlich leistungsfähig, denn bereits mit n-Werten, die nicht größer als 20 sind, gelingen spektakulärste Resultate. Erst recht führen aufeinanderfolgende Multiplikationen mit 10 zu einer kumulativen Schrittfolge, die von der aufeinanderfolgender Additionen völlig verschieden ist. Stellen Sie sich ineinandergeschachtelte russische Holzpuppen vor, wobei aber in jeder größeren Schachtel jeweils 10 kleinere enthalten wären. Fängt man bei einer kleinsten Puppe mit einer Länge von 1 Zentimeter an, dann ist die zweite 10 Zentimeter, die dritte 1 Meter, die vierte 10 Meter lang; die fünfte wird man gar nicht mehr herstellen können! Addiert man statt dessen 5 Holzpuppen von je 1 Zentimeter Länge, die nicht ineinandergeschachtelt sind, so braucht man insgesamt sehr viel weniger Holz. Albert Messiah erinnerte mich an die Wirksamkeit der Reihe mit n = 6. Auf die Frage eines Redners, wie lange er sprechen dürfe, antwortete er ihm: «ein Mikrojahrhundert». Fügt man noch 7 Minuten für die Diskussion hinzu, so erreicht man gerade genau eine Stunde.

Eine bedeutsame Bemerkung: Verurteilt ein Gericht unter Formulierung in 10er-Potenzen einen Verbrecher zu 10^8 Sekunden Gefängnisstrafe und beantragt der Anwalt eine Verkürzung auf 10^7 Sekunden, so wird das Gericht möglicherweise meinen, es lohne sich nicht, um so wenig zu streiten: Der Unterschied zwischen 7 und 8 ist wirklich nicht groß. Ja, aber 10^7 Sekunden bedeuten 4 Monate, während 10^8 Sekunden nahezu 3 Jahre darstellen. Ein gewaltiger Unterschied aus der Sicht des Verurteilten.

Tatsächlich gibt es zwischen 10^7 und 10^8 eine 10mal-Beziehung. Das Bedeutsame ist also der Unterschied zwischen den n-Werten, hier 1, und dies gilt, egal, ob n groß oder klein ist. Zwischen 10^{20} und 10^{21} besteht dieselbe Beziehung wie zwischen 10^2 und 10^3; ein 10fach-Faktor. Wenn man im Universum also auf durch 10^n ausgedrückte Zahlen trifft, muß man diese fundamentalen Gesetzmäßigkeiten klar vor Augen haben.

Die räumliche und zeitliche Ausdehnung des Universums

Das Universum in 10er-Potenzen

Warum sollte man, wenn man dieses Zählschema kennt, nicht gleich darangehen, die Entfernungen im Universum zu erkunden? Stellen wir uns hierfür eine Reihe von Postkarten vor, auf denen nacheinander jeweils ein in Wirklichkeit stets 10fach größerer Gegenstand abgebildet wäre. Auf der ersten Postkarte also ein Finger in tatsächlicher Größe. Auf der zweiten ein Brustbild. Auf der dritten ein Lastwagen. Auf der vierten ein Schwimmbecken usw.

Die folgende Tabelle listet die Gegenstände ihrer Größe nach in cm auf:

10^1 cm	Finger
10^2	Brustbild
10^3	Lastwagen
10^4	Schwimmbecken
10^5	Champs-Elysées
10^6	Paris
10^7	Korsika
10^8	Frankreich
10^9	Erde

10^{10}	Jupiter
10^{11}	Sonne
10^{12}	der Stern Capella
10^{13}	Erdumlaufbahn um die Sonne
10^{14}	Plutos Umlaufbahn um die Sonne
...	
10^{19}	Entfernung zu den nächsten Nachbarsternen
...	
10^{23}	unsere Galaxie
10^{24}	Entfernung zur Andromedagalaxie
...	
10^{27}	Entfernung der weitest entfernten fotografierbaren Galaxien
10^{28}	Entfernung der weitest entfernten fotografierbaren Quasare

Vor 10^{29} cm wird das weitere entfernungsmäßige Fortschreiten im Universum durch den kosmologischen Horizont gestoppt, eine – obwohl nichtmaterielle, dennoch unüberschreitbare – Schranke, die das beobachtbare Universum begrenzt, und dies unabhängig von jeder Art technischen Fortschritts. Diese Grenze verdankt ihr Bestehen ganz außergewöhnlichen Effekten, die die Relativitätstheorie Einsteins beschreibt und die mit der Ausdehnung des Raums und der Unmöglichkeit, die Lichtgeschwindigkeit zu überschreiten, zu tun haben.

Diese Reihe von Postkarten vermittelt eine Vorstellung von der ungeheuerlichen Weite des Universums. Aber damit ist noch nicht Schluß! Das Fortschreiten läßt sich in umgekehrter Richtung veranstalten, indem man Ansichten von stets 10fach kleineren Gegenständen abbildet. Geht man wieder von der Karte mit dem Finger aus, dann zeigt die nächste einen Fingernagel, die übernächste einen Floh, die dann folgende ein Pantoffeltierchen usw. Hieraus läßt sich eine neue Tabelle entwikkeln:

10^{0}	cm	Fingernagel ($10^0 = 1$)
10^{-1}	cm	Floh
10^{-2}		Pantoffeltierchen
10^{-3}		biologische Zelle
10^{-4}		Bakterie
10^{-5}		Virus
...		
10^{-8}		Atom

...	
10^{-12}	Atomkern
10^{-13}	Proton
...	
10^{-15}	intermediäres Boson
...	
10^{-33}	Plancksche Länge

Der derzeitige Wissensstand in der Physik erlaubt es nicht, noch weiter als bis zu dieser – Planckschen – Größe zu gehen. Auch hier besteht vielleicht, wie beim kosmologischen Horizont, aber in Richtung der Kleinheit, eine fundamentale, nicht überschreitbare Grenze in der Natur.

Diese Serie von Postkarten deckt die erstaunliche Weite des Universums auf. Bis zum kosmologischen Horizont ist das Weltall 10^{20} mal größer als der Erdballdurchmesser, also Einhundert-Tausend-Millionen-Milliarden Mal größer, um die von Kindern bevorzugte Ausdrucksweise nochmals aufzunehmen.

Erstaunlich auch die erschreckende Leere, auf die man in diesem unermeßlichen Volumen stößt: Die Erde, die Sonne, die Planeten und die Sterne belegen nur einen winzigen Teil des verfügbaren Volumens. Die Räume sind kaum besetzt, so als würde eine riesige Verschwendung alles beherrschen.

Dieses Erstaunen, das oft der erste Schritt bei einer wissenschaftlichen Forschung ist, drängt die Frage auf: Weshalb ist das Universum so groß und so leer? Eine sehr gute Frage; sie offenbart sofort, wie sehr unser Schicksal grundlegend mit demjenigen des Kosmos verknüpft ist. Das Schicksal des Universums kann sich in Zukunft in zwei verschiedene Richtungen entwickeln. Entweder wird die Ausdehnung des Raums, die mit dem Urknall begonnen hat, für ewige Zeiten weitergehen, oder sie wird stoppen, und das Universum wird sich wieder zusammenziehen. Der derzeitige Stand der Erkenntnisse ermöglicht hierzu keine eindeutige Aussage. Andererseits waren mehrere Milliarden Jahre nötig, damit sich die Sonne und die Erde bilden und das Leben und die intelligenten Wesen auftreten konnten.

Wenn andererseits das Universum weniger leer wäre, als es heute ist, wenn es von einer bedeutend größeren Anzahl von Planeten und Sternen bevölkert wäre, dann hätte es sich schon längst, aufgrund seiner eigenen Schwerkraft, wieder zusammengezogen, und die Menschheit hätte nicht genügend Zeit für ihr Erscheinen gehabt. Da das Weltall aber nun fast völlig leer ist und seit mehreren Milliarden Jahren besteht und aufgrund dessen auch die Menschen existieren, hat es Zeit dafür gehabt, sich großräumig zu entwickeln.

Auf diesen ersten Seiten wird bereits ganz deutlich erkennbar, welche gewaltige Bedeutung das Schicksal des Universums für uns selbst hat. Eine Bedeutsamkeit, die so weit reicht, daß es ganz einfach um unsere Existenz, ja, um die Grundlage unserer Existenz geht. Seit die Entfernungen zwischen den Planeten und Sternen bekannt sind, ist die Aussage, die Erde sei nur ein Sandkorn im All, ein Gemeinplatz. Die Sache, um die es für uns geht, ist jetzt noch grundlegender und radikaler zu bewerten.

Die zeitliche Dimension des Universums

Nach dieser kurzen Übersicht über die räumliche Dimension des Universums ist es nur natürlich, daß man nach seiner zeitlichen Dimension fragt. Den von Manilius angebotenen großen Perspektiven zum Trotz waren wir bedauernswerten Abendländer zum Großteil vor 100 Jahren noch der Auffassung, die Schöpfung des Universums in seiner jetzigen Form hätte auf einmal im Jahr 4004 v. Chr. stattgefunden.

Es bedurfte eines Genies wie Darwin und einiger seiner Zeitgenossen, um mit dem Nachweis, daß das Universum sowohl im biologischen als auch im geologischen Bereich eine Entwicklung durchmacht und daß diese Entwicklung Zeitetappen benötigte, die erheblich größer sein mußten als 4 Jahrtausende, der Menschheit die Augen zu öffnen.

Um die Zeitdimension der Vergangenheit auszuloten, wollen wir von heute aus mit einem Jahrtausend als Einheit zurückgehen und einige bedeutsame Ereignisse festhalten:

– 0.3 Tausend Jahre	Gründung des Observatoriums in Paris
– 0.4 Tausend Jahre	Kopernikus, Galilei
– 2 Tausend Jahre	Vermessung des Erdglobus durch Eratosthenes
– 4 Tausend Jahre	Erfindung der Schrift

Nun wollen wir die Jahrtausend-Maßeinheit durch die der Millionen Jahre, eine 1000mal größere Einheit, ersetzen, also Riesensprünge in die Vergangenheit machen:

– 1	Million Jahre	Beherrschung des Feuers durch den Homo erectus
– 2,5	Millionen Jahre	Erste Werkzeuge des Homo habilis
– 3,5	Millionen Jahre	Erstmaliger aufrechter Gang des Australopithecus

Gehen wir entsprechend unserem bisherigen Verfahren weiter und multiplizieren die zuletzt gewählte Einheit nochmals mit 1000, die zuerst benutzte also mit 1 Million, so gelangen wir zu Milliarden Jahren:

– 0,5	Milliarden Jahre	Kambrische Explosion
– 1,5	Milliarden Jahre	Erste Eukaryonten-Zellen
– 3,5	Milliarden Jahre	Erste Bakterien
– 4,5	Milliarden Jahre	Bildung der Sonne und der Erde
– 8	Milliarden Jahre	Alter der entferntesten fotografierbaren Galaxien
–15	Milliarden Jahre	Der Urknall

Damit ist die Grenze der Geschichte mit ihren geologischen und kosmologischen Entwicklungsstufen erreicht. Diese Art des sukzessiven Ineinanderschachtelns von nacheinander beanspruchten Zeiträumen, der die Vervielfachung mit 1000 in jeder Stufe zugrunde liegt, gibt ein beeindruckendes Zeitrafferbild. Die Vergangenheit des Universums ist erstaunlich lang, 250'000mal länger, als man vor Darwin vermutete. Ausgedrückt in der Zeiteinheit der Physiker, beläuft sie sich auf 10^{18} Sekunden.

In der umgekehrten Richtung, der der kürzesten Ereignisse, untersuchen die Physiker Erscheinungen, die in sehr kurzen Zeiteinheiten ablaufen. Die erstaunlichen Ergebnisse der Ultrakurzzeitfotografie sind allgemein bekannt, z. B. die Aufnahmen einer Gewehrkugel im Flug. Aber das ist noch gar nichts im Vergleich zu sehr kurzen Ereignissen, wie sie heute in Forschungslaboratorien erzeugt werden; den Rekord halten UV-Blitze von 10^{-14} Sekunden Dauer. Ein solcher Blitz, der sich mit 300'000 Kilometer pro Sekunde fortpflanzt, ist nur 1/3 <F128mm lang, kürzer als eine Bakterie; und er ist von so kurzer Dauer, daß er nur 8 Wellenschwingungen enthält.

In der Physik sind jene Zeiten von noch kürzerer Dauer, die die Wellen für eine Schwingung benötigen: 10^{-15} Sekunden bei den Lichtwellen. Aber die noch kurzwelligeren Strahlungen wie die Röntgen- und Gammawellen schwingen in 10^{-22} Sekunden. In der Kernphysik sind noch kürzere Zeitdauern an der Tagesordnung. Charakteristischerweise sind sie von der Größe der Zeitspannen, die eine Welle braucht, um einen Atomkern zu durchqueren, also 10^{-23} Sekunden. Und geht man gar bis in den Bereich der Physik ganz bestimmter Elementarpartikel, wie der intermediären Bosonen, so reicht der Maßstab bis zu 10^{-26} Sekunden hinunter.

In den letzten 10 Jahren schließlich haben die Physiker in ihrem Bestreben, die Struktur der Materie immer genauer zu studieren, Theorien wie die der Großen Vereinheitlichung entwickelt, in der unendlich kurze Zeitphänomene von 10^{-35} Sekunden vorkommen. Um experimentell derartige Theorien bis ins einzelne überprüfen zu können, würde man derart energiereiche Teilchenbeschleuniger bauen müssen, daß sie nicht mehr mit Abmessungen in der Größenordnung von 10 Kilometern wie im CERN in Genf auskämen, sondern Strecken erreichen würden, die unserer Entfernung zu den Sternen gleichkämen. Auch wenn sich nichts darüber sagen läßt, ob derartige Maschinen jemals gebaut werden, so ist jedenfalls sicher, daß dies nicht in unserer Generation der Fall sein wird.

Was kann man also tun? Wo soll man die physikalischen Bedingungen vorfinden, durch die Elementarteilchen bedeutende Energiemengen zugeführt werden? Das ist eine der wunderbaren Entdeckungen der letzten Jahre. Diese Bedingungen entstanden in den allerersten Augenblicken des Urknalls. Denn je näher der Kosmos dem Zeitpunkt Null des Urknalls war, desto gewaltiger war die Energieladung der Teilchen, die ihn damals füllten. So bildete sich in unseren Tagen eine fruchtbare Annäherung aus zwischen den Physikern, die die innerste Struktur der Materie untersuchen, und den Kosmologen in der Astronomie, die die Geheimnisse des ersten Augenblicks im Universum zu erforschen suchen. Eine solche Zusammenarbeit bereichert beide Disziplinen außerordentlich. Die neuen Perspektiven, die hierdurch sowohl in die Betrachtung der Natur der Materie als auch in die des Verhaltens des Universums in seinen frühen Anfängen hineingebracht werden, bringen uns auch den Geheimnissen seines Schicksals näher. Und dieses faszinierende Zusammentreffen erfolgt 10^{-35} Sekunden nach dem Zeitpunkt Null: eine Zeitspanne, die minimal erscheinen mag, die aber für das Schicksal des gesamten Kosmos und seine Entwicklung von entscheidender Bedeutung war.

Werden es zukünftige Fortschritte der Physik möglich machen, sich noch weiter dem Zeitpunkt des Ursprungs zu nähern? Das ist eine noch offene Frage. Aber vielleicht gibt es eine natürliche, unüberwindbare

Grenze, die Plancksche Zeiteinheit, definiert als diejenige Zeitspanne von 10^{-43} Sekunden, die das Licht braucht, um die Plancksche Elementarstrecke zu durchlaufen, und für deren wissenschaftlichen und philosophischen Aspekt sich die Forscher sehr interessieren.

Ist es nicht seltsam, daß man so zugleich auf das Zusammentreffen des unermeßlich Kleinen der Elementarteilchen und des unermeßlich Großen, des Kosmos, stößt, wo – zum Zeitpunkt des Urknalls – das unermeßlich Große unermeßlich klein war? Aber das seltsamste dabei ist, daß diese unendlich kurzen Zeitpunkte des Universums von ganz gewaltiger Bedeutung für sein späteres Schicksal waren, bis in seinen heutigen Zustand hinein – 15 Milliarden Jahre später.

Nur ein Beispiel: wenn heute überhaupt lebenswichtige Materie vorhanden ist, so hat sich das in den ersten 10^{-35} Sekunden des Bestehens des Universums entschieden.

Die Grundlagen des Kosmos

Die Architektur des Kosmos

Wollte jemand erfahren, wem oder was Frankreich gleicht, so könnte er das Problem im vergrößerten oder im verkleinerten Maßstab angehen. Er könnte ein sehr kurzsichtiger Fallschirmspringer sein, der an einem beliebigen Ort rein zufällig von einem Flugzeug abspringen würde. Selbst nach einem Dutzend Absprüngen würde er noch zu dem Schluß kommen, Frankreich sei von Gräsern bedeckt, vielleicht sogar – wenn er Glück hat – von einer Blume oder einem Insekt.

Würde er, anstatt sich mit einer beschränkten Ansicht des französischen Universums zufrieden zu geben, seine Brille aufsetzen, dann könnte er jeweils einen größeren Ausschnitt betrachten. Er würde dann als weitere Bestandteile die Bäume, die Steine und die Vögel entdecken. Würde er sich dabei aufrichten, dann könnte er ein noch weiteres Panorama überblicken: einen Kirchturm, Häuser, einen Hügel . . .

Würde er sich für diese zweite Art des Vorgehens entscheiden, dann könnte er auch in einem Flugzeug sitzen und würde so auf einen Blick die ganze Gegend überschauen. Er würde weite grüne Gebiete (woraus aber nur?) sehen und mehr oder weniger komplex verdichtete Flecken, die miteinander durch dünne Fäden, die wiederum von fast unsichtbaren mikroskopisch kleinen Punkten durchsetzt wären, in Verbindung stünden.

Für die Bewohner des Erdbodens, eines im wesentlichen zweidimensionalen Raums, mit Längen- und Breitenmaßen, wäre der Flieger gleichsam ein überirdisches Wesen, das sie aus einer anderen Dimension betrachten würde, die nur ihm zur Verfügung stünde und zu der sie keinen Zugang hätten: aus der Höhe oder der 3. Dimension des Raumes. Und der Fallschirmspringer würde ihnen als ein rätselhaftes Wesen erscheinen, das plötzlich an einem Ort Gestalt annimmt und doch von keiner Stelle ihres zweidimensionalen Bodens zu kommen scheint.

Das Bild läßt sich übertragen auf die Erforschung des Universums. Der Raum, in den der Fallschirmspringer eingetaucht lebt, hat drei Dimensionen: Länge, Breite und Höhe, wie wir sie im Alltag kennen. Der Fallschirmspringer wäre also ein Wesen, das irgendwo auftaucht, aus einer vierten (hier rein hypothetischen und nur zur Veranschaulichung gedachten) Dimension kommend. Wäre er kurzsichtig, was würde er dann entdecken können?

Nichts, denn der ‹Inhalt› des Universums ist im wesentlichen Leere. Die am häufigsten vorkommenden Objekte sind die Photonen oder Korpuskeln der elektromagnetischen Strahlung, die die bekannte kosmologische 3°-Hintergrundstrahlung abgibt, das Überbleibsel des Urknalls. Aber sie sind reichlich dünn gesät: ganze 400 pro Kubikzentimeter oder 1 alle paar Millimeter.

Würde der Fallschirmspringer aufgrund eines glücklichen Zufalls in einer Galaxie landen (die Chancen dafür stehen 1 : 1000) und hätte er in einer solchen Galaxie das unerhörte Glück, nicht allzu weit von einem Stern entfernt anzukommen (die Chancen hierfür stehen 1 : 1000 Milliarden), dann würde er einer zweiten Gattung, den Lichtphotonen dieses Sterns, begegnen.

Setzt er seine Suche fort, dann wird er zunächst vereinzelte Wasserstoffatome finden, allerdings nur in den Galaxien, denn der extragalaktische Raum zwischen ihnen ist nahezu leer.

Dann interstellare Gasmoleküle, dann mikroskopische Partikel interstellaren Staubs mit Durchmessern von weniger als 1 µm; aber auch nicht viele, denn im Mittel findet sich nur 1 pro Kubus mit 100 m Seitenfläche! Schließlich befände er sich mit einer Chance von 1 : 10^{24} im Innern eines Sterns, inmitten der, auf Dutzende Millionen Grad erhitzten, Materie. Und Planeten? Würde er überhaupt keinen von ihnen entdecken? Doch, aber selbst wenn man annähme, daß alle Sterne wie die Sonne Planeten hätten, würde seine Chance nur 10^{27} betragen, daß er sie antreffen würde. Das entspricht dem Glücksfall, in einem Sandhaufen von 1000 Kilometer Seitenfläche ein vorher festgelegtes Sandkorn aufzufinden.

All dies wirkt erschreckend. Besonders wenn man danach fragt, welche Chance der Fallschirmspringer in diesem ungeheuerlich großen Universum hätte, auf der Erde zu landen. Hält man sich dabei lediglich an das mit den stärksten Teleskopen beobachtbare Universum, so beträgt seine Chance $1 : 10^{57}$, was dem Glücksfall gleichkäme, eine bestimmte Bakterie in einer kompakten Bakterienmasse von der Ausdehnung des Sonnensystems zu entdecken. Ein kurzsichtiger Fallschirmspringer, der aus einer imaginären 4. Dimension käme, hätte also nur eine einzige Chance, jemals die Erde zu finden.

Bis hierhin hat ihm seine Kurzsichtigkeit nur ermöglicht, das Universum auf der Ebene des sehr Kleinen kennenzulernen: auf der Ebene der Photonen, Atome und Moleküle, der Stern- oder Planetenmaterie; aber nicht auf der Ebene makroskopischer Objekte. Soll er doch seine Brille aufsetzen! Was wird er dann zunächst sehen können? Wäre er im intergalaktischen leeren Raum und würde seinen Blick aufs Geratewohl irgendwohin richten, dann würde er in der Ferne Galaxien wahrnehmen, deren nächstliegende sich in Entfernungen von Millionen von Lichtjahren befänden. Sie wären Wahrnehmungsobjekte von unscharfer und nebelhafter Gestalt, die in ihrem eigenen bläßlichen Licht leuchten würden. Der Anblick, den die Andromedagalaxie dem bloßen Auge in einer klaren Nacht bietet, liefert einen guten Vergleich, vorausgesetzt, man löscht in Gedanken alle übrigen Sterne am Himmel aus.

Landet er in einer Galaxie, so wird er ein ähnliches Schauspiel wie wir in klaren Sternennächten vor sich haben: ungeheure Mengen von Sternen, Sternhaufen und Gasnebeln. Aber keine Planeten. Erst wenn er auf einige Lichttage Entfernung an einen Stern herankäme, der ein Planetensystem besäße, würde er solche erkennen können. Und um die Erde zu entdecken, müßte er in der unendlichen Weite des Weltraums unter den Dutzenden von Milliarden anderer Galaxien, die im beobachtbaren Universum registriert sind, in unsere eigene Galaxie gelangen, und in ihr müßte er sich unter den Hunderten von Milliarden Sternen unsere Sonne aussuchen.

Nun, ihm bliebe, um den Kosmos zu betrachten, noch die Möglichkeit übrig, die auch der Fallschirmspringer hatte, nämlich in einem Flugzeug zu sitzen: das Universum von einem hypothetischen Außen her zu betrachten, das eine imaginäre 4. Dimension zur Verfügung stellen könnte – in Analogie zur 3. Dimension, aus der ein Überblick über ein in 2 Dimensionen ausgebreitetes Frankreich gelingt. Ein majestätisches dreidimensionales Panorama läge ihm vor Augen, durchsät von Milliarden von – in Haufen gruppierten – Galaxien, von in Superhaufen gruppierten Galaxienhaufen und – in Entfernungen von Milliarden Lichtjahren gesehen – von Superhaufen, die ein filamentartiges Muster in einem netzförmigen Gewebe ausbilden, das von galaxienreichen Gebieten und weiten Leerräumen durchwirkt ist.

In einer Entfernung von Dutzenden von Milliarden Lichtjahren würde er an die Grenze des Sichtbaren stoßen, die der kosmologische Horizont mit sich bringt. Aber der Beobachter in der 4. Dimension könnte über weniger «begrenzte» Ausblicke verfügen: Er könnte in Erfahrung bringen, ob hinter diesem Horizont der Kosmos weitergeht, 10mal, 1000mal weiter . . .; ob der Weltraum sich krümmt, sich in sich selbst zurückführt, wie die Oberfläche einer Kugel, oder ob er die dreidimensionale Oberfläche einer vierdimensionalen Kugel besitzt. Und ob «draußen» andere Universen ausgebreitet liegen, abgekoppelt von dem unsrigen; ob diese sich von unserem unterscheiden; ob es in den meisten von ihnen irgendwelche intelligenten Wesen gibt, die sich über diese ihrer selbst nicht bewußten Welten Fragen stellen, etc.

Gibt es diesen Beobachter auf dem Hochsitz seiner imaginären 4. Dimension aber nicht, dann müssen die irdischen Theoretiker versuchen, ihn dadurch zu ersetzen, daß sie sich auf erprobte und für gut befundene Theorien stützen, die auf die Physik und die strenge Beobachtung gegründet sind. Beispielsweise auf die allgemeine Relativitätstheorie Einsteins oder auf neuere und spekulativere, deshalb aber nicht weniger ernstzunehmende Theorien wie diejenige von der Großen Vereinheitlichung oder diejenige vom inflationären Universum.

Diese Theorienentwicklung eröffnet aufregende Ausblicke.

Die Werkstoffe des Kosmos

Eine der ältesten technologischen Überlieferungen der Menschheit handelt vom behauenen Stein. Mit einem Alter von 2–3 Millionen Jahren übertrifft sie bei weitem die – nicht weniger wichtige – vom Gebrauch des Feuers, die 1/2–1 Million Jahre alt ist. Diese lange Erfahrung in der Bearbeitung des Steins reicht über die Gattung des Homo sapiens hinaus, bis zum Homo erectus und zum Homo habilis. Im Laufe von Hunderttausenden von Jahren hat diese Technologie unterschiedliche Perfektionsstufen erreicht, ohne jedoch nennenswerte Fortschritte zu machen. So hat sich z. B. die Herstellung der 2-Flächen-Faustkeile (Abb. 1) über Zehntausende von Generationen immer wiederholt, ohne

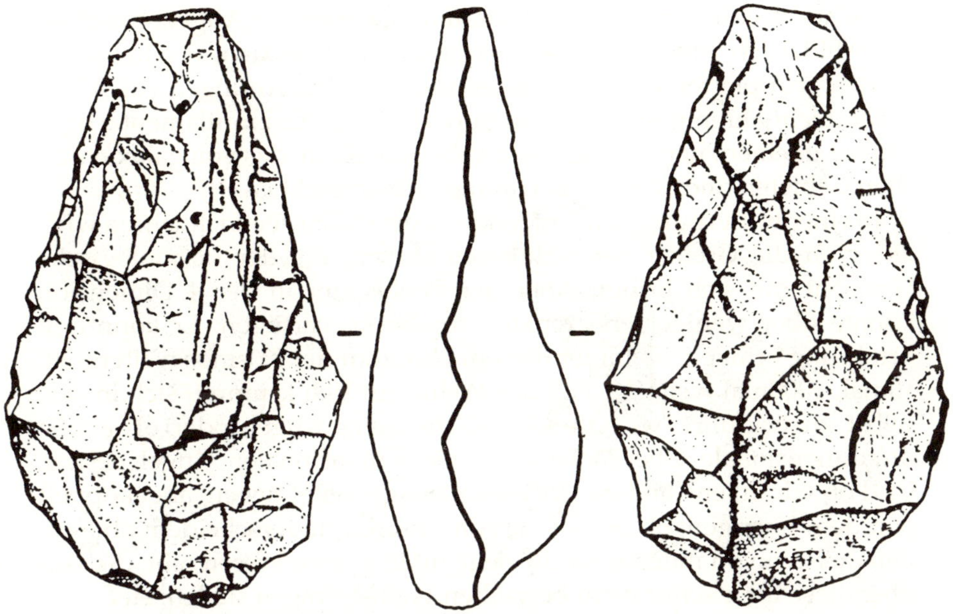

Abb. 1: Der 2-Flächen-Faustkeil von Pissot

daß irgendein technischer Durchbruch erfolgt wäre. Die Menschen haben stets nach dem gleichen Muster gefertigt. Deshalb darf es nicht verwundern, daß das Wissen um Härte, Festigkeit, Dichte und Undurchdringlichkeit von Materie in unserem Gehirn bzw. unserer kulturellen Überlieferung besonders stark verwurzelt ist. Selbst zu unserer Zeit, auch nach Jahren des Studiums, bedarf es noch einer echten geistigen Anstrengung, um sich klarzumachen, daß Materie, handle es sich nun um Feuerstein oder Lavaglas, aus leerem Raum, nahezu aus Vakuumleere, besteht.

In der Tat, je mehr Fortschritte die modernen Theorien und Experimente zur Struktur der Materie machen, desto mehr scheinen sie sich in einer sich verflüchtigenden Irrealität zu verlieren. Unsere Situation gleicht ein wenig der eines Hochseeseglers, der – während er sich in aller Ruhe und voll Vertrauen auf sein Segelboot inmitten des Ozeans wohl fühlt – plötzlich, als er in der Gebrauchsanleitung des Bootsbauers liest, erfährt, daß seine ‹Nußschale› lediglich aus einem zerbrechlichen und leichten Material besteht, das sich jederzeit im Wasser in seine Bestandteile auflösen kann.

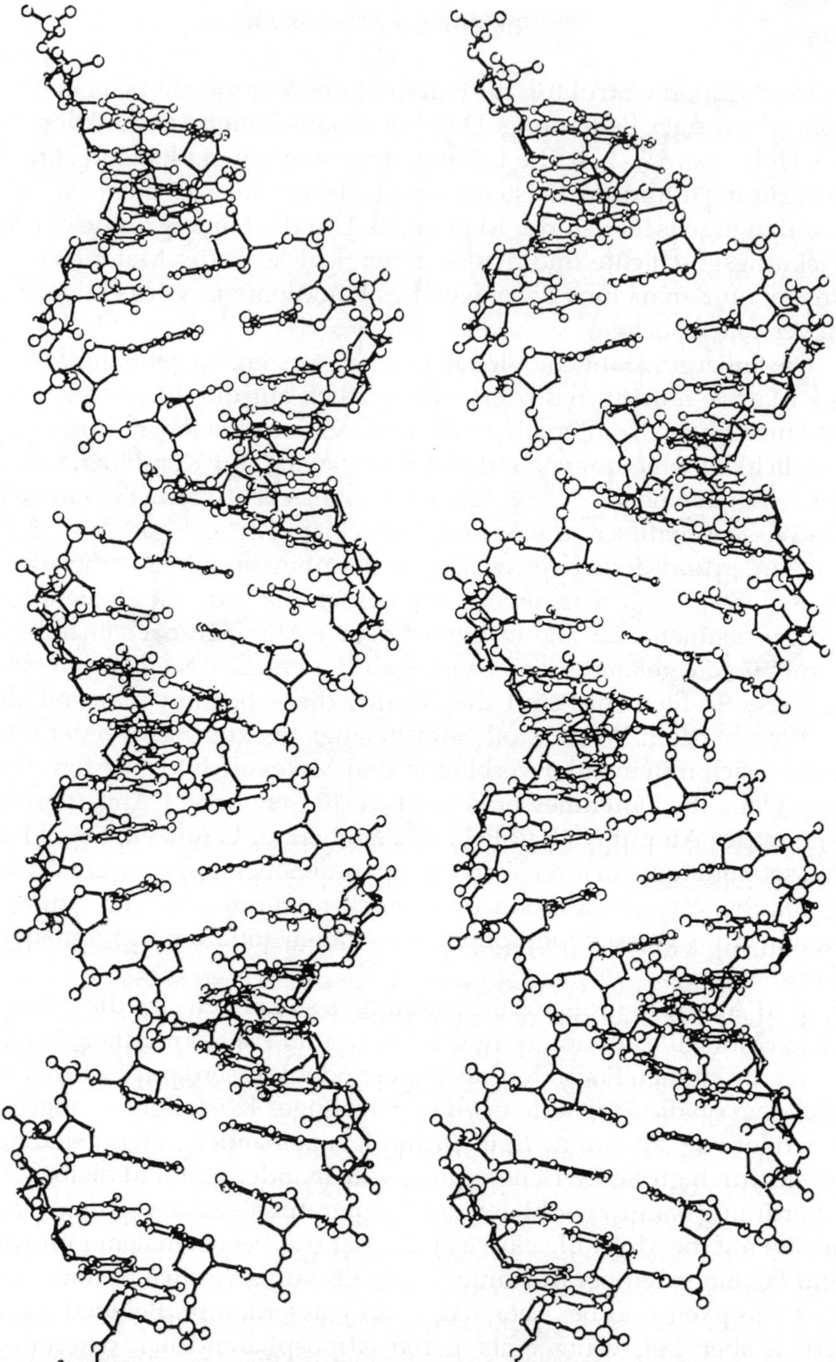

Abb. 2: Ein Abschnitt der DNS-Doppelhelix (stereoskopische Ansicht)

Die Natur, die Struktur, die Stabilität der Materie, ihr Schicksal sind von gewichtiger Bedeutung. Darüber hinaus hängt das Funktionieren des Universums – z. B. die Bildung der chemischen Elemente und der Energie, die für unsere Existenz so bedeutsam sind – ganz entscheidend von den Eigenschaften der Materie ab. Um die Hintergründe der Entwicklungsgeschichte und des weiteren Schicksals der Materie zu verstehen, muß man auch diejenigen des Funktionierens des Universums zu verstehen suchen.

Die außergewöhnliche Vielfalt der Substanzen, die man in der Form der Materie antrifft, reduziert sich letztlich auf die unterschiedlichen und unzähligen Kombinationen von nur 92 verschiedenen Atomen. Die Möglichkeit, eine ungeheuerliche Komplexität auf Kombinationen einer relativ kleinen Zahl von Elementen zurückzuführen, bedeutete für die Wissenschaft schon oft einen Fortschritt. Die Zahl der mit 92 Elementen grundsätzlich erreichbaren Kombinationen ist unglaublich groß. Schon wenn man sich darauf beschränkt, nur ein Element jeder Art zu nehmen und alle in immer neuen Abfolgen nacheinander zu kombinieren, gelangt man bereits zu 10^{142} verschiedenen Varianten!

Diese 92 Elemente sind die Atome, die – beginnt man mit dem leichtesten, dem Wasserstoff, und gelangt bis zum schwersten, dem Uran – sich miteinander verbinden und Moleküle bilden. Atome sind sehr klein, ihr Durchmesser beträgt ca. 10^{-8} cm bzw. 1 Angström, um eine in der Atomphysik übliche Maßeinheit zu benutzen. So bilden 2 Wasserstoffatome in ihrer Verbindung mit 1 Sauerstoffatom ein Wassermolekül; 3 Wasserstoffatome und 1 Stickstoffatom bilden ein Ammoniakmolekül; 4 Wasserstoffatome mit 1 Kohlenstoffatom werden zu Methan.

Sind Atome in großer Zahl vorhanden, so können sich die verschiedenen Moleküle auf unterschiedliche Art und Weise anordnen: Wassermoleküle können Eis bilden, als Wasser oder Wasserdampf auftreten, je nachdem ob die Moleküle in ein regelmäßiges Kristallgitter eingebunden oder eng, aber ohne feste Ordnung, aneinandergelagert sind oder ob sie durch große Zwischenräume voneinander getrennt bleiben. Die Anordnung hängt sowohl von der Temperatur als auch von dem Druck ab, der auf die Moleküle einwirkt. Wasser tritt bei normalem Luftdruck und bei einer Temperatur unter 0° als Eis auf, zwischen 0° und 100° C als Flüssigkeit und bei über 100° C als Wasserdampf. Bei niedrigerem Druck aber, bei weniger als 1/100 Atmosphärendruck wie auf der Oberfläche des Planeten Mars, kommen nur Eis oder Wasserdampf, aber keine Flüssigkeitsformen vor. Dasselbe gilt für Ammoniak und

Methan, bei entsprechend anderen Grenzwerten des Drucks und der Temperatur. Die 3 Eisformen des Wassers, des Ammoniaks und des Methans spielen eine bedeutende Rolle in den Planeten und Monden des Sonnensystems und in den Körnern des interstellaren Staubs, besonders bei der Bildung bereits komplexer organischer Moleküle.

Die organischen Moleküle sind für unser Schicksal von Bedeutung. Ihre Bezeichnung stammt daher, daß man sie vorwiegend in den lebendigen Organismen findet; aber man weiß heute – durch die Ergebnisse unendlich vieler Synthesen –, daß sie als Moleküle im Grunde auf der Chemie des Kohlenstoffs beruhen. Ihre beeindruckende Vielfalt resultiert aus sehr spezifischen Eigenschaften der Kohlenstoffatome. Sie sind in der Lage, ganze Gerüste oder umfassende Grundstrukturen auszubilden: Moleküle mit Hunderten oder sogar Hunderttausenden von Kohlenstoffatomen können sich entwickeln mit verzierenden Einlagerungen von unzähligen Wasserstoff-, Sauerstoff-, Stickstoffatomen. Diese Strukturen können Ketten ausbilden wie in der Reihe der Kohlenwasserstoffverbindungen: Methan, Äthan, Propan, etc. mit 1, 2, 3 . . . Kohlenstoffatomen und 4, 6, 8 . . . Wasserstoffatomen; oder sie können Ringe bilden wie beim Benzol, beim Diphenyl, etc.; Ringe aus Ketten, sich verzweigende Ketten . . . bis hin zu den Helixstrukturen der DNS, den Trägern der Erbeigenschaften (Abb. 2). Dank dieser außergewöhnlichen Fähigkeiten des Kohlenstoffs konnte das Universum letztlich das Leben, wie wir es heute vor uns haben, auf den Weg bringen. Es hat nur wenig gefehlt, und der Kosmos hätte ein völlig anderes Schicksal erfahren können.

Woraus bestehen nun diese 92 Atome? Die Zahl 92 ist eine relativ große Zahl, so daß man hoffen darf, es gelänge, sie auf Kombinationen einer kleineren Zahl von Grundelementen zurückzuführen. Manilius war mit 4 Grundelementen besser dran: mit dem Feuer, der Luft, dem Wasser und der Erde. Tatsächlich sind alle Atome aus Elektronen zusammengesetzt, die einen aus Protonen und Neutronen bestehenden Kern umkreisen. Es gibt also nur 3 elementare Bausteine: Elektronen, Protonen und Neutronen. Die komplexe Materie läßt sich – so scheint es zunächst – auf diese Einfachheit zurückführen.

Mit diesen elementaren Bausteinen sind sofort Maßstäbe erreicht, die sehr weit unterhalb derer der Atome liegen: die Protonen und die Neutronen – insgesamt Nukleonen genannt – besitzen Durchmesser in der Größenordnung von 10^{-13} cm. Sie sind also 100'000mal kleiner als die Atome. Aneinandergepreßt bilden sie den Atomkern. Und was die 92 Atome in der Natur voneinander unterscheidet, ist ganz einfach die

Zahl der Protonen, die die 92 verschiedenen Atomkerne enthalten: Diese Zahl reicht von 1 bis 92, vom Wasserstoff bis zum Uran; bei 6, 7 und 8 treffen wir auf Kohlenstoff, Stickstoff und Sauerstoff.

Außer den Protonen enthalten die Atomkerne Neutronen: in gleicher oder etwas größerer Anzahl, als jeweils Protonen vorhanden sind. So besitzen die Kohlenstoffatomkerne im allgemeinen 6 Neutronen, in 1 % der Fälle aber 7. Unter außergewöhnlichen Umständen, beispielsweise bei der Beschießung mit kosmischer Strahlung, kann der Kohlenstoffatomkern ein zusätzliches Neutron aufnehmen; aber dieser Kohlenstoff mit 14 Nukleonen, der sog. Kohlenstoff-14, ist instabil und zerfällt in einem Zeitraum von 5000 Jahren. Er hat seine Nützlichkeit bewiesen bei der Datierung alter Gegenstände. Diese aufgrund ihrer unterschiedlichen Neutronenzahlen verschiedenen Kohlenstoffe heißen Isotope.

Schließlich kreisen um den Atomkern in Abständen von bis zu 10^{-8} cm, die dem Durchmesser des Kerns entsprechen, Elektronen in derselben Anzahl, wie Protonen vorhanden sind; also auch hier wiederum zwischen 1 und 92 Elektronen, je nach chemischem Element.

Da die Nukleonen 2000mal schwerer als die Elektronen sind, liefern diese Nukleonen praktisch die gesamte Atommasse. So beruht die Masse der Materie also auf derjenigen der Protonen und Neutronen. Diese Masse ist mit 10^{-24} Gramm sehr klein; deshalb sind in 1 Gramm gleichgültig welcher Materie so viele Atome enthalten: ungefähr 10^{23}. Diese Zahl stimmt mit den Abmessungen dahingehend überein, daß 10^{23} Atome mit einem Durchmesser von 10^{-8} cm ein Volumen von 1 cm^3 einnehmen. Dieses Volumen, wenn es einer Masse von 1 Gramm entspricht, führt zu einem Dichtewert von 1, einem für Flüssigkeiten gängigen Wert.

Außer ihren Abmessungen und ihren Masseeigenschaften besitzen diese Bestandteile der Materie noch elektrische Eigenschaften: die Protonen haben eine elektrische +1-Ladung, die Neutronen eine 0-Ladung und die Elektronen eine elektrische –1-Ladung (mit beliebigen Einheiten). Insgesamt betrachtet sind die Atome also elektrisch neutral, da ihre elektrische Gesamtladung gleich Null ist.

Welche Bedeutung besitzt in Wirklichkeit die Eigenschaft der elektrischen Ladung? Sie macht es möglich, in der Natur vorkommende wichtige Interaktionen zu beziffern: die elektromagnetischen Wechselwirkungen. Ebenso wie die Masse der Nukleonen es möglich macht, die Wechselwirkungen der Schwerkraft in Zahlen anzugeben oder zu messen, inwieweit die Partikel auf Einflüsse von außen reagieren.

Die chemischen Eigenschaften der Atome beruhen auf ihren Elektronenladungen, wobei die vom Kern am weitesten entfernten die größere Bedeutung haben, weil sie der Einwirkung durch äußere Kräfte zugänglicher sind. Vermittels dieser elektromagnetischen Wechselwirkungen zwischen äußeren Elektronen gelingt es, daß sich 2 Wasserstoffe mit 1 Sauerstoff stabil und fest verknüpfen und so eine dauerhafte Struktur bilden – das Wassermolekül. Und auf die gleiche Weise gelingt es auch, daß sich Sauerstoff- und Siliziumatome (die Nummer 14 in der Abfolge der Atome) zu einem starren und widerstandsfähigen kristallinen Gitter anlagern, das den wesentlichen Kern des Feuersteins ausmacht. Und dies alles beschreiben Atomtheorien, die in unseren Tagen zu einem durchaus befriedigenden Stand der Perfektion gelangt sind.

Die Bindemittel des Kosmos

Sind die Bausteine der Materie identifiziert, so taucht die Frage auf, wie sich ihre Wechselwirkung gestaltet. Hat man die Backsteine gefunden, wo ist dann der Mörtel, mit dem sich der Kosmos aufbauen läßt? Vier Wechselwirkungen sind derzeit bekannt: die der Schwerkraft, der elektromagnetischen Kräfte, der Kernkräfte und der «schwachen» Kräfte.

Die Schwerkraft

Die am längsten bekannte Wechselwirkung ist die der Schwerkraft oder Gravitation, die von Newton am Ende des 17. Jahrhunderts entdeckt wurde. Er hat ihre Gesetzmäßigkeit beschrieben. Zwei Massen ziehen sich mit einer zu ihren Massen proportionalen und zum Quadrat ihrer Entfernung voneinander umgekehrt proportionalen Kraft an. Das bedeutet, daß wenn sich 2 Massen von je 1 Gramm Gewicht, die 1 Meter voneinander entfernt sind, mit einer Kraft der Größe G anziehen, sich eine Masse von M Gramm und eine solche von M Gramm, die D Meter voneinander entfernt sind, mit einer Kraft $G \times M \times M' : D^2$ anziehen. (Abb. 3)

G ist eine naturgegebene Größe, die die Intensität der Schwerkraft zahlenmäßig zum Ausdruck bringt. Ihr Wert gibt z. B. wieder, daß ein Mensch mit 70 kg Masse, der 6387 km vom Mittelpunkt der Erde entfernt – also an deren Oberfläche – ist, von der Erde mit ihrer Masse von 6×10^{24} Gramm mit einer Kraft angezogen wird, die er als sein eigenes 70-kg-Gewicht erlebt. Auf dem Mond würde bei entsprechender Berücksichtigung von dessen Radius und Masse derselbe Mensch von einer Kraft angezogen werden, die nach dem Gesetz von Newton auf 12 kg zu veranschlagen wäre. Er würde 12 kg Gewicht haben, obwohl

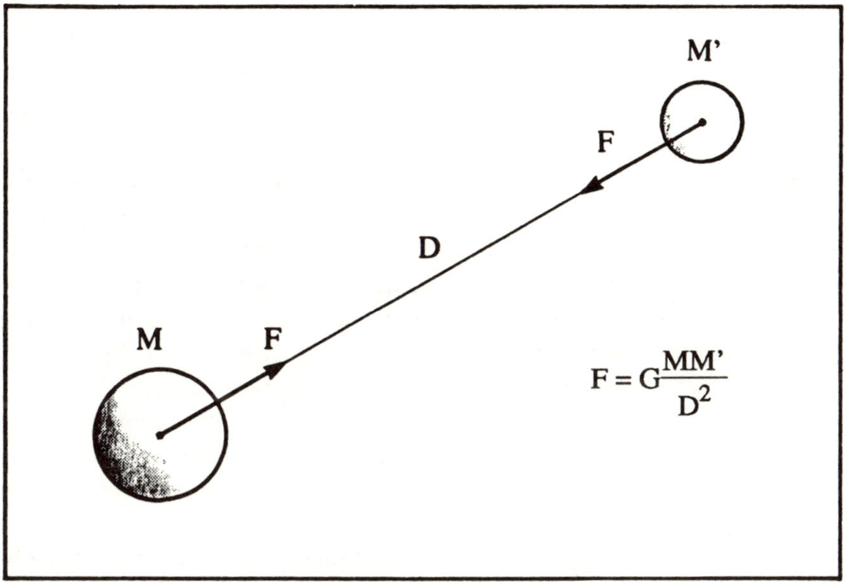

Abb. 3: Die Newtonsche Anziehungskraft zwischen zwei Massen

er 70 kg Materie besäße. Der Wert von G ist eine naturgesetzliche Größe. Theoretiker haben sich mit der Frage befaßt, weshalb dieser Wert gilt, und die Vermutung geäußert, daß G in ferner Vergangenheit des Universums eine andere Größe gehabt haben könnte.

Das Gesetz Newtons war sehr fruchtbar; durch seine Anwendung auf die Planeten des Sonnensystems konnten sofort die drei Gesetze der Planetenbewegungen erklärt werden, die Kepler 70 Jahre vorher, ausgehend von den Beobachtungen Tycho-Brahes, entdeckt hatte. Der bedeutsame Erfolg dieses Gesetzes hat den physikalisch-mathematischen Zweig, der unter dem Namen Himmelsmechanik bekannt wurde, hervorgebracht, der im gesamten Universum über die generellen Formen der Sterne, der Sternhaufen, der Galaxien und Galaxienhaufen Rechenschaft gab. Erst Anfang des 20. Jahrhunderts ist man auf eine erste Schwierigkeit gestoßen, als man durch es nicht in der Lage war, die langsame Bewegung der großen Umlaufbahnachse des Planeten Merkur vollständig zu erklären; die Erklärung wurde durch die Relativitätstheorie Einsteins gegeben. Aber die Newtonsche Theorie reicht aus für eine erste Näherungsbetrachtung des Kosmos.

Die elektromagnetische Wechselwirkung

Die elektromagnetische Wechselwirkung, eine bedeutsame Entdeckung des 19. Jahrhunderts, wurde zunächst in ihrer elektrischen und magnetischen Form offenbar. Den einfachsten Fall liefert die elektrostatische Kraft; sie folgt demselben Gesetzt wie die Kraft Newtons: Zwei elektrische Ladungen üben aufeinander eine zu ihren elektrischen Ladungen proportionale und zum Quadrat ihrer Entfernungen umgekehrt proportionale Kraft aus. Mit einer Abweichung: diese Kraft ist nur dann eine anziehende Kraft, wenn die beiden Ladungen umgekehrte Vorzeichen besitzen. Sie ist eine abstoßende Kraft, wenn die Ladungen dieselben Vorzeichen haben. Ein bedeutsamer Unterschied, der den Situationen, denen wir bereits begegnet sind, eine weitere Variante hinzufügt. Sie macht eine Erklärung dafür möglich, daß Elektronen mit ihren negativen Ladungen durch die positiv geladenen Protonen des Atomkerns angezogen werden und um diesen kreisen, ähnlich den Planeten um die Sonne.

Ein anderer wichtiger Unterschied resultiert aus den magnetischen Effekten. Verändert eine elektrische Ladung ihre Lage z. B. entlang einer Kreislinie (der Fall eines Stroms in einer Leiterspule), so ruft sie eine magnetische Kraft hervor (die Spule verhält sich wie ein Magnet). Diese magnetische Kraft ist in der Lage, die Bahn einer bewegten elektrischen Ladung zu krümmen (auf diese Weise werden die Bündel geladener Teilchen dazu gezwungen, sich in den Teilchenbeschleunigern auf Kreisbahnen zu bewegen) und auch auf andere Magnete einzuwirken (die Teilchenströme elektrischer Ladungen im Erdinnern geben der Magnetnadel im Kompaß ihre Ausrichtung). Bewegen sich Ladungen in einer Schleife und wechseln dabei stets die Richtung, so verändert sich auch die Wirkungsrichtung der hervorgerufenen Kräfte, und hieraus resultieren elektromagnetische Wellen, die sich mit Lichtgeschwindigkeit fortpflanzen (Ströme, die tausend- oder millionenfach pro Sekunde in Spulen oszillieren, lassen so Radiowellen von 1 Kilometer bis 1 Meter Wellenlänge entstehen).

Im 19. Jahrhundert hat Maxwell diese komplexen Wechselwirkungen, bei denen die Kräfte nicht nur von den Positionen, sondern auch von den Bewegungen abhängen, zu einer einzigen Theorie, der des Elektromagnetismus, zusammengefaßt. Wie die Theorie der Schwerkraft nach Newton, so genügt auch der Elektromagnetismus Maxwells für eine erste Näherungsbetrachtung des Kosmos.

Die nukleare Wechselwirkung

Wie kommt es, daß die Protonen des Atomkerns, die doch alle positiv geladen sind, zusammenbleiben, obwohl ihre elektrische Abstoßung sie auseinandertreiben müßte? Ihre eigene Schwerkraft hält sie – so könnte man meinen – zusammen. Aber G, die Konstante, die die Schwerkraft zahlenmäßig ausdrückt, ist um so vieles kleiner als e, der Wert der elektrischen Ladungseinheit, so daß die elektrische Abstoßungskraft bei weitem – um den Faktor 10^{36} – größer ist. Um sie zusammenzuhalten, bedarf es also einer gewaltigen Kraft, die zugleich die elektrische Abstoßung verhindern kann.

Das ist die Kernkraft, die zu Beginn dieses Jahrhunderts entdeckt wurde.

Außer durch ihre Intensität, die ihr oft die Bezeichnung starke Wechselwirkung einträgt, ist die Kernkraft von einer kurzen Reichweite gekennzeichnet. Im Gegensatz zur Schwerkraft und zu den elektromagnetischen Kräften, die selbst auf sehr große – ja eigentlich unbegrenzte – Entfernungen hin sehr empfindlich, wenn auch wegen des Gesetzes der umgekehrten Proportionalität zum Quadrat ihrer Entfernung zunehmend schwächer wirksam sind. Die Kernkraft wirkt nicht über 10^{-13} cm hinaus, ist aber in dieser Entfernungszone praktisch konstant. Aus diesem Grund verhalten sich die Nukleonen ähnlich den Boules: Jenseits von 10^{-3} cm haben sie keine Wechselwirkungen, nur das Angestoßenwerden ermöglicht ihnen, sich aneinanderzulagern. Aufgrund dieses eigentümlichen Verhaltens erreicht ein Nukleon nur mit seinen unmittelbaren Nachbarn, etwa einem halben Dutzend, eine Wechselwirkung. Entsprechend einer Kugel, die nur mit der ersten Lage der sie umgebenden Kugeln in Kontakt sein kann.

Die Energie, mit der ein Nukleon in einen Atomkern eingebunden ist, hängt wenig von der Dicke dieses Kerns ab. Ein Atomkern kann von mittlerer Größe oder auch dick sein, ein Nukleon in ihm ist nur an seine Nachbarn gebunden und nicht an alle anderen. Diese Eigenschaften führen dazu, daß die nukleare Materie, die die Atomkerne aufbaut, einer Flüssigkeit ähnelt, allerdings einer Flüssigkeit von unwahrscheinlich großer Dichte, die sich aus der Masse eines Nukleons im Verhältnis zu seinem Volumen mit 10^{15} g/cm^3 ergibt und 10^{15} mal größer ist als die Dichte von Wasser.

Diese Dichte überrascht, selbst für Objekte, die so klein sind wie eben Atomkerne. Ist es denkbar, daß man in der Natur Objekte von gewöhnlicherer Größe entdecken könnte, deren Dichte bis zu einer Milliarde Tonnen pro Masse in einem Fingerhut betragen könnte? Ja. Seit 1934 hat man ihr Vorhandensein vorhergesagt: Es sind die Neutronensterne und die Pulsare. Gestirne, die in einem Globus von nur 10 km Durchmesser die gesamte Sonnenmasse zusammenpacken, obwohl die Sonne einen Durchmesser von 1 1/2 Millionen Kilometer hat.

Die schwache Wechselwirkung

Bestimmte Atomkerne sind instabil; sie können sich unter Emission einer Strahlung spontan verändern. Einen derartigen Vorgang stellt die Erscheinung der Radioaktivität dar. So wird z. B. bei der Alpha-Radioaktivität ein Alpha-Teilchen abgestrahlt, eine Verbindung von zwei Protonen und zwei Neutronen, die der Heliumkern aufweist. Bei dieser Umwandlung ist der Endzustand, in dem der neue Atomkern und das Alpha-Teilchen bestehen bleiben, stabiler als der Anfangszustand. Diese Aussicht auf einen Gewinn an Stabilität, wie er im Umbau der Nukleonen erreicht wird, ruft die Umwandlung hervor. Die auf die nukleare Wechselwirkung gegründeten Berechnungen geben über diese Art Radioaktivität sehr genaue Informationen.

Die Beta-Radioaktivität hingegen ist so nicht erklärbar. Bei den ersten Beta-Radioaktivitäten, deren Entdeckung auf den ganz frühen Beginn des 20. Jahrhunderts zurückgeht, war das abgestrahlte Teilchen ein Elektron. Diese Radioaktivität resultiert aus der Umformung eines Neutrons des Atomkerns in ein Proton, es ergibt sich also keine Veränderung der Zahl der Nukleonen, sondern der Atomkern gewinnt eine Einheit zu seiner Ladung bzw. zu seiner Ordnungszahl hinzu. Das Gegenstück zu dieser Beta-Radioaktivität ist vor 50 Jahren entdeckt worden: Das abgestrahlte Teilchen ist ein positiv geladenes Elektron, ein Positron, das Antiteilchen des Elektrons. In diesem Fall verliert der Kern eine Ladung.

Ein seltsames Phänomen trat bei der Beta-Radioaktivität deutlicher hervor: obwohl der Anfangs- und der Endzustand exakt festliegen, wird das Elektron nicht immer mit der gleichen Energie abgestrahlt, so daß es den üblicherweise geltenden «Grundsatz» der Erhaltung der Energie verletzt. Man mußte so zu der Vermutung kommen, daß ein zusätzliches unsichtbares Teilchen die verfügbare Energie mit dem Elektron teilen könnte, ein Teilchen ohne elektrische Ladung und von einer praktisch mit Null anzusetzenden Masse. Es handelt sich um das Neutrino, das zum erstenmal vor einem Vierteljahrhundert meßtechnisch registriert wurde.

Im Umfeld dieser Experimente hat sich unter der Anregung von Fermi eine Theorie der Beta-Radioaktivität entwickelt, die in gewissem Sinn der elektromagnetischen Theorie gleicht, jedoch komplexer ist. Sie stellt die Grundlage für die sog. schwache Wechselwirkung dar. Ihre spezielle Bezeichnung leitet sich von ihrer schwachen Kraft und von ihrer kurzen Reichweite, die hundertmal kürzer als die der nuklearen Wechselwirkung ist, her. So hat z. B. ein Neutrino bei einer vollen Durchquerung der Erde nur eine Chance von 1 : 10'000, mit einem irdischen Atomkern in Wechselwirkung zu treten.

Das für die schwache Wechselwirkung typische Beispiel liefert der Zerfall des Neutrons zu einem Proton. Freie Neutronen verhalten sich wie (einfachste!) beta-radioaktive Atomkerne. Bei ihrer Zustandsänderung strahlen sie ein Elektron ab und ein Neutrino, das eine mittlere Lebensdauer von 20 Minuten hat. Unter bestimmten, sehr spezifischen Bedingungen kann die umgekehrte Reaktion zustande kommen. Beispielsweise können sich im sehr heißen Kern bestimmter Sterne Protonen und Elektronen unter Freisetzung von Neutrinos in Neutronen verwandeln. Unter der Wirkung ihrer eigenen Schwerkraft können die Neutronen einen Neutronenstern mit hoher Dichte ausbilden, während die Neutrinos, indem sie sich absetzen, ihre Energie in die äußeren Schichten des Sterns transferieren und in der Art einer Supernova ins All hinausschleudern.

Nicht alle Teilchen sind für die schwache Wechselwirkung empfänglich. Von der Definition her sind es nur jene, die eine «schwache Ladung» besitzen, das Analogon für die schwache Wechselwirkung zur elektrischen Ladung bei der elektromagnetischen Wechselwirkung. Das Neutrino ist nur für die schwache Wechselwirkung empfänglich, nicht hingegen für die elektromagnetische Wechselwirkung, da es keine elektrische Ladung hat, und auch nicht für die starke Wechselwirkung.

Die Gestirne des Kosmos

Die Galaxien

Früher einmal gab es im Palais de la Deécouverte in Paris eine dunkle und tiefe Vitrine, in der, an unsichtbaren Fäden aufgehängt, eine Spiralgalaxie in fluoreszierender Watte schwebte. Wenn man sie so im unendlichen Raum ihrer eigenen Schwerkraft überlassen sah, kam man ins träumerische Staunen über die Majestät und das großartige Geheimnis dieser unglaublich großen Objekte des Universums. Vom Maßstab her befanden sich die Betrachter in einer Entfernung von 1 Million Lichtjahren. Außer vom Eindruck der Schwerelosigkeit wurde die Vorstellungskraft besonders durch die Fremdartigkeit dieses durchscheinenden Lichts in Erstaunen versetzt, das sich von überall und nirgendwoher im Innern dieser transparenten Masse auszubreiten schien. In Wirklichkeit resultiert es aus der Anhäufung des Lichts von Dutzenden oder Hunderten von Milliarden Sternen, die so von ferne gesehen gleichsam eng zusammengepackt erscheinen. Tatsächlich jedoch befinden sie sich, bezogen auf ihre individuellen Durchmesser, weit verstreut voneinander.

Mit ein wenig Phantasie konnte man dort, etwas dem Rand zu, ganz nahe bei einem Spiralarm, die Sonne mit ihren Planeten und uns selbst auf der Erde entdecken. Wird doch von dort aus das Universum der Galaxien wahrgenommen. Auch unsere eigene Galaxie erscheint, von dort in der Längsansicht aus dem Innern der Scheibe gesehen, in der Form eines breiten milchigen Schweifs, der sich über den ganzen Himmel zieht – die Milchstraße. Das phosphoreszierende Licht dieses Schweifs ist das wahrhaftige Leuchten einer Galaxie. Gewiß, die Erde verstellt dem Blick die eine Hälfte des Himmels, aber mit etwas Phantasie kann man sich leicht ausmalen, daß die oben sichtbare Welt sich nach unten in der Verlängerung fortsetzt. Und wenn die Nacht sehr klar ist, dann ist das Gefühl, wahrhaftig ein Bewohner einer großen Galaxie im Universum zu sein, eines der unvergeßlichen Erlebnisse, die der Kosmos uns zu schenken vermag.

Einige Winkelgrade seitlich der Südseite der Milchstraße erscheint in Richtung auf das Sternbild der Andromeda ein weißer Fleck aus demselben milchigen Weiß. Es handelt sich um eine andere große Galaxie von ähnlicher Art, die uns am nächsten ist: mit 10 Milliarden Sternen in einem Gebilde von 100'000 Lichtjahren Durchmesser, zwei Millionen Lichtjahre weit weg (Photo 2). All dies mag nach bloßen Zahlen klingen, aber der Wissenschaftler braucht sie; ohne sie kann er nur herumirren. Und er liebt diese Zahlen, wenn sich eine solche Wirklichkeit in ihnen ausdrückt und so außerordentliche Ansichten, die sie mit einer derartigen Schönheit und Poesie schmücken.

Die Natur ist voll derartiger Wunder, die für unsere allzu begrenzten Sinne fast gar nicht erreichbar sind. Die fotografischen Aufnahmen von Galaxien, die man mit den großen Teleskopen gemacht hat, helfen diesem Übel ab. Oft aber ist ihr Aussehen dann hart und kontrastreich, weit entfernt von ihrer tatsächlichen milden Anmut. Warum geht man nicht hin und sieht sie sich unmittelbar mit dem Teleskop an? Weil man, um eine Galaxie aus größerer Nähe sehen zu können, ein großes Teleskop benötigt. Die großen Teleskope aber gibt es nur in kleiner Zahl, und zudem sind sie meist im voraus belegt oder gemietet; mit Registriereinrichtungen, die überdies noch entwickelter und leistungsfähiger als die menschlichen Augen sind. Das geht sogar so weit, daß es fast schon eine Seltenheit ist, wenn jemand einmal einfach einen Blick darauf werfen darf. Oft, während meiner Beobachtungssitzungen, habe ich Galaxien im Okular gesehen, aber nur, um das Gerät genau auszurichten. Und da im allgemeinen die Instrumente bis an die Grenzen ihrer Leistungsfähigkeit beansprucht werden, um gerade so die Grenzlinien des Unerforschten immer weiter hinauszuschieben, waren die untersuchten Galaxien hundertmal weiter entfernt als die Andromedagalaxie und im Teleskop selbst nur mit Mühe unterscheidbar. Ein allereinziges Mal habe ich eine benachbarte Galaxie in einem großen Teleskop betrachten können – als gerade einmal 10 Minuten freie Zeit zwischen zwei Messungen anfielen. Es war die Galaxie der Jagdhunde, mit einer herrlichen Spirale, die einen ihrer Arme ausstreckte, um eine ganz nahe dabei liegende unregelmäßige Galaxie zu vereinnahmen (Photo 3). Außer der Schönheit, die das nachgebaute Modell im Palais de la Deécouverte vermittelt, waren zarte Farbtöne unterscheidbar: das Zentrum der Spirale leicht orange gefärbt, wie die Begleitgalaxie auch. Die Arme von einem duftigen Blauton. Das Ganze war von einer Zartheit und von einem so feinen Gewebe, daß es diesem doch so unglaublich großen und unvorstellbar gewaltigen Gestirn den Anschein flüchtig vergänglicher Zerbrechlichkeit verlieh.

Bezogen auf die Maße des für die derzeitigen großen Apparate zugänglichen Universums sind diese unglaublich großen Galaxien nur Staubkörner, wie sie in den Tiefen des Weltraums in unendlicher Zahl vorkommen. Stellt man die Galaxien als Staubkörner mit einem Durchmesser von 1/100 bis 1/10 Millimeter dar, dann ergibt das beobachtbare Universum einen Würfel von 10 Meter Seitenlänge. Und in diesem Würfel schweben einige Dutzend Kilo dieser Stäube herum. Die Galaxien sind also die am deutlichsten faßbaren Bauteile des Kosmos.

Die Sterne vereinigen die Hauptteile der Massen in einer Galaxie auf sich. Die Galaxien, von den riesigen bis zu den zwerghaften, enthalten zwischen 1 Milliarde und 1000 Milliarden Sternen, die voneinander jeweils um einige Lichtjahre entfernt sind. Die Sterne einer Galaxie werden durch die Schwerkraft zusammengehalten. Jeder Stern wird von allen anderen angezogen, entsprechend dem Gesetz von Newton, und meist verteilen sie sich in einem Schwarm, der der Mitte zu sehr dicht und nach außen zunehmend dünner besetzt ist. Oft befindet sich der Schwarm in einer insgesamten Rotationsbewegung, die ihm, unter der Wirkung der Zentrifugalkraft, eine kreisförmig abgeplattete, einer Schallplatte vergleichbare Form aufprägt. Dann beschreibt jeder Stern eine Kreisbahn um den zentralen dichter besetzten Teil der Galaxie. Dieser zentrale Teil hat die Form einer Zwiebelknolle, einer Art zusammengedrückten Rotationsellipsoids, mit einer deutlich markierten Verdickung im Zentrum, dem Kern der Galaxie. So durchläuft die Sonne eine volle Umlaufbahn um das Zentrum unserer Galaxie, das in 30'000 Lichtjahren Entfernung liegt, innerhalb von 250 Millionen Jahren mit der beachtenswerten Geschwindigkeit von 250 Kilometern pro Sekunde. Viele derartige Scheiben sind in ihrer Leuchtkraft verstärkt durch sehr junge und sehr heiße Sterne, die entlang zweier Arme, die eine Spirale bilden, aufgereiht sind und dem Kern entfliehen zu wollen scheinen: ein für typische Spiralgalaxien, wie unsere eigene oder die der Andromeda, charakteristisches Bild.

Fällt die insgesamte Rotationsbewegung zu schwach aus, dann bildet sich die Scheibe nicht aus, und es bleibt nur die zentrale Zwiebelknolle übrig. So bei den sog. elliptischen Galaxien, die die massereichsten Galaxien auf sich vereinigen. Die uns benachbartesten bilden einen Galaxienhaufen im Sternbild der Jungfrau in etwa 30 Millionen Lichtjahren Entfernung. Andere wiederum sind sehr klein, wie z. B. die zwei Begleiter der Andromedaspirale.

Bestimmte Galaxien haben keine speziell definierte Form; sie stellen die Unregelmäßigen dar, deren chaotisches Aussehen möglicherweise durch turbulente Bedingungen ihres Entstehens verursacht wurde. Die uns nächstliegenden sind die Magellanschen Wolken, zwei unregelmäßig ausgebildete Zwerggalaxien; sie sind Begleiter unserer eigenen Galaxie, befinden sich in etwa 200'000 Lichtjahren Entfernung, sind leicht mit bloßem Auge in der südlichen Hemisphäre erkennbar und wurden erstmals von dem großen Weltumsegler, nach dem sie benannt sind, im 16. Jahrhundert ausfindig gemacht.

Die Radiogalaxien

Zwischen den Sternen der Galaxien, im interstellaren Raum, befindet sich Gas, das zu Dreiviertel aus Wasserstoffatomen besteht. Dieses Gas liegt Vorgängen zugrunde, bei denen neben der Schwerkraft auch andere grundlegende Wechselwirkungen zum Zug kommen. So tritt in diesen Atomen das Elektron mit dem Proton in Wechselwirkung, in der Art, wie es zwei Magnetstäbe tun, und löst die Abstrahlung von Photonen, also elektromagnetischen Wellen, aus, mit genau festgelegter Wellenlänge, nämlich von 21 cm Länge. Diese speziellen Radiowellen, die atomaren Ursprungs sind, haben ganz wesentliche Eigenschaften des Gases in den Galaxien offenbart: seine Häufigkeit, seine Bewegungszustände und seine Verteilung im Raum.

Befinden sich die interstellaren Atome in der Nähe eines heißen Sterns, dann sind sie dem Beschuß mit den energiereichen ultravioletten Strahlen des Sterns ausgesetzt. Ihr Elektron wird dann aus seiner Verbindung mit dem Atomkern herausgerissen. Dieser Vorgang, die Ionisierung, läßt an die Stelle des Wasserstoffgases eine Mischung von freien Elektronen und freien Protonen, die aufgrund der ihnen zugeführten Energie in starker Bewegung sind, treten. Sie sind in einer thermischen Bewegung begriffen, die Temperaturen entspricht, die bis zu 10'000° C reichen. Streift ein Elektron mit großer Geschwindigkeit ein Proton, so wird es durch die Anziehungskraft der elektrischen Ladungen abgelenkt, und es kommt ein Kreisstrom zustande wie in einer Spule, und aufgrund der Gesetzmäßigkeiten der elektromagnetischen Wechselwirkung werden Wellen abgestrahlt. In der Regel liegen diese Wellen im cm- oder m-Radiowellenbereich, ihre Wellenlängen hängen von den Geschwindigkeiten der Elektronen und diese von der dem Gas durch den Stern vermittelten Temperatur ab.

Galaxien können aufgrund dieses thermischen Emissionsvorgangs Radiowellensender sein, sog. Radiogalaxien. Durch eine andere Möglichkeit können sie ebenfalls zu dieser Eigenschaft gelangen, durch die Synchrotron-Strahlung. In den Galaxien nämlich können sehr gewaltige Vorgänge ablaufen, die in der Lage sind, sehr viel schnellere und energiereichere Elektronen herzustellen als jene, die durch thermische Abstrahlung entstehen. So durch die Supernovae: Sterne, die durch plötzliche heftige Explosion eine gewaltige Energiemenge freisetzen, insbesondere in Form von Elektronen mit einer Geschwindigkeit in der Nähe der Lichtgeschwindigkeit. Andererseits rufen die Turbulenz- und Rotationsbewegungen des ionisierten Gases der Galaxien aufgrund elektromagnetischer Effekte Magnetfelder ins Leben. Diese Felder sind schwach, in der Größenordnung des 100'000stels des Magnetfeldes der Erde. Aber sie können dadurch, daß sie sich über beträchtliche Entfernungen im Innern der Galaxien erstrecken, erhebliche Wirkungen entfalten.

So werden die Flugbahnen der raschen Elektronen, wie die Supernovae sie abstrahlen, bei ihrer Ausbreitung im magnetisch aufgeladenen Feld vom geradlinigen Weg abgelenkt und gekrümmt; im allgemeinen strahlen sie dann Radiowellen im Frequenzbereich der Meter- bis Dekameterwellen ab. Ist das Magnetfeld noch stärker, wie z. B. im ganz nahen Umfeld einer Supernova, so werden die Wellen kürzer und können bis unterhalb von 1 Mikron hinunterreichen, d. h. im Bereich des sichtbaren Lichts liegen. So war es im Fall der Supernova im Sternbild des Krebses, deren Explosion im alten China im Jahre 1054 beobachtet worden war; und dasselbe gelingt in den Synchrotronanlagen, die die Physiker gebaut haben und mit denen dieses von seiner Herkunft sehr spezifische Licht erstmalig beobachtet wurde.

Atomare, thermische und Synchrotronabstrahlungen führen also dazu, daß bestimmte Galaxien mit Radioteleskopen beobachtet werden können (Photo 4). Und dies zum allergrößten Nutzen der Erforschung des Universums und seines Verständnisses, wofür die Radiogalaxien und Quasare als Zeugen fungieren mit all dem, was sie über die entferntesten Gebiete in den Tiefen des Weltraums und über die weitest zurückliegenden Zeiträume seiner geschichtlichen Vergangenheit zutage gefördert haben. Die Radiowellen ermöglichen das bequeme Studium von Galaxien, die an der Grenze der Beobachtungsmöglichkeiten liegen, bei normalem Tageslicht. Das Szenario ist durch eine einfache Tatsache gekennzeichnet: Bei ihrer Entdeckung in den 60er Jahren entsprach eine der strahlungsintensivsten Radiogalaxien der schwächsten, mit dem großen Teleskop des Mount Palomar fotografierbaren Galaxie. Mit dem weiteren Vorantreiben ihrer Entwicklung drangen die Radiowellenbeobachtungen immer weiter ins Universum vor, so daß die schwächsten derzeit beobachteten Radiogalaxien lichtoptisch nicht zu erkennen sind, da die dazugehörige Galaxie viel zu weit weg liegt.

Demgegenüber besteht der Nachteil, daß Daten im sichtbaren Spektralbereich fehlen. Die wesentlichen Eigenschaften dieser Radiogalaxien sind weniger gut eingegrenzt, ihre Entfernungen sind schwer abzuschätzen. Lediglich die Bestimmung der Tiefenverteilung der fernen Radiogalaxien weist darauf hin, daß jenseits des im sichtbaren Spektralbereich beobachtbaren Universums der Weltraum weitergeht. Er stößt nicht an eine Art von Rand, an dem es ins Leere ginge, oder – im Gegensatz hierzu – an einen hypothetischen, von Galaxien vollgepackten Mittelpunkt. Aber der heutige Stand der Erkenntnisse, besonders der über den Vorgang der Radiowellenabstrahlung der Galaxien, reicht nicht aus, um sagen zu können, wie viele Milliarden Lichtjahre es sein könnten, in die dieses «Jenseits» hinausreicht; es kann lediglich auf ein halbes Dutzend oder ein Dutzend Milliarden Lichtjahre geschätzt werden.

Die Quasare

Zum Glück hat es eine unerwartete Entdeckung der Radioastronomie möglich gemacht, daß die Astronomie im sichtbaren Wellenbereich in den Tiefen des Weltraums auch wieder zum Zuge kam: die Entdeckung der Quasare.

Der Dopplereffekt

Entfernt sich ein elektromagnetische Wellen ausstrahlendes Objekt, so werden die Längen der von ihm empfangenen Wellen länger. Sie werden kürzer, wenn es sich nähert. Dies um so mehr, je mehr seine Geschwindigkeit wächst. So hätte das gelbe Licht, das von den Natriumatomen abgestrahlt wird (die Kochsalzkörner, die man in die Flamme eines Brenners wirft, strahlen dieses Licht aus) und das bei Ruhelage die Wellenlänge 0,59 µm hat, eine um 10 % größere Länge, wenn man sich mit 10 % der Lichtgeschwindigkeit, also mit 30'000 Kilometer pro Sekunde von ihm entfernen würde. Es würde rötlicher aussehen, da sich seine Wellenlängen in Richtung der längeren Wellen verschoben hätten, die das rote Ende des sichtbaren Spektrums ausmachen. Würde die Fluchtgeschwindigkeit 34'110 Kilometer pro Sekunde betragen, dann würde das gelbe Natriumlicht exakt die Wellenlänge einer anderen intensiven Strahlung erreichen, wie sie von den interstellaren Wasserstoffnebeln abgestrahlt wird, nämlich die der roten Linie (diese Bezeichnung stammt vom Aussehen der Strahlung in den Spektrographen) «H-alpha» des Wasserstoffs, mit 0,66 µm. Dieser Dopplereffekt leitet sich ab aus den Gesetzmäßigkeiten der Zusammensetzung von Bewegungen; die Analogie zum Absinken des Tons der Sirene eines Zugs, der sich entfernt, liegt oft vor. Die Ursache für die Rotverschiebung der Spektrallinien der Galaxien wird für die Mehrzahl der Astronomen dank dieses Dopplereffekts erklärlich.

In den 60er Jahren hat die Radioastronomie aufgedeckt, daß leistungsstarke Radiowellensender vom Typ des Synchrotron nicht den Galaxien, sondern Gestirnen, die auf den Fotografien wie Sterne aussahen, entsprechen (daher ihr Name Quasar, die Abkürzung für quasi-stellar). Und die Spektren dieser angeblichen Sterne wiesen stark zum Rot hin verschobene Linien auf. Wenn diese Rotverschiebungen dem Dopplereffekt zugeschrieben werden sollen, dann müssen dahinter Fluchtgeschwindigkeiten in der Größenordnung von mehreren Hunderttausenden von Kilometern pro Sekunde stehen. Geschwindigkeiten, wie sie für Sterne völlig unbekannt sind, die in unserer Galaxie bestenfalls mit einigen hundert Kilometern pro Sekunde umlaufen. Interpretiert man dementsprechend diese Fluchtgeschwindigkeiten nach dem Gesetz von Hubble, bei dem die Fluchtgeschwindigkeit proportional zur Entfernung ist, dann muß man akzeptieren können, daß diese Quasare in gewaltigen Entfernungen von Milliarden von Lichtjahren liegen.

Der uns «benachbarteste» Quasar 3C-273 hat eine Fluchtgeschwindigkeit von 50'000 Kilometern pro Sekunde und befindet sich in 3 Milliarden Lichtjahren Entfernung. Dennoch strahlt er intensiv genug, um durch ein Amateurteleskop gesehen werden zu können; auch wenn er also 100mal weiter weg wäre, wäre er noch immer für die großen Teleskope erreichbar. Diese gewissermaßen von der Vorsehung geschickten Gestirne sind von ihrer Art her sehr leuchtkräftig, denn jedes leuchtet wie 100 Riesengalaxien. Sie machen es dadurch möglich, daß man die Tiefen des Weltraums noch besser durchforschen kann. Und umsonst bekommt man obendrein hinzu, daß man auch noch weit in die Vergangenheit zurückblicken kann. Denn ein Gestirn, das z. B. 10 Milliarden Lichtjahre entfernt ist, sehen wir in dem Zustand, den es innehatte, als das Universum 10 Milliarden Jahre jünger war, als es heute ist, weil sein Licht 10 Milliarden Jahre gebraucht hat, bis es bei uns eintreffen konnte. Die Quasare sind also Gestirne, die es nicht nur ermöglichen, entfernungsmäßig weit zu sehen, sondern auch die ferne Vergangenheit des Universums zu studieren.

Tatsächlich, und dies ist von größter Bedeutung, wurde kein Quasar in hundertfacher Entfernung von 3C-273 gefunden: Das beobachtbare Universum dehnt sich also zumindest nicht hundertmal weiter aus! Der kosmologische Horizont, die Grenze, die ihr Entstehen der Ausdehnung des Alls und der Relativität verdankt, verhindert die Beobachtungen bereits erheblich früher. Eine Ursache mehr, die die Astrophysiker und Kosmologen zu erhellen suchen, könnte noch hinzukommen: Es ist möglich, daß es in den zwei ersten Milliarden Jahren des Bestehens des Universums keine Quasare gegeben hat; sie hatten noch gar nicht die nötige Zeit gehabt, um sich auszubilden. Die beobachtbaren Quasare könnten sich also höchstens auf 1–2 Milliarden Lichtjahre dem kosmologischen Horizont annähern. Daß diese Gestirne im Kosmos keine dauerhaften Gebilde sind, scheinen die Untersuchungen der weniger entfernten Quasare nahezulegen. Sie sind derzeit pro – um den Effekt der Expansion des Universums korrigierter – Raumvolumeneinheit sehr viel weniger zahlreich als vor einigen Milliarden Jahren, vielleicht schon um den Faktor 100 weniger. Nachdem sie eine gewisse Zeit bis zu ihrem Erscheinen benötigten, scheinen die Quasare zudem Objekte von relativ kurzer mittlerer Lebensdauer zu sein, in der Größenordnung von einer Milliarde Jahren. Sie würden eine etwas spät nach dem Urknall erschienene Art darstellen und wären jetzt im Begriff, allmählich zu verschwinden, weil das Universum – verglichen mit ihrer Lebensdauer – gleichsam zu alt geworden wäre.

Dennoch ermöglichen gerade die Quasare aufgrund ihrer intensiven Abstrahlung von optischen Wellen und Radiowellen, daß man mit den Möglichkeiten der derzeitigen Beobachtungsinstrumente den Weltraum bis zu 80 % der durch den kosmologischen Horizont bestimmten Grenzen durchsuchen und die Vergangenheit bis auf ein oder zwei Milliarden Jahre nach dem Urknall erforschen kann. Wie Bojen, die auf dem unendlich weiten Ozean von Raum und Zeit treiben, senden sie Botschaften von nur wenig bekannten, ja sogar völlig unbekannten Gegenden. Von daher erklärt sich das ungeheuer große Interesse an den Quasaren und das seit ihrer Entdeckung vor etwa 20 Jahren hartnäckige Bemühen der Astronomen, ihre Botschaften zu entziffern.

Leider sind ihre Signale noch unverständlich. Die Situation gleicht der der energiereichen Radiogalaxien; trotz des Vorliegens optischer Beobachtungsdaten ist der Stand des Wissens über die Quasare noch allzu ungenügend, um die physikalischen Prozesse in diesen Gestirnen erfassen zu können. Bojen unbekannter Herkunft, die durch unbekannte Vorgänge Signale aussenden, sind praktisch nicht nutzbar.

Die Quelle der riesigen Energien, die sie sowohl im Radiowellenbereich, im sichtbaren wie im ultravioletten, im Röntgen- oder selbst Gamma-Bereich ausstrahlen, bleibt ein Rätsel. Die kürzlich mit ausgeklügelten Detektoren, die hinter die großen Teleskope wie die des Mount Palomar oder von Hawaii plaziert wurden, gewonnenen Informationen (Photo 5) – oder auch mit den großen Radioteleskopen wie dem Very Large Array von Neu-Mexiko (Photo 6) – weisen darauf hin, daß der «schwarze Kasten», der die phantastische Energie produziert, klein und im zentralen Kern bestimmter Galaxien lokalisiert ist. Zwei beliebte Hypothesen über diesen schwarzen Kasten bestehen zur Zeit. Einerseits könnte er ein sehr verdichteter Sternenhaufen im Mittelpunkt der Galaxien sein, in dem die Sterne, weil sie so sehr zusammengedrückt werden, sich destabilisieren oder gar wechselseitig aneinanderstoßen und so Serien aufeinanderfolgender Supernovae auslösen. Andererseits könnte er ein schwarzes Loch – ebenfalls im Zentrum der Galaxien – darstellen mit einer Masse, die an mehrere Dutzend Millionen Sonnenmassen heranreichen würde, und das buchstäblich jeden Stern, der ihm zu nahe käme, verschlingen würde, so daß er ein für allemal in ihm verschwände. Ein Bruchteil seiner Masse würde Energie freisetzen entsprechend der Einsteinschen Formel: $E = mc^2$, wogegen der Rest der Sternenmasse seinen Teil zum unausweichlichen Fettwerden des schwarzen Lochs beitragen würde . . .

Eine gewisse phänomenologische Kontinuität zwischen den Quasaren und den Radiogalaxien ist entdeckt worden: Die Kerne bestimmter Galaxien weisen Aktivitäten der Energieabstrahlung auf, die denen von Mini-Quasaren sehr ähnlich sind; große Anstrengungen werden gemacht, um zu versuchen, ihr Funktionieren verstehen zu lernen; und die Hypothese des schwarzen Lochs scheint, auch wenn sie sich noch nicht durchgesetzt hat, eine gute Arbeitshypothese zu sein.

In der Abfolge der Erscheinungsformen trifft man auf bestimmte ultraleistungsstarke Radiogalaxien, deren im Kern produzierte Energie in der Form zweier einander entgegengesetzter Jets freigesetzt zu werden scheint, die riesige Längen in der Größenordnung von Millionen Lichtjahren erreichen. In einigen sehr seltenen Fällen sind diese Jets sogar im optischen Bereich schwach sichtbar. Sie gelten als ein Beweis dafür, daß physikalische Prozesse von noch nicht aufgeklärter Natur in einer im astronomischen Maßstab sehr kleinen «Fabrik» ablaufen, mit Abmessungen, die über einige Lichtwochen nicht hinausreichen, und Energien freisetzen, die jenen entsprechen, die von 10 Tausend Milliarden Sonnen zusammen freigesetzt würden.

Eine Hypothese, die für die Erklärung des Problems der Produktion derart bedeutsamer Energiemengen hilfreich wäre, könnte auf der Annahme aufbauen, in Wirklichkeit seien die Quasare gar nicht in den riesigen Entfernungen, wie sie durch die Rotverschiebung in ihren Spektrallinien angezeigt werden. Dieser Hypothese folgend wären sie weniger weit entfernt und dementsprechend weniger energiereich. Bestimmte räumliche Ansammlungen von nahen Galaxien und Quasaren geben ein reichlich verwirrendes Bild ab, so daß es sich schon lohnen mag, diese Hypothese zu vertiefen. Fest steht aber auch, daß sie sich nicht auf alle Quasare anwenden läßt, denn einige, wahrscheinlich sogar die Mehrzahl, sind ohne jeden Zweifel in den durch ihre spektralen Verschiebungen angezeigten Entfernungen. Sollte es «nahe» Quasare geben, würde sich ein neues Problem auftun: Weshalb nämlich wären dann ihre Wellen zu den langwelligen Spektralbereichen hin verschoben? Vielleicht liegt auch dort noch ein bisher nicht erklärliches physikalisches Phänomen versteckt.

Die Sterne

Wenn die Galaxien die Staubkörner des Kosmos sind, dann sind die Sterne die Mikrostaubkörner der Galaxien. Verglichen mit den Galaxien, sind die Sterne sehr klein: So hat die Sonne einen Durchmesser von 3 Lichtsekunden gegenüber einem solchen von 100'000 Lichtjahren unserer Galaxie.

Die Sterne bilden sich durch die Verdichtung von Teilen des Gases, das sich im interstellaren Raum befindet (Photo 7). Sobald aus irgendeinem Grund ein mit Gas angefüllter Bereich eine größere Dichte als seine Nachbarbereiche erreicht, kann die wechselseitige Anziehung der verschiedenen Moleküle und Atome durch die Schwerkraft groß genug werden, um ihren Einsturz oder Fall zu einem gemeinsamen Zentrum hin zur Folge zu haben. Ist eine solche Verdichtung erst einmal in Gang gekommen, dann beschleunigt sie sich mehr und mehr und erfaßt – zu ihrem Vorteil – Moleküle in ihrer Umgebung. Auf diese Weise bildet sich eine Gaskugel aus. Aufgrund der durch den kollektiven Einsturz und die daraus resultierenden Zusammenstöße freigesetzte Energie hat sich aber das Gas sehr erhitzt, und die Kugel wird zum thermischen Strahler in Wellenlängenbereichen, die desto kurzwelliger sind, je höher die Temperatur ansteigt. So liegt bei der Temperatur eines Bügeleisens diese Strahlung im Infraroten. Bei 1500°, der Schmelztemperatur des Eisens, wird rotes Licht, bei 6000°, der Temperatur an der Oberfläche der Sonne, gelbes Licht erzeugt usw., bis zu Millionen Grad, bei denen Röntgenstrahlen abgestrahlt werden.

Würde hierbei kein neuer physikalischer Prozeß ins Spiel kommen, dann würde die – während der durch die Schwerkraft ausgelösten Zusammenziehung der Gaswolke – von diesem Proto-Stern freigesetzte Energie rasch erschöpft sein, und das rasch erkaltende Gestirn würde für alle Zeiten unausweichlich erlöschen.

Hier aber nun schaltet sich die Kernkraft ein. Mit ihrer Hilfe, dadurch, daß sie die erlöschende Fackel der Schwerkraft wieder entfacht, leuchten die Sterne dauerhaft, speziell die Sonne, die so dem Leben die nötige Zeit gibt, um auf der Erde Fuß zu fassen. Und so gelingt die Abfolge: steigt die Temperatur im Innern der Gaskugel weit genug an, dann werden die Moleküle in Atome auseinandergebrochen und die Atome in Elektronen und Atomkerne, und es entsteht schließlich ein sehr heißes, aus Atomkernen und freien Elektronen bestehendes Gas. Aufgrund der hohen Temperaturen erreichen die Atomkerne hohe Geschwindigkeiten in alle Richtungen, und wenn diese Temperatur einige Dutzend Millionen Grad überschreitet, dann reichen die Geschwindigkeiten aus, um die elektromagnetische Abstoßungskraft, die die Atomkerne aufgrund ihrer positiven Ladungen aufweisen, zu durchbrechen. Und dann? Dann können die Nukleonen zweier Atomkerne unmittelbar aufeinanderprallen und untereinander ihre Kernkräfte ins Spiel bringen. Und dadurch neue Prozesse in Gang setzen: besonders die Kernfusion, eine neue Energiequelle.

Möglich ist, daß die ersten Sterne sich ungefähr 100 Millionen Jahre nach dem Urknall gebildet haben. Zu diesem Zeitpunkt bestand das Urgas im wesentlichen aus Wasserstoff. Die Sterne der ersten Generation hätten also die Kernfusion ihrer Protonen genutzt; diese hätten sich in einem ersten Stadium zu zweit zusammengelagert, dank der schwachen Wechselwirkung, und 2 Protonen hätten ein Deuterium (oder schweren Wasserstoff aus einem Proton und einem Neutron), ein Elektron und ein Neutrino zur Welt gebracht.

Dann hätten diese Deuteriumatomkerne unter der Wirkung anderer thermonuklearer Fusionsprozesse schwerere Atomkerne ausgebildet. Hierbei war die Bildung von Heliumatomkernen oder Alpha-Teilchen aus zwei Protonen und zwei Neutronen eine ganz wichtige Etappe; wichtig deshalb, weil diese Atomkerne bei ihrer Bildung – aufgrund ihrer Stabilität – die Freisetzung bedeutender Energiemengen ermöglichen. Hierauf beruht die Hauptenergiequelle der Sterne, durch die sie seit 15 Milliarden Jahren dem Universum Wärme, Licht und Leben schenken.

Aber die Sterne spielen nicht nur diese Rolle. Sie haben auch die für die Konstruktion der weiterentwickelten Gebilde des Kosmos notwendigen Materialien zur Verfügung gestellt: Planeten, Mineralien, organische Stoffe . . . Denn die thermonuklearen Reaktionen haben sich nicht auf das Helium beschränkt: Später haben drei Heliumkerne Kohlenstoff, vier haben Sauerstoff entwickelt usw., bis hin zu den Atomkernen des Eisens. All dies durch das komplexe Zusammenspiel der starken und schwachen Wechselwirkungen im hoch aufgeheizten innersten Kern der Sterne.

Ohne Kohlenstoff hätte es kein Leben gegeben. Und in der Tat ist die Bildung des Kohlenstoffs nur einem unglaublichen Zusammentreffen glücklicher Umstände zu verdanken: um nämlich gebildet werden zu können, mußten sich die Kohlenstoffatomkerne in einem «Erregungs-

»zustand befinden, einem Zustand innerer Unruhe, der sich exakt bei einer Energie von «7,224 Millionen Elektronenvolt» über dem Normalzustand einstellt. Die Vorhersage dieses erregten Zustandes, die wir Fred Hoyle verdanken, ist seither durch Laborversuche bestätigt worden. Wären die Eigenschaften der Kohlenstoffatomkerne in der Natur auch nur um ein weniges anders gewesen, dann hätte auch das Universum ein ganz anderes Schicksal gehabt. Aus physikalischer wie aus metaphysischer Sicht stimmt dieses Zusammenspiel der Bedingungen nachdenklich.

Wie sind die Kohlenstoffe und andere, für das Leben so wichtige Atomkerne bis zu uns gelangt? Das hängt mit der weiteren Entwicklung der Sterne zusammen. Irgendwann erschöpft ein Stern seine Vorräte an nuklearen Brennstoffen eben doch. Setzt man die Masse eines Sterns und die Geschwindigkeit, mit der er Energie freisetzt, miteinander in Beziehung, so läßt sich dieser Zeitpunkt abschätzen: Je massereicher ein Stern ist, desto höher wird die Innentemperatur, die er bei seiner Zusammenballung erreicht, sein, und dementsprechend stark werden seine thermonuklearen Reaktionen ausfallen. Ein massereicher Stern, mit einigen Dutzend Sonnenmassen, wird also sehr verschwenderisch sein; er wird seinen Energiereichtum, gerade weil er groß ist, desto rascher verschleudern. Er wird ein sehr heißer und leuchtkräftiger Stern von sehr kurzer Lebensdauer sein; in 1 Million Jahren wird er alles verausgabt haben. Hingegen wird die Sonne, weniger reich an Masse, aber ökonomischer im Umgang mit ihr, 1 oder 2 Dutzend Milliarden Jahre ‹vernünftigen› Lebens zur Verfügung haben können; und letztendlich wird ein Stern, der nur über ein Zehntel der Sonnenmasse verfügt, die Möglichkeit haben, Hunderte Milliarden von Jahren als nur wenig heißer und nur schwach leuchtender Stern zu überdauern.

In unserer Galaxie haben also schon viele massereiche Sterne die letzte Etappe ihres Lebens hinter sich. Das in der Regel durchlaufene Szenario mündet in eine Explosion: Geht die Energie aus, wenn der nukleare Brennstoff zur Neige geht, so kühlt das Innere des Sterns ab und zieht sich zusammen. Dies löst einen Einsturz des Sterns – unter der Wirkung der Schwerkraft – in sich selbst aus, der in einem letzten Aufbäumen zu einer plötzlichen Freisetzung von Energie führt, die ihn nun ihrerseits z. T. zum Explodieren bringt und so einen Großteil seiner Baumaterialien, inkl. der kostbaren Güter, die er hergestellt hat, im interstellaren Raum verstreut. So sieht das Phänomen der Supernova aus.

In der Abfolge von Milliarden von Jahren driften diese Produkte im interstellaren Raum hierhin und dorthin, vermischen sich mit anderen Auswürfen und verdichten sich schließlich wieder zu neuen Sternen der zweiten, der dritten ... Generation. Die Sonne hat sich auf diese Weise lange nach dem Urknall, vor 4,5 Milliarden Jahren, aus einer Gaswolke gebildet, die Kohlenstoffatome und andere Elemente enthielt, wie sie in anderen, seit langer Zeit verschwundenen Sternen entwickelt worden waren – Atome, die die Entwicklung der Erde mit ihrem Reichtum an chemischen Verbindungen möglich gemacht haben.

Diese aufeinanderfolgenden Etappen der Bildung und Auflösung von Sternen hängen eng mit der Natur und dem Verhalten des interstellaren Gases zusammen. Es war nach dem Urknall zu Dreiviertel aus Wasserstoff und zu einem Viertel aus Helium zusammengesetzt. Als die Sterne der 1. Generation entwickelt waren, hat sich ein Mischzustand herausgebildet, der in den Spiralgalaxien ungefähr 10 % der Massen im gasförmigen Zustand beließ, weniger in den elliptischen und mehr in den unregelmäßigen Galaxien. Ein fortwährendes Umrühren von Sternen und Gaswolken und Gas mit Sternen hat sich entwickelt, das auf die Form der Galaxien in einer noch ungenügend aufgeklärten Art und Weise Einfluß hatte. Ein Umrührprozeß, der in Hunderten von Milliarden Jahren nur noch zwergenhafte und wenig heiße Sterne übriglassen wird und ein wenig Gas, das mit stabilen Atomkernen derart angereichert sein wird, daß durch nukleare Prozesse keine Energie mehr aus ihm wird freigesetzt werden kann. Dann werden auch die Zwergensterne erlöschen – und den Kosmos an die Schwelle eines wohl in weiter Ferne und im Dunkel liegenden Schicksals heranführen.

Die filamentartige Grundstruktur der Galaxienhaufen

Nachdem wir bis ins Innerste der Galaxien vorgedrungen sind, wollen wir sie nun wiederum als bloße Staubkörner des Universums betrachten und versuchen, Klarheit über ihre Verteilung im Weltraum zu gewinnen. Diese Verteilung im Raum wird es möglich machen, zur Grundstruktur des Universums zu gelangen, wie eine Landkarte, die die Verteilung der Einwohner eines Landes aufweist, seine Grundform, seine Städte, seine großen Reisewege und seine Wüsten offenbaren kann.

Verlassen wir unsere Galaxie für eine Erkundungsreise im extragalaktischen Raum, dann treffen wir sofort auf zwei Nachbarn: die Magellanschen Wolken, kleine Begleitgalaxien unserer eigenen Galaxie in 200'000 Lichtjahren Entfernung und danach auf die große Schwesterspirale, die Andromedagalaxie in 2'000'000 Lichtjahren. Aber noch andere folgen: bis zu 3 Millionen Lichtjahren ungefähr 30 weitere, alle recht klein, mit Ausnahme einer schönen Spiralgalaxie im Sternbild des Dreiecks, die mit ganz normalen Ferngläsern beobachtbar ist.

Und noch weiter: nichts mehr, keine einzige bis zu einer Entfernung von 7 Millionen Lichtjahren. Diese seltsame Verteilung zeigt an, daß die uns benachbarten ca. 30 eine vereinzelte Gruppierung im Raum darstellen, einem kleinen Marktflecken auf dem weiten Land gleich: die Lokale Gruppe von Galaxien. Ihre zwei Riesen, Andromeda und unsere Galaxie, halten den Geleitzug der kleineren durch die Wirkung der Schwerkraft am Zügel.

Setzen wir unsere Erkundungsreise noch weiter hinaus fort, dann tauchen wieder Galaxien auf – bis zu 50 Millionen Lichtjahren verteilen sie sich auf etwa 50 vergleichbare Gruppierungen. Der nächstliegende Marktflecken ist das Sternbild des Bildhauers, das 6 schöne Spiralgalaxien aufweist.

Und so geht es weiter. Mit Ausnahme, daß im Sternbild der Jungfrau in 40 Millionen Lichtjahren Entfernung die Kreisstadt auftaucht; statt nur einige Dutzend Galaxien zu umfassen, bringt die Ortschaft Hunderte zusammen in einem Volumen, das kaum größer ist als das von einer Gruppe belegte, die Besiedlungsdichte ist dort also größer. Es ist dies der benachbarteste Galaxienhaufen, der elliptische Riesen- und Spiralgalaxien enthält, darunter die Radiogalaxie Virgo-A mit einem aus ihrem zentralen Kern heraustretenden Synchrotronstrahlungs-Jet.

Diese Erkenntnisse waren nur schwer zu gewinnen. Ein Vergleich zwischen dem Studium der Sterne und der Erforschung der Galaxien läßt dies nachempfinden: Das bloße Auge entdeckt 3000 Sterne, aber nur 3 Galaxien. Oder anders ausgedrückt, die 1000 leuchtkräftigsten Galaxien sind 1000mal weniger leuchtkräftig als die 1000 hellsten Sterne. Vom instrumentellen Gesichtspunkt her muß man also einen technologischen Sprung um den Faktor 1000 machen, um vom Studium der Sterne auf das der Galaxien überzuwechseln. Dieser Sprung ist in den 20er Jahren durch das amerikanische Mount-Wilson-Teleskop mit seinem 2,5 m Durchmesser geschafft worden. Übrigens sollte man sich nicht wundern, daß in der extragalaktischen Wissenschaft viele angelsächsische Ausdrücke zu geläufigen Begriffen geworden sind, man denke nur an Big Bang oder Quasar oder redshift: denn erst 1958, also mehr als eine ganze Generation später, wurde in Europa ein Teleskop gebaut, das demjenigen des Mount Wilson fast ebenbürtig war – das der Haute Provence (Frankreich) mit 1,93 m Durchmesser.

Nach dieser Erkundung der tausend hellsten Galaxien am Himmel hat ein amerikanischer Astronom, Shane, eine weite Strecke seines Lebens der Auflistung aller bis zu einer hundertfach schwächeren Helligkeitsstufe noch registrierbaren Galaxien gewidmet; seine große Mühe hat 1 Million Galaxien eingebracht. Und sofort läßt sich aus dieser Zahl eine Folgerung von allergrößter Bedeutung über die Besiedlung des Universums ableiten: Interessiert man sich für hundertfach lichtschwächere Galaxien, so bedeutet dies – aufgrund der Beziehung, die besagt, daß die Helligkeit eines leuchtenden Objekts umgekehrt proportional zum Quadrat seiner Entfernung ist –, daß man sich für zehnfach weiter entfernte Galaxien interessiert. Ist ein solches Objekt doppelt so weit weg, dann erscheint es viermal weniger hell usw. Interessiert man sich aber für zehnfach weiter entfernte Galaxien, so bedeutet dies zugleich, daß man sich für ein 10 × 10 × 10 oder 1000fach größeres Raumvolumen interessiert. Indem Shane genau dies tat, zählte er 1 Million Galaxien, also genau 1000mal mehr als die 1000 Galaxien der ersten Zählung bis zu 50 Millionen Lichtjahren Entfernung.

Als Schlußfolgerung gilt, daß bis 500 Millionen Lichtjahre der Weltraum im statistischen Mittel genauso bevölkert ist wie bis zu 50 Millionen Lichtjahren. Damit haben wir doch wohl ein erstes bedeutsames Ergebnis der Erkundung in der Hand; es hätte ja alles auch ganz anders aussehen können. Shane hätte bei seiner ‹Volkszählung› ja auch einen Rand oder ein Zentrum oder irgendeine andere Besonderheit im großen Maßstab entdecken können.

Zudem hat die Zählung von Shane in dieser weiten Eintönigkeit die Existenz neuer Städte in der Verteilung der Galaxien aufgedeckt. In erster Linie die Entdeckung reichbestückter Galaxienhaufen mit jeweils Tausenden von Galaxien, im Vergleich zu Hunderten im Galaxienhaufen der Jungfrau. Sie stellen die großen Hauptstädte der Landesregionen dar, deren uns am nächsten benachbarte die Galaxienhaufen des Haars der Berenike und des Herkules (Photo 8) in 300 Millionen Lichtjahren Entfernung sind.

Tatsächlich bilden der Galaxienhaufen der Jungfrau und alle Gruppierungen von Galaxien, denen man in den nahe liegenden Vororten begegnete, zusammen mit der Lokalen Gruppe ein umfassendes System, das allerdings weniger reichhaltig bestückt ist als der Galaxienhaufen des Haares der Berenike. Es ist durch den französischen Astronomen Geérard de Vaucouleurs, der in den USA arbeitete, als solches erkannt worden, und er hat ihm den Namen Supergalaxie verliehen, um eine höhere Stufe in einer hierarchischen Grundstruktur des Universums zu bezeichnen. Der Mittelpunkt der Supergalaxie wird vom Galaxienhaufen der Jungfrau belegt, während die Lokale Gruppe fast am Rand einer breiten Scheibe, die sich bis zur Gruppe des Bildhauers erstreckt, dahinsegelt.

Ein anderer Amerikaner, George Abell, hat, indem er durch eine speziell auf die reichhaltig bestückten Galaxienhaufen angelegte Sondierung die Analyse noch weiter vorantrieb, bis zu 2,5 Milliarden Lichtjahren Entfernung ganze 3000 gezählt. 3000 Galaxienhaufen, deren jeder Tausende von Galaxien mit je Hunderten Milliarden Sternen umfaßt! Abell hat auch gezeigt, daß diese reichhaltig bestückten Galaxienhaufen sich zu Superhaufen aneinanderlagern; der bestbestückte vereint um die dreißig Galaxienhaufen in einem Volumen von 200 Millionen Lichtjahren Durchmesser und führt so die Hierarchie im Universum weiter bis zu diesen gigantischen Systemen, den größten überhaupt bekannten, deren Masse mit 10^{16} oder gar 10^{17} Sonnenmassen den Rekord hält.

Neuere Untersuchungen, die in Hawaii, in Estland, in Kalifornien und in Neu-England durchgeführt wurden, haben noch detailliertere Ansichten dieser Superstrukturen des Universums ermöglicht. Zusätzlich zur Ermittlung von Daten über die Verteilung der Galaxien oder Galaxienhaufen am Himmel sind mit Hilfe von Spektrographen präzise Messungen in die Tiefe des Weltalls durchgeführt worden, um ihre Verteilung im dreidimensionalen Raum aufzuklären. Um Fehleinschätzungen über die Verteilungsmuster zu vermeiden, waren Formerkennungsprogramme für Computer entwickelt worden. Das hieraus resultierende Bild ergibt, daß im großen Maßstab von einigen hundert Millionen Lichtjahren gesehen der Weltraum von einem netzförmig durchflochtenen Gewebe durchzogen ist, einem aus kreuzenden Fäden, Ketten oder Perlenschnüren, die aus einer Abfolge von Galaxien oder Galaxienhaufen bestehen, durchwirkten Gitter; und daß sich zwischen diesen filamentartigen Gebilden weite praktisch galaxienleere Gegenden erstrecken (Photo 9).

Die Filamente sind mindestens tausendmal dichter mit Galaxien besetzt als die galaxienarmen Zonen, und sie belegen nur ein Hundertstel des verfügbaren Raums. Diese langen und schmalen Filamente werden hauptsächlich durch ein Aneinanderreihen von reichhaltig und mittelmäßig bestückten Galaxienhaufen ausgebildet; sie scheinen den von Abell entdeckten Supergalaxienhaufen zu entsprechen und bilden die Grundstrukturelemente im Galaxienverteilungsmuster. Durchdringen sie sich wechselseitig, so bilden sie eine Art von «Knoten» aus, deren Bedeutung noch wenig aufgeklärt ist. Jedenfalls scheint es keine «Gerüste» oder Stützwände zu geben, die diese rankenden Fäden miteinander verknüpfen würden.

Es ist im Grunde genommen sehr schwierig, klare Abgrenzungen im Sinne von Gruppierungen, Haufen und Filamenten vorzunehmen, weil alle Strukturen kontinuierlich ineinander übergehen. Die Filamentstruktur des Universums aber ist ein neues Faktum, dem die Theorien über die Bildung der Galaxien werden Rechnung tragen müssen. Wahrscheinlich hat ein grundlegenderer Vorgang in den allerersten Augenblicken des Universums deren Entwicklung für alle späteren Zeiten festgelegt.

Und noch weiter hinaus? Im noch größeren Maßstab sind viele in große Tiefen vordringende Beobachtungen gemacht worden, aber die Zahl der auffindbaren Galaxien wird so gewaltig groß, daß derartige Daten nur in begrenzten Regionen am Himmel ermittelt werden können. Alle Untersuchungen belegen, daß die in den näher liegenden Gebieten vorgefundenen Verteilungsmuster unverändert weitergeführt werden. Es wurde kein Super-Super-Haufen entdeckt. Weitere Hierarchiebildung findet nicht statt. Im Maßstab der halben Milliarde von Lichtjahren erscheint das Universum homogen. Und dieser Befund wird für noch größere Raumtiefen durch die Untersuchungen über die Verteilung der Radiogalaxien bestätigt. Insgesamt gesehen ist der beobachtbare Kosmos also ein gleichmäßig bevölkerter riesiger Raum. In diesem großen Maßstab ist die Galaxienverteilung überall dieselbe, Abweichungen von mehr als 50 % kommen von einem zum anderen Ort mit Sicherheit nicht vor. Untermauert werden diese Ergebnisse durch die Erforschung der kosmologischen 3°-Hintergrundstrahlung. Dieses Relikt der Anfangsexplosion des Universums ist tatsächlich auf mindestens 0,1 % genau isotrop und bestätigt so, daß der Kosmos noch weiter hinaus, als die Suche nach Galaxien und Radiogalaxien reicht, erstaunlich einförmig ist.

Diese Einförmigkeit stellt das erste aus der Beobachtung resultierende Element der Kosmologie dar. Bringt man es in die allgemeine Relativitätslehre ein, dann kann man mit ihm Universumsmodelle bauen, die über seine globale Struktur und seine komplette Entwicklungsgeschichte – oder doch wenigstens nahezu über beides – Aufschluß geben können. Das zweite aus der Beobachtung resultierende Element stellt die Fluchtbewegung der Galaxien dar.

Die zwei großen Entdeckungen der Kosmologie

Die Fluchtbewegung der Galaxien

Das räumliche Verteilungsmuster der überraschendsten Gestirne, der Galaxien, hat bereits übergeordnete Eigenschaften des Kosmos erkennen lassen. Bezieht man außer ihrer Lage auch ihre Bewegungsgeschwindigkeiten in die Betrachtung ein, dann entstehen wie durch neue Pinselstriche auch neue Farbtupfer im Gesamtgemälde. Um nochmals einen Vergleich zu benutzen, läßt sich sagen, daß der für den Verkehr in einer Großstadt Verantwortliche sicherlich zuallererst daran interessiert wäre, etwas über die Verteilung der Fahrzeuge in Erfahrung zu bringen, dann aber auch über ihre Geschwindigkeiten, denn deren Kenntnis macht es zumindest möglich, die fahrenden von den nur geparkten Wagen zu unterscheiden.

Keine Galaxie allerdings scheint zu ‹parken›. Alle zeigen Bewegungsgeschwindigkeiten von einigen hundert Kilometern pro Sekunde, die ganz zufällig verteilt scheinen, wie bei Bienen im Bienenstock oder Molekülen in Gasen. Zudem sind diese Geschwindigkeiten desto größer, wenn die Galaxien einer Gruppe oder einem bedeutsameren Haufen angehören. Einem reichlich bestückten Galaxienhaufen entspricht oft eine Geschwindigkeit von tausend Kilometern pro Sekunde. Diese Geschwindigkeiten kommen unter der Einwirkung der Schwerkraft zustande, die alle Galaxien im Haufen auf jede Galaxie ausüben. Werden die Galaxien zur zentralen Region hin angezogen, so beschleunigt sich ihre Geschwindigkeit; sie nimmt wieder ab, wenn sie sich wieder aus ihr entfernen usw. Anstatt relativ klar angelegte Umlaufbahnen wie die Sterne in einer Galaxie zu besitzen, haben sie Bahnen, die denen der Kometen im Sonnensystem gleichen, in die Länge gezogene und in alle Himmelsrichtungen orientierte Bahnen. Und je größer die Gesamtmasse des Haufens ist, desto größer sind im Mittel die Geschwindigkeiten.

Bis zum heutigen Tag sind diese Bewegungsabläufe sehr wenig aufgeklärt, mangels entsprechender Meßdaten und auch deshalb, weil nur die Radialgeschwindigkeiten meßbar sind, also diejenigen, die längs der Sichtlinie erfolgen (mittels der Verschiebung der Spektrallinien im Dopplereffekt). Es gibt keine Möglichkeit, die Transversalgeschwindigkeiten der Galaxien zu messen, weil ihre lateralen Verschiebungsbewegungen aus so großer Entfernung gesehen zu geringfügig sind.

Hingegen wurde sofort in den ersten Jahren der Erforschung der extragalaktischen Welt eine großräumige Bewegungsart der Fahrzeuge des Weltraums entdeckt – eine großräumige und allgemeine Bewegung, die alle eher zufälligen Einzelbewegungen überlagert. Die Galaxien entfernen sich von uns mit einer bei wachsender Entfernung zunehmenden Geschwindigkeit; so lautet das Gesetz von Hubble. Die entferntesten Galaxien, die mit den großen Teleskopen fotografierbaren, haben eine Fluchtgeschwindigkeit von 200'000 Kilometer pro Sekunde, also eine 200mal größere Geschwindigkeit als die doch bereits gewaltige der Galaxien in den Galaxienhaufen bzw. 2/3 der Lichtgeschwindigkeit.

Diese Fluchtbewegung der Galaxien weist drei außergewöhnliche Merkmale auf:

1. die Stärke des Phänomens, bei dem so massereiche Objekte wie die Galaxien, in denen Hunderte Milliarden Sterne Platz finden, sich mit Geschwindigkeiten bewegen, die denjenigen nahe kommen, die nur von Elementarteilchen, die doch so leicht sind, bekannt sind.

2. Die Allgemeingültigkeit dieser Fluchtbewegung, die das gesamte sichtbare Universum betrifft, also einen Raum, der sich bis zu Milliarden Lichtjahren erstreckt und – fast noch bedeutsamer – in Zeiträume hineinreicht, die Milliarden Jahre der Entwicklungsgeschichte des Kosmos umfassen.

3. erstaunliche Einfachheit dieser Gesetzmäßigkeit, eine einfache Proportionalität: Ist eine Galaxie doppelt so weit entfernt wie eine andere, dann ist sie vergleichsweise mit doppelter Geschwindigkeit auf der Flucht usw.

Wenn das Gesetz auch sehr einfach ist, so ist doch der Proportionalitätskoeffizient, den es enthält, der Hubble-Parameter, sehr schwierig zu messen, denn bisher ist es noch niemandem gelungen, daß Meßband eines Feldvermessers von hier bis zu den Galaxien zu verlängern, um ihre Entfernungen zu messen. Man muß seine Zuflucht zu indirekten Meßmethoden nehmen, deren raffinierte Weiterentwicklung seit Jahrzehnten ganze Teams von Astronomen beschäftigt. Die derzeit überwiegende Meinung schätzt den Hubble-Parameter – mit einer Ungewißheit von 50 % – auf 20 Kilometer pro Sekunde für jede Million Lichtjahre. Demnach befindet sich eine Galaxie mit einer Fluchtgeschwindigkeit von 2000 Kilometer pro Sekunde in einer Entfernung von 100 Millionen Lichtjahren.

Der Hubble-Parameter ist aus einem einfachen Grund sehr wichtig: In der Vergangenheit waren die Galaxien näher beieinander. Im Extremfall befanden sie sich, wenn in der Vergangenheit die Fluchtgeschwindigkeit der Galaxien stets dieselbe war, vor 15 Milliarden Jahren – der notwendigen Zeitspanne, um 1 Million Lichtjahre mit einer Geschwindigkeit von 20 Kilometern pro Sekunde zu durchlaufen – in direktem Kontakt miteinander. Hier entdecken wir nun das Wesentliche des Urknalls und die Grundlage für die Einschätzung seines historischen Alters.

Diese Überlegungen bedürfen einer noch besseren Klärung durch eine adäquatere Theorie. Und diese Theorie muß einer unmittelbar naheliegenden Ableitung Rechnung tragen: Eine kurze Hochrechnung nämlich könnte auf der Vorstellung aufbauen, man würde eine Galaxie beobachten, die 1½mal weiter entfernt wäre als die weitestentfernten fotografierbaren Galaxien. Sie müßte dann ja eine Fluchtgeschwindigkeit von 300′000 Kilometer pro Sekunde besitzen, also die Lichtgeschwindigkeit erreichen, was entsprechend den Ergebnissen der Relativitätstheorie physikalisch unmöglich ist. Auf sie muß man also zurückgreifen, um die Fluchtbewegung der sehr weit entfernten Galaxien korrekt darzustellen.

Schließlich noch ein wichtiges Indiz: Eine Galaxie, die eine Fluchtgeschwindigkeit von 300′000 Kilometer pro Sekunde erreichen würde, wäre grundsätzlich in einer Entfernung von 300′000/20 = 15′000 Millionen Lichtjahren. Also würde sie in dem Zustand in Erscheinung treten, in dem sie vor 15 Milliarden Jahren war, zum Zeitpunkt des Urknalls also. Hierauf beruht der Ursprung des kosmologischen Horizontes. Eine entfernungsmäßige Grenze, die einer der Lichtgeschwindigkeit entsprechenden Fluchtgeschwindigkeit für Objekte entspräche, die dann in ihrem Zustand zum Zeitpunkt Null des Urknalls gesehen würden.

Die kosmologische 3°-Hintergrundstrahlung

Das Aufpumpen eines Reifens mit einer Handpumpe zeigt, daß sich ein Gas, wenn es komprimiert wird, erhitzt. Wenn sich durch eine Umkehr des Zeitablaufs die Fluchtbewegung der Galaxien in eine Annäherung verwandeln ließe, würde sich auch das Galaxiengas, das das Universum füllt, erhitzen und würde im Grenzfall eine derart hohe Temperatur erreichen, daß der Kosmos von einem regelrechten Brei erfüllt wäre, aus dichtgepackten, sehr energiereichen Elementarteilchen. Diese überlegung war vor nahezu einem halben Jahrhundert von Gamow angestellt worden. Er hat daraus abgeleitet, daß, wenn das Universum wirklich mit einem Urknall begonnen hat, ausgehend von einem übermäßig dichten und heißen Zustand, es jetzt, wo es seine Dichte durch die Fluchtbewegung der Galaxien erheblich reduziert hat, noch Spuren eines Überbleibsels dieser infernalen Anfangstemperatur aufweisen müßte. Und die einfache Theorie des Elektromagnetismus hat es ihm möglich gemacht, vorherzusagen, daß dieses Überbleibsel in Form von elektromagnetischer Strahlung niedriger Temperatur in Erscheinung treten müßte.

Eine kleine Analogie hilft dies klarzustellen: Das auf 1200° erhitzte Innere eines Töpferbrennofens ist von einer ebenfalls 1200° heißen Strahlung erfüllt, die das Auge des Töpfers empfindlich verletzten würde, sollte er einen Blick zur Kontrolle hineinwerfen und sich dabei nicht vorsorglich durch einen absorbierenden Schirm schützen. Genauso entweicht, wenn man die Tür eines auf 400° C erhitzten Küchenherdes öffnet, eine 400° heiße elektromagnetische Strahlung nach außen. Auch wenn sie unsichtbar ist, wirkt sie doch durch die infraroten Strahlen. Kurz gefaßt bedeutet dies, daß jeder auf eine bestimmte Temperatur erhitzte Ofen von einer elektromagnetischen Strahlung derselben Temperatur erfüllt ist, deren Wellenlängen durch ein auf Planck zurückgehendes Gesetz festgelegt sind (sein Gesetz des «schwarzen» Strahlers).

Das ganze Universum ist ein riesiger Ofen. Zu Beginn hatte es eine außergewöhnlich hohe Temperatur, die im Laufe seiner Entwicklung radikal abgesunken ist. Gamow hatte –268° C als heutige Temperatur vorhergesagt, einen Wert, der elektromagnetischer Strahlung im Bereich der mm-Radiowellen entspricht. Aber seine Prognose war den technischen Meßmöglichkeiten seiner Zeit zu weit voraus und geriet in Vergessenheit. Erst 30 Jahre später wurde rein zufällig diese Strahlung durch Penzias und Wilson in USA entdeckt. Ihre Wellenlängen weisen eine Verteilung auf, die ihren Schwerpunkt bei 1 mm hat, was der Temperatur von –270° C entspricht, also 3° über dem absoluten Nullpunkt oder 3 Kelvin.

Diese mm-Radiowellenstrahlung kommt aus allen Raumrichtungen mit einer nahezu vollkommenen Isotropie auf der Erde an. Sie konnte auch andernorts, weit weg innerhalb unserer Galaxie, gemessen werden, wobei man ganz bestimmte interstellare Moleküle als Thermometer benutzte, mit demselben Ergebnis von 3 K. Es sieht ganz so aus, als wäre der gesamte Kosmos tatsächlich ein 3 K-Ofen, genauer gesagt bei einer derart tiefen Temperatur: ein Gefrierschrank, voll von kalter elektromagnetischer Strahlung, einem Überbleibsel aus sehr heißer vergangener Zeit. Diese grundlegende Entdeckung ist ein sehr starkes Argument zugunsten der Urknalltheorie.

Zudem stellt sie der theoretischen Kosmologie ein zahlenmäßiges Faktum zur Verfügung, 3 Kelvin, und präzisiert so die Modellvorstellung für ein Universum, in dem der Kosmos sich entwickelt. Dieser Fortschritt hat es im letzten Jahrzehnt möglich gemacht, die geschichtliche Entwicklung nachzuvollziehen bis in die Nähe der allerersten Augenblicke der Existenz des Universums, bis zu nur einer Zehntelsekunde nach dem Zeitpunkt Null. Ein meisterhaftes Freskogemälde der Entwicklung des Kosmos läßt sich nun dank der allgemeinen Relativitätstheorie malen.

So also sind wir nun bei dieser berühmten fossilen Strahlung angelangt, deren Photonen die am zahlreichsten im Universum vorkommenden Objekte darstellen und die von unserem kurzsichtigen Fallschirmspringer als erste entdeckt wurden. So groß ist ihre Zahl, daß es im Mittel 1 Milliarde von ihnen pro Nukleon der Materie des Kosmos gibt. Und diese «Objekte» verhalten sich derart unauffällig, daß sie ihre Bahnen ohne jegliche Behinderung durch den Raum ziehen und dabei fast nichts auf ihrem Weg finden, das ihren mit 300'000 Kilometern pro Sekunde eiligen Lauf beeinträchtigen könnte. Das letzte Mal, daß ihnen Schlimmes widerfuhr – Zusammenstöße mit Elektronen – war 300'000 Jahre nach dem Urknall. Dies bedeutet, daß sie sich seit 15 Milliarden Jahren – weniger 300'000 Jahren – geradlinig mit Lichtgeschwindigkeit frei ausbreiten. Die wir heute empfangen, kommen also nahezu vom kosmologischen Horizont her. Es sind die von weitest her kommenden und ältesten bekannten Boten. Dies unterstreicht ihre Bedeutsamkeit für die Enträtselung des Schicksals des Universums.

Insbesondere zeigt ihre Isotropie, daß das Universum selbst am hintersten Ende der Welt stets dasselbe ist, so daß man diejenigen Informationen in größte Entfernungen hochrechnen darf, die von derselben Art waren und zunächst durch das Studium der Galaxien, dann der Radiogalaxien und zuletzt der Quasare zu bekommen waren.

Diese Isotropie ist nahezu perfekt. Es gibt lediglich eine kleine Abweichung von 0,1 %, die eine bestimmte Raumrichtung besonders heraushebt; sie resultiert aus der allgemeinen Bewegung des Sonnensystems in dieser Richtung, also aus einem Dopplereffekt. In der Tat gilt, daß bei einer Bewegung in eine bestimmte Richtung, relativ zur gesamten 3°-Strahlung – die ihrerseits an die ungeheuerlich weite Zone im Universum gebunden ist, die fast am kosmologischen Horizont liegt –, die aus dieser Richtung kommenden Radiowellen eine Verkürzung ihrer Wellenlängen erfahren und infolgedessen eine entsprechend höhere Temperatur zu haben scheinen. Und das Umgekehrte gilt für Strahlung aus der entgegengesetzten Richtung. Die Abweichung von 0,1 % entspricht einer Geschwindigkeit von 1/1000 der Lichtgeschwindigkeit, also 300 Kilometern pro Sekunde, was völlig plausibel ist. Die kosmologische 3°-Hintergrundstrahlung stellt die weitest verbreitete Bezugsmarke dar, die im Universum verfügbar ist.

Bestimmte Radioteleskope, darunter das russische «Ratan», ein großer Ring von 600 m Durchmesser im Kaukasus, und der Satellit «COBE» (Cosmic Background Explorer) suchen mit aller Gewalt danach, in der bisher einheitlichen Struktur der Strahlung kleine Unregelmäßigkeiten ausfindig zu machen. Sie könnten sehr jungen Etappen der Galaxienbildung aus dem hocherhitzten Gas, das das anfängliche Universum füllte, entsprechen. Bestimmten Szenarios zufolge hätten sich damals bereits Verdichtungen dieses Gases abgezeichnet. Sie hätten danach zur unmittelbaren Ausbildung von Galaxienhaufen, Galaxien oder Sternen geführt. An diesem Punkt liegen die Theorien miteinander im Wettstreit, jedoch noch ohne große Erfolge. Ganz exakte Beobachtungen der 3°-Strahlung müßten Einblick in die Geburt der großen Organisationen der Materie im Kosmos im Ei-Stadium vor fast 15 Milliarden Jahren vermitteln können.

So haben wir also ein unendlich weites Universum vor uns, das bis auf ein paar eingestreute 3°-Photonen, die Überbleibsel einer anfänglichen Hölle, fast völlig leer ist. Die Nukleonen, die Bestandteile der Materie, sind 1 Milliarde Mal weniger zahlreich. Mit ihrer Hilfe haben sich, aufgrund eines Aufeinanderfolgens außerordentlicher Glücksfälle, die Sterne gebildet, die sehr weit zerstreut, aber – aufgrund der Größe des Universums – doch derart zahlreich sind, daß es von ihnen Dutzende von Milliarden in Dutzenden von Milliarden Galaxien gibt. Und dieses ganze Gebilde verzettelt sich nahezu mit Lichtgeschwindigkeit immer weiter ... Werden die Theorien etwas Licht in diese fremdartige Landschaft bringen können?

IV
Das relativitätstheoretische Universum

Der relativistische Raum

Die 4-dimensionale Raumzeit

Das 20. Jahrhundert hat zwei herausragende Theorien hervorgebracht: die Relativitätstheorie und die Quantenphysik. Sie eröffnen radikal neue Ansichten der Welt, und man benötigt sie, um noch besser den Sinn einer ersten Skizze des Kosmos, wie sie auf den vorhergehenden Seiten gezeichnet wurde, zu verstehen. Insbesondere liefert die Relativitätstheorie eine globale und in sich schlüssige Darstellung der Entwicklungsgeschichte des Universums vom Zeitpunkt einer 1/100stel Sekunde nach dem Urknall bis zum heutigen Alter von 15 Millionen Jahren. Diese meisterhafte Freskomalerei bringt den Atem zum Stocken, wenn sie zum erstenmal deren Großartigkeit und zugleich ihren ungezügelten Ablauf enthüllt.

Die Theorie der allgemeinen Relativitätstheorie Einsteins tritt, indem sie sie vervollkommnet, an die Stelle der Newtonschen Theorie. Und damit ersetzt sie die Newtonsche Schwerkraft durch ein völlig andersartiges Konzept: Die Schwerkraft resultiert aus einer Krümmung des Weltraums, die durch die in ihm befindlichen Massen hervorgerufen wird, und diese Krümmung lenkt die Bahnen der in Bewegung befindlichen Partikel ab und zwingt sie, Bahnen zu beschreiben, die mit der Realität besser übereinstimmen als die Newtons. Dies nur vorab, um sofort mit der entsprechenden Denkweise vertraut zu machen.

Die allgemeine Relativitätstheorie ist eine Deutung der Schwerkraft auf der Grundlage der Ergebnisse der speziellen Relativitätstheorie. Einige Jahre zuvor hatte Einstein diese spezielle Relativitätstheorie dargestellt, die im wesentlichen eine Kritik der klassischen Begriffe

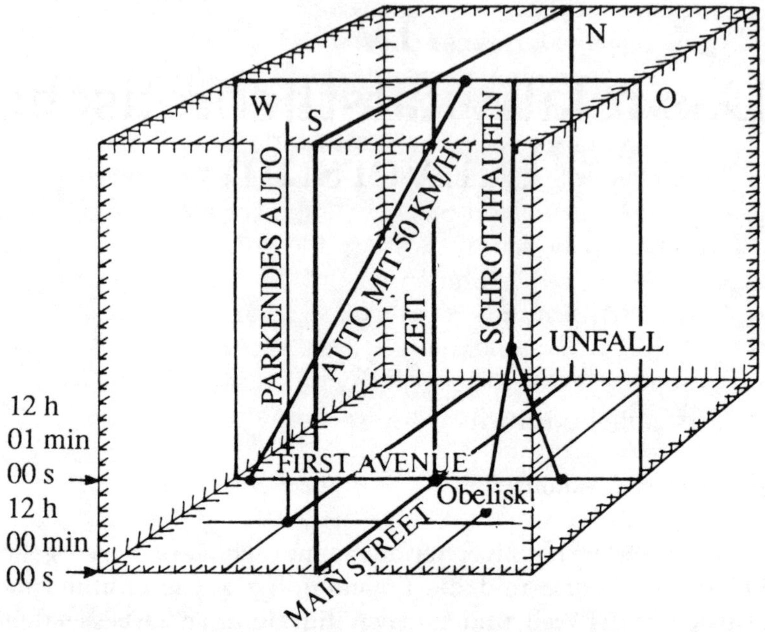

Abb. 4: Die Raumzeit eines amerikanischen Dorfes

Raum und Zeit war. Sie hat unsere Denkmodelle über sie buchstäblich über den Haufen geworfen und zum Konzept der 4-dimensionalen Raumzeit geführt, in der der Raum und die Zeit, die aufs engste miteinander verknüpft sind, eine weitaus bessere Annäherung an die Wirklichkeit gewährleisten. Eine Analogie mag dabei helfen, das Wesen dieser Raumzeit zu erfassen.

Ein Ortsplan, der auf eine transparente Celluloidfolie aufgetragen sei, stelle ein amerikanisches Dorf mit seinen in Nord-Süd-Richtung verlaufenden Straßen und seinen in Ost-West-Richtung ziehenden Alleen dar, und an der Kreuzung der Main Street mit der First Avenue stehe der Obelisk Christoph Kolumbus. Kleine Punkte kennzeichnen die Positionen aller Autos am heutigen Tag, um Punkt 12 Uhr. Dieser transparente Plan ist eine 2-dimensionale Darstellung des Dorfes, genau zum Zeitpunkt 12 Uhr. Das Verfahren kann für 12 Uhr 10 Sekunden, dann für 12 Uhr 20 Sekunden usw. erneut ausgeführt werden, und all diese transparenten Pläne können in geordneter Reihenfolge und unter genauer Ausrichtung des Obelisken, der Straßen und Alleen aufeinandergestapelt werden. Dieser Stapel stellt die 3-dimensionale Raumzeit des 2-dimensionalen Dorfes dar (Abb. 4).

In diesem transparenten, flach auf dem Tisch liegenden Stapel ergeben die Standorte aller Obelisken auf den verschiedenen Folien eine senkrechte Linie; diese senkrechte Achse ist eine Bezugslinie, die sich gut dazu eignet, den Zeitpunkt aller x-beliebigen Orte im Stapel anzugeben, während Alleen und Straßen senkrechte Wände ergeben, die dazu dienen sollen, die räumliche Lage im Dorf für einen jeden x-beliebigen Ort im Stapel zu bestimmen.

Und die Autos? Ein parkendes Auto ergibt, wie der Obelisk, eine senkrechte Linie, während ein in der First Avenue mit 50 Stundenkilometern fahrendes Auto eine schräge gerade Linie ergibt usw. Die Gesamtheit der durch die Autos in dieser Raumzeit gezogenen Linien informiert vollständig über ihr raumzeitliches Schicksal im Dorf. So werden, wenn 2 Autos an einer Kreuzung zusammenstoßen, ihre beiden schrägen Linien an einem Punkt im Stapel aufeinandertreffen, und von dort wird eine senkrechte Linie ausgehen, die das Schicksal des – nunmehr bewegungsunfähigen – Blechhaufens wiedergibt. Der Unfall ist ein «Ereignis». Dieser Begriff ist in die Alltagssprache der Relativitätstheorie eingegangen: Ein Ereignis ist ein beliebiger Punkt in der Raumzeit – die durch einen Punkt im Raum (ein Auto) gezogene Linie ist eine kontinuierliche Abfolge von Ereignissen (das Auto zu aufeinanderfolgenden Zeitpunkten), die man als Weltlinie (des Autos) bezeichnen kann.

Was geschieht, wenn den Autos eine Höchstgeschwindigkeit, z. B. 100 Stundenkilometer, auferlegt wird (in ähnlicher Weise, wie die Lichtgeschwindigkeit eine Höchstgeschwindigkeit im Universum ist)? Nun, dann ist eben keine Weltlinie stärker als bis zu einem bestimmten Winkel geneigt. Dieser Winkel A ist durch ein Auto, das 200 Stundenkilometer fährt, gegeben. Also ist jede weitere Weltlinie, wenn es eine Höchstgeschwindigkeit gibt, notgedrungen weniger schräg, als der Winkel A es zuläßt. Sie ist demzufolge im Innern eines Kegelstumpfes mit dem Winkel A zur senkrechten Achse zu finden. In der Relativitätstheorie spielt dieser Kegelstumpf eine sehr bedeutsame Rolle. Als «Lichtkegel» bezeichnet, teilt er das Universum nach oben, den inneren Raum nach unten und das Äußere drumherum.

Ein solcher Lichtkegel C kann in unseren Celluloidblock dadurch eingezeichnet werden, daß man seine Spitze an einem beliebigen Punkt, z. B. dem Punkt E als dem Punkt «Auto am Obelisk genau um 12 Uhr», positioniert (Abb. 5).

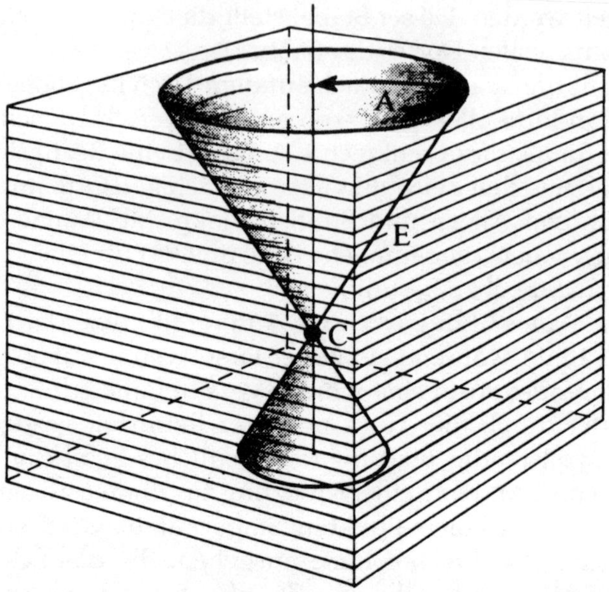

Abb. 5: Der Lichtkegel C des Ereignisses E

Dementsprechend ist jeder Ort des Celluloidblocks im inneren Raum des Kegels C nach oben hin in Zukunft für das Auto erreichbar. Er begrenzt das Universum, mit dem man mittels eines Autos von E aus in Berührung kommen kann (wenn man einmal von eventuell gleichzeitig vorhandenen Häusern absieht; es könnte dort ja auch ausschließlich nur freies Feld geben, die Straßen und Alleen haben nur als einfaches räumliches Bezugssystem gedient). In ähnlicher Weise konnte grundsätzlich jeder im inneren Raum des Kegels C nach unten liegende Ort mit dem Auto in der Vergangenheit erreicht werden; der untere Lichtkegel umschreibt das Universum, mit dem ein Kontakt möglich war. Das Gebiet außerhalb des Kegels schließlich ist das Universum, das auf ewige Zeiten für E unerreichbar ist. Niemals wird oder konnte das Auto, wenn es genau um 12 Uhr am Obelisken ist, einen Ort in diesen Gebieten erreichen. Und dies ist sehr bedeutsam, denn es liefert den Schlüssel zum Verständnis des kosmologischen Horizontes.

Im Grunde ist daran nichts Geheimnisvolles – die Unmöglichkeiten ergeben sich aus der vorgeschriebenen Höchstgeschwindigkeit. Es ist klar, daß z. B. um 12 Uhr das Auto am Obelisk nicht in direkten Kontakt mit einem anderen Auto kommen kann, das sich am Ende der Main

Street befindet. Hingegen wird es in Zukunft Information erhalten können über das, was in diesem Auto um 12 Uhr passiert ist, wenn dieses einen Meldefahrer mit 100 Stundenkilometertempo zu ihm losschickt, der darüber berichten soll. Kontaktunfähigkeit in diesem Sinn bedeutet, daß um 12 Uhr das Auto beim Obelisken niemals gleichzeitig am Ende der Main Street sein kann; aber spätere Erfahrbarkeit ist gegeben, und dies scheint folgerichtig. Mißtrauen wir dennoch dieser scheinbaren Folgerichtigkeit, denn es gibt Fälle, wo selbst dies in den gekrümmten Universen der allgemeinen Relativitätstheorie mißlingt: es kann für alle Zeiten unerfahrbare Ereignisse geben, eine Tatsache, die die enttäuschende Eigenart des kosmologischen Horizontes noch verstärkt.

In die Wirklichkeit übertragen bedeutet dies, daß das Dorf das Universum mit seinem 3-dimensionalen Raum darstellt. Der Obelisk kann die winzige Erde, die Autos können Galaxien sein. Und der 12-Uhr-Ortsplan aus dünner Plastikfolie wäre ein Ausschnitt aus einem 3-dimensionalen transparenten Stapel, der über die räumliche Verteilung der Galaxien um 12 Uhr Auskunft geben würde. Einen ebensolchen Stapel gäbe es für jede Tages- und Nachtzeit; man müßte die Stapel «übereinanderstapeln» in einer zu den 3 räumlichen Dimensionen der Stapel zusätzlichen Dimension, also in Richtung einer 4. räumlichen Dimension, die es leider in Wirklichkeit gar nicht gibt. Die Raumzeit, wie die Relativitätstheorie sie benutzt, hat 4 Dimensionen, 3 Raumdimensionen und 1 Zeitdimension, aber unsere allzu begrenzten Sinnesorgane können sie nicht wahrnehmen. Nur die Mathematiker können im strengen Sinn mit ihr umgehen. Hätte der Weltraum nur 2 Dimensionen, dann wäre das für das Dorf dargestellte Modell benutzbar. Wenn aber unser Weltraum nur 2 Dimensionen hätte, dann wären unsere Sinne wahrscheinlich ebenso unfähig, sich eine 3. Dimension vorzustellen!

Der große Fortschritt, den die Verwendung der Raumzeit in der Relativitätstheorie brachte, liegt darin, daß durch die näherungsweise Gleichstellung von Raum und Zeit die Gleichungen der Mechanik und des Elektromagnetismus eine allgemeingültigere und zugleich einfachere Form angenommen haben, die es möglich machte, bisher nicht erklärliche Tatsachen zu deuten. Und dabei ganz besonders das berühmte Experiment Michelsons, das zeigte, daß die Lichtgeschwindigkeit stets dieselbe ist, in welcher Bewegung auch immer der Beobachter sich relativ zur Lichtquelle befindet. Ob der Beobachter sich einer Lichtquelle nähert oder sich von ihr entfernt, wobei sie selbst in irgendeiner

Bewegung begriffen sein kann, die Geschwindigkeit der empfangenen Wellen liegt stets bei c = 300 000 km/Sek. (während die Wellenlängen selbst ihre Größe verändern). Auf dieser Grundlage hat Einstein seine spezielle Relativitätstheorie aufgebaut, deren eine bedeutsame Folge es ist, daß die Lichtgeschwindigkeit in der Natur eine nicht überschreitbare Höchstgeschwindigkeit darstellt.

Diese experimentelle und theoretische Revolution hat zu außergewöhnlichen Konsequenzen geführt: Zur Schrumpfung der Längen, zur Dehnung der Zeit, zur Nichterhaltung der Gleichzeitigkeit, zur Gleichwertigkeit von Energie und Masse nach der Gleichung $E = mc^2$. Diese Konsequenzen haben sich den metaphysischen Fragen überlagert, die die Fragen nach der Natur von Raum und Zeit selbstverständlich aufwerfen und über die zu debattieren wohl verlorene Mühe ist, solange man sich vorher nicht gründlich den Beitrag der Physiker angeeignet hat.

Da die Raumzeit nun eingeführt ist, muß man sie noch krümmen, bevor man zur allgemeinen Relativitätstheorie Einsteins gelangen kann; aber der Umweg ist es wert. Um die Dinge zu vereinfachen und nicht gleich auf einmal einen 4-dimensionalen Raum, wie die Raumzeit ihn darstellt, zu krümmen, wollen wir uns darauf beschränken, den üblichen 3-dimensionalen Raum zu krümmen, den der gewohnten Längen-Breiten-Höhen, die nicht mit der zeitlichen Dimension verkettet sind.

Die gekrümmten Räume

Die Vorstellung vom krummen oder gekrümmten Raum ist sehr schwer zu vermitteln, obwohl es Fälle von ganz einfacher Folgerichtigkeit gibt. So ist die Oberfläche einer Billardkugel zweifellos krumm; aber gelten zu lassen, daß der alltägliche 3-dimensionale Raum auch krumm sein könnte, ist schwer vorstellbar. Der Unterschied ergibt sich so: Die Oberfläche der Billardkugel ist ein sehr klar als gekrümmt wahrgenommener 2-dimensionaler Raum in einem Raum mit 3 Dimensionen, in dem sich die Kugel befindet; während es hingegen für die Wahrnehmung der Krümmung eines 3-dimensionalen Raums notwendig wäre, sich vorzustellen, diese würde sich entlang einer bestimmten 4. Dimension, die für unsere Sinne nahezu unvorstellbar ist, entfalten. Die einzig einwandfreie Art des Vorgehens ist diejenige über die Mathematik. Seit Gauss, Lobatchevski und Riemann im letzten Jahrhundert die dazugehörige Theorie entwickelt haben, sind die gekrümmten Räume für den Mathematiker zu alltäglichen Problemen geworden. Aber ihr tieferer Sinn ist auch erfaßbar, ohne auf Rechenkünste zurückzugreifen. Die Krümmung eines 2-dimensionalen Raums lediglich entlang einer 3. Dimension eröffnet bereits den Zugang zu den Geheimnissen der krummen Räume. Das Bild eines nicht gekrümmten 2-dimensionalen Raums vermittelt ein auf einen Tisch gelegtes Blatt Papier. Die geraden Linien, definiert als kürzeste Wege von einem Punkt zu einem anderen Punkt und deshalb geodätische Linien genannt, können hier gezogen werden, indem man die beiden Punkte mit einer Schnur verbindet, ganz so wie ein Gärtner eine gerade Einfriedung anlegt. Eine gerade oder geodätische Linie ist in beiden Richtungen endlos (d. h. wenn das Papier reicht). Geht man an ihr entlang, so kommt man nie an ein Ende: der Raum ist unendlich oder offen (Abb. 6).

Von einem Punkt aus kann man mit einer Schnur einen Kreis ziehen, sein Umfang beträgt das 3,1416fache seines Durchmessers. Von 3 Punkten als Endpunkten aus können die 3 Seitenlinien eines Dreiecks gezogen werden, stets mit Hilfe der Schnur. Die Messung der 3 Winkel mit einem Winkelmesser würde ergeben, daß die Summe der drei 180° beträgt usw. Nichts wirklich Überraschendes, denn im ebenen, nichtgekrümmten Raum des Blattes Papier gelten die Eigenschaften der sog. euklidischen Geometrie, wie sie durch Euklid im 3. Jahrhundert v. Chr. systematisch entwickelt wurden.

Wenn nun aber diese Zeichnungen, anstatt auf einem Blatt Papier, auf der Oberfläche eines Globus ausgeführt werden, wobei man exakt

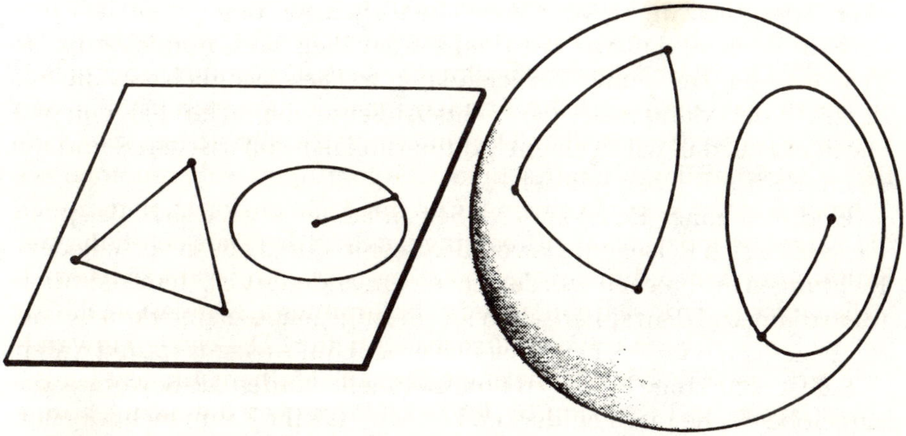

Abb. 6: In einen euklidischen und einen sphärischen Raum eingezeichnete Kreise und Dreiecke

in derselben Art und Weise verfährt, dann beginnen die Überraschungen. Wenn zwischen 2 Punkten auf der Oberfläche der Kugel eine Schnur gespannt wird – wobei man diese dazu zwingen würde, im – durch die Oberfläche des Globus dargestellten – 2-dimensionalen Raum zu bleiben, d. h. der Krümmung des Globus zu folgen (diese Bemerkung ist von besonderer Bedeutung, denn die Schnur lernt den Raum außerhalb der Oberfläche der Kugel nicht kennen) –, dann zeichnet die Schnur ein Kreisstück. Dieses stellt sogar ein Stück eines Großkreises des Globus dar, eines Großkreises, wie ihn der Äquator oder ein Meridian auf einem Erdglobus darstellt. Aber diese «Gerade» oder geodätische Linie – denn sie ist definitionsgemäß als kürzeste Verbindung zwischen 2 Punkten eine solche – ist nicht unendlich. Ein Punkt, der sich auf ihr fortbewegt, kommt schließlich wieder zu seinem Ausgangspunkt zurück, von hinten herum, nachdem er eine begrenzte Strecke durchlaufen hat, die maßlich vom Radius R der Kugel × 2 × 3,1416 festgelegt wird.

Daraus folgt, daß für 2-dimensionale Bewohner dieses 2-dimensionalen Raums der Raum endlich oder geschlossen und doch unbegrenzt ist. Sie leben in einem 2-dimensionalen sphärischen Raum mit Radius R. Und für sie, die nichts von einer 3. Dimension wissen, ist diese Feststellung, wie sie nach einer Erkundungsreise auf geradlinigem Kurs in ihrem Lebensraum getroffen wurde, überraschend. Ebenso überraschend, wie es die ersten Umschiffungen der Erde für die Mehrzahl der damals lebenden Menschen waren. Genauso überraschend wäre es für uns, wenn wir – indem wir uns auf gerader Linie in unserem Lebensraum fortbewegen würden und dabei nie nach rechts, nach links, nach oben oder nach unten vom Weg abweichen würden – plötzlich entdecken würden, daß wir auf dem besten Weg sind, hintenherum an unseren Ausgangspunkt zurückzukehren. Diese Möglichkeit, die aus der Sicht der Mathematik gar nichts Außergewöhnliches hat, entspräche dem Fall, daß wir in einem 3-dimensionalen sphärischen Raum mit einem Radius R leben würden.

Und eine ganze Reihe anderer Seltsamkeiten ergäbe sich. Beispielsweise, daß sich Reisende, die von demselben Punkt aus in verschiedene Richtungen aufbrechen würden, an einem anderen Ort, dem «Antipol» (dem diametral dem sphärischen Raum entgegengesetzten Punkt), wieder begegnen würden, bevor sie sich erneut am Ausgangspunkt träfen.

Selbst ohne lange Reisen zu unternehmen, würden die Bewohner der Kugeloberfläche rasch entdecken können, daß ihr Raum nicht die normale Form eines euklidischen Raums besitzt. So würden sie, wenn sie einen Kreisbogen ziehen würden, herausfinden, daß sein Umfang kleiner als das 3,1416fache seines Durchmessers wäre und dabei um so kleiner würde, je größer der Durchmesser des Kreises wäre. Ebenso würde es ihnen ergehen, wenn sie ein Dreieck zeichnen würden. Sie könnten feststellen, daß die Summe der 3 Winkel größer als 180° wäre. Diese Messungen würden ihnen erlauben, die Behauptung aufzustellen, sie lebten in einem sphärischen Raum und sie könnten dessen Radius berechnen. Wir selbst könnten – mit extrem genauen Theodoliten – diese Art von Messungen durchführen. Dies allerdings nur vom Grundsätzlichen her, denn die Schätzungen der Krümmung unseres Raums (z. B. durch Beobachtungen vom Planeten Merkus aus) zeigen, daß ihr geringes Ausmaß Dreiecke von mehreren Lichtjahren Seitenlänge nötig machen würde, um die Messung durch eine derartige allzu einfache Methode möglich zu machen.

Auf diese Art und Weise kann man zu erfassen suchen, was ein krummer Raum ist. Der vorstellungsmäßige Nachteil bleibt dabei, daß man vorgeben muß, sich an 2-dimensionale Bewohner eines 2-dimensionalen Raums zu halten, und der mathematische Nachteil ist der, daß man ein 3-dimensionales Modell für die Krümmung dieses 2-dimensionalen Raums benutzen muß. Die einzige Möglichkeit, die Verhältnisse vernünftig darzustellen, besteht in der Aussage, daß die Krümmung unseres Raums sich nicht in einer zusätzlichen Dimension äußert, sondern in ihm selbst, in seinem Wesen liegt und zum Ausdruck kommt in Konsequenzen wie dem endlichen Unbegrenzten, dem zu kleinen Kreisumfang, der zu großen Winkelsumme usw.

Aber damit ist noch nicht Schluß. Warum sollte man sich nicht auch fragen dürfen, ob es vielleicht Räume gibt, für die umgekehrt der Kreisumfang zu groß, die Winkelsumme zu klein wären? Es gibt sie doch! Eine bescheidene Vorstellung von ihnen erhält man, wenn man nicht auf eine Kugel, sondern in die Wölbung einer Oberfläche von der Form eines Pferdesattels zeichnet (Abb. 7). Man erhält dann hyperbolische Räume, mit negativer Krümmung, deren einfachstes Modell unendlich oder offen ist.

Die für die Astronomen schwierige Frage ist die, zu bestimmen, ob der Raum des Universums sphärisch, euklidisch oder hyperbolisch ist, weil es dabei um die entscheidende Grundsatzfrage geht, ob unser Lebensraum endlich oder unendlich ist. Metaphysisch eine leidenschaftlich umstrittene Frage. Und gerade deshalb werden immer leistungsfähigere Instrumente gebaut, um die Tiefen des Kosmos auszuloten. Außerdem ist dies nur der einfachste Aspekt der Frage. Denn die gekrümmten Räume sind von außerordentlicher Vielfalt. Zwei Beispie-

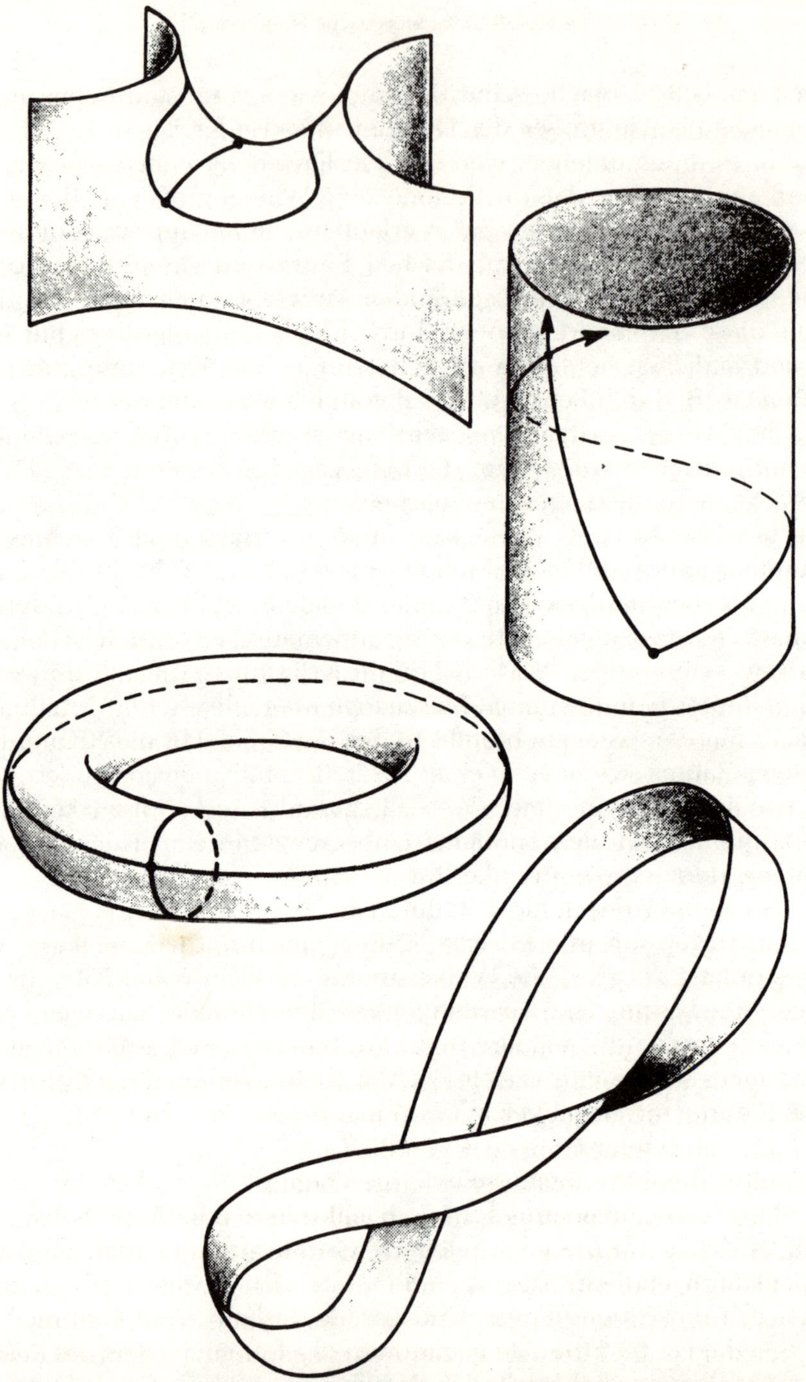

Abb. 7: Räume in Form des «Pferdesattels», des Zylinders, des Torus und nach Moebius

le, die in enger Beziehung zum 2-dimensionalen euklidischen Raum stehen, mögen genügen, um dies zu illustrieren. Nehmen wir uns nochmals das Blatt Papier vor, auf das Gerade, Kreise, Dreiecke gezeichnet waren. Es kann auch zu einem Zylinder zusammengerollt werden, wenn man den rechten und linken Rand aneinanderklebt. Für die 2-dimensionalen Bewohner, die in ihm leben würden, hätte sich in bezug auf die Eigenschaften der Kreise und der Dreiecke nichts geändert – es wären stets diejenigen des krümmungsfreien euklidischen Falls. Wenn sie sich hingegen auf einer – aus ihrer Sicht – geraden Linie in exakt der zur Längsachse des Zylinders senkrechten Richtung vorwärtsbewegen würden, dann würden sie hintenherum, nachdem sie eine Runde im Zylinder durchlaufen hätten, zu ihrem Ausgangspunkt zurückkehren. In dieser Himmelsrichtung also wäre ihr Raum endlich! Für jede andere Himmelsrichtung aber gäbe es keine Begrenzung, sie könnten ins Unendliche laufen (d. h. sie würden Schraubenlinien im Zylinder durchlaufen). Und wenn 2 Reisende vom selben Punkt aus geradlinig in zwei verschiedene Richtungen zögen, dann würden sich ihre Wege unendliche Male kreuzen (wie es 2 Schraubenlinien im Zylinder tun). Der Raum wiederholt sich immer wieder wie die Motive auf einer Tapetenrolle, er ist euklidisch, aber unbegrenzt in allen Richtungen außer einer.

Dieser Fall ist mit dem vergleichbar, bei dem das Motiv sich nicht entlang von Bändern wiederholt, sondern in 2 Richtungen wie bei einem Fliesenpflaster. Nimmt man vom mathematischen Standpunkt unbedeutende Verformungen in Kauf, dann kann man, ausgehend vom Zylinder, diese Geometrie erhalten. Stellt man ihn sich in der Form eines biegsamen Kautschukrohrstücks vor, so können dessen beide Enden durch Krümmung des Rohrs miteinander verbunden werden, so daß sie einen luftgefüllten Schlauch bilden. Auf diesem Torus führen zwei Vorzugsrichtungen zu endlichen Umlaufbahnen: quer zur Röhre und parallel zum Schlauch. Der entsprechende Raum ist euklidisch, er wiederholt sich in 2 Richtungen, ist endlich, obwohl ohne Grenzen, aber in komplizierterer Weise als der sphärische Raum.

Einen weiteren, noch seltsameren Fall steuert das Moebiusband bei. Man erhält es, wenn man die beiden Enden eines Papierstreifens zusammenklebt, nachdem man das eine Ende vorher einmal um sich selbst gedreht hat. Wie im Beispiel des Zylinders gibt es eine Richtung von begrenzter Länge. Hier aber ist der Ausgangspunkt, zu dem der Reisende hintenherum zurückkehrt auch spiegelbildlich verkehrt; und zwar in dem Sinne, daß z. B. seine linke Hand zur rechten geworden wäre und umgekehrt, als hätte sie sich in ihr Spiegelbild verwandelt. Es ist dies der einfache Fall eines sich wiederholenden, nicht orientierbaren euklidischen Raums. Insgesamt, vom Gesichtspunkt der allgemeinen Struktur oder topologischen Struktur her gesehen, gibt es fünf Arten 2-dimensionaler euklidischer Räume. Bei den 3-dimensionalen gibt es 18 Strukturen, wovon sechs orientierbare endliche und vier nichtorientierbare endliche sind. Was die gekrümmten 3-dimensionalen sphärischen oder hyperbolischen Räume angeht, so ist die Situation von den Mathematikern noch nicht vollständig geklärt worden, noch nicht einmal für den einfachen Fall, in dem die Krümmung konstant, also in jedem Punkt des Raumes dieselbe ist. Alle sphärischen Räume sind endlich, die hyperbolischen aber können endlich oder unendlich sein.

So wird auch in etwa der außergewöhnliche Reichtum an Möglichkeiten, der dem Universum zur Verfügung steht, erkennbar. Außerdem war bisher nur der Fall des 3-dimensionalen Raums betrachtet worden. Trägt man nun auch noch der 4-dimensionalen Raumzeit Rechnung, denn diese ist es ja, die die allgemeine Relativität krümmt, dann wird die Vielfalt geradezu bestürzend groß. Sie mündet in einen Dschungel, der die kühnsten Science-fiction-Visionen übertrifft. Dieser Reichtum ist es andererseits, der es der allgemeinen Relativitätstheorie ermöglicht hat, bis zu so mannigfaltigen Fällen wie expandierenden Räumen oder zu erstaunlichen Geometrien von schwarzen Löchern zu gelangen.

Die allgemeine Relativitätstheorie

Die Gleichungen Einsteins

Newton zufolge kreist ein Planet um die Sonne, weil eine Anziehungskraft zwischen beiden Körpern über ihre Entfernung voneinander hinweg wirksam ist, die den Planeten zu dieser Bewegungsart zwingt, als wäre ein Gummiband zwischen den beiden Gestirnen gespannt. Diese Theorie hat in hervorragender Weise und mit einer bemerkenswerten Genauigkeit die Bewegungen im Sonnensystem erklärt.

Und doch gelang es der Newtonschen Theorie nicht, ein winziges Detail bezüglich des Planeten Merkur zu deuten. Dieser der Sonne benachbarteste Planet hat eine elliptische, von einem Kreis erheblich abweichende Umlaufbahn, die entlang einer bestimmten Richtung in die Länge gezogen ist. Unter der kombinierten Einwirkung der Anziehungskräfte der übrigen Planeten dreht sich diese Richtung obendrein auch noch. Aber wenn diese Wirkungen nach der Theorie Newtons abgeleitet werden, bleibt eine kleine Restrotation übrig. Die große Ellipsenachse macht, anstatt festzustehen, in 3 Millionen Jahren eine volle Umdrehung.

Nun, die allgemeine Relativitätstheorie erklärt diesen Rest vollständig. Dieser bedeutsame Erfolg hat sich, auch wenn er einen doch reichlich unbedeutenden Punkt betraf – aber auch vor kleinen Fakten kann die Wissenschaft die Augen nicht ungestraft verschließen –, seit 70 Jahren durch die Erklärung immer ausgeklügelterer Effekte und Testfälle unaufhörlich weiter verstärkt. Zudem hat diese Theorie bemerkenswerte und oft sehr unerwartete und verwirrende Vorhersagen gemacht, die schließlich in der Natur ihre Bestätigung gefunden haben. Deshalb nimmt sie in der heutigen Wissenschaft einen so bedeutenden Platz ein, nicht nur durch ihre praktischen Anwendungsmöglichkeiten, sondern auch durch ihre grundlegenden Annahmen über das Universum.

Die allgemeine Relativitätstheorie interpretiert die Schwerkraft anders als die Theorie Newtons. Eine vereinfachte Modellvorstellung soll einen Vorgeschmack davon vermitteln. Beschränken wir uns einmal mehr auf einen 2-dimensionalen Raum, den eine ebene, in einen horizontalen Raum eingespannte Kautschukfolie darstellen soll; es ist ein euklidischer, nicht gekrümmter Raum. Legt man auf die Mitte der Folie eine massereiche Kugel, die die Sonne darstellen soll, so wölbt sich die Folie zu einer weiten trichterförmigen Vertiefung: Diese Wölbung stellt die durch die Sonne hervorgerufene Krümmung des Raums dar

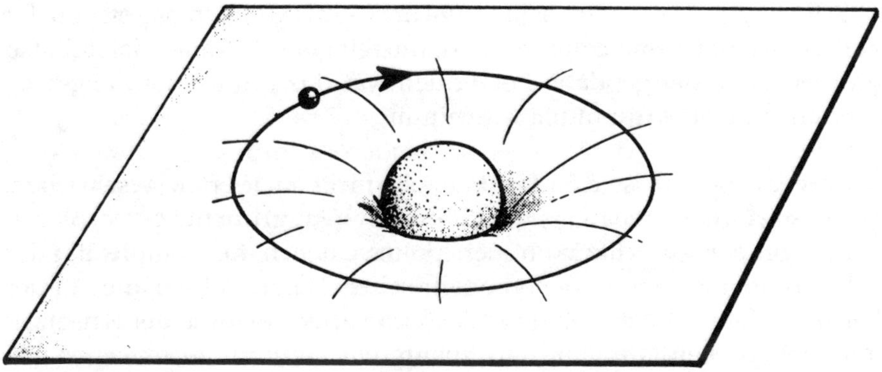

Abb. 8: Eine Modellvorstellung der allgemeinen Relativitätstheorie für die Schwerkraft-Wechselwirkung zwischen der Sonne und einem Planeten

(Abb. 8). Bildet man einen Planeten durch eine kleine Kugel ab, dann kann diese mit etwas Geschick tangential aus dem Trichterloch mit einer bestimmten Geschwindigkeit gestartet werden, um dann an den Hängen des Trichters eine Kreisbahn um die Sonne zu beschreiben. Diese Anordnung veranschaulicht die Art und Weise, wie sich die Schwerkraft nach Ansicht der allgemeinen Relativitätstheorie auswirkt. Die Sonne krümmt durch ihre Masse den sie umgebenden Raum, und ein Planet ist lediglich dazu gezwungen, frei den Konturen der Krümmung zu folgen.

Dieses sehr vereinfacht darstellte Bild macht es nun möglich, die Kernsätze der Einsteinschen Theorie zu formulieren:

1. Die 4-dimensionale Raumzeit ist ein gekrümmter Raum, dessen Krümmung von der Verteilung der in ihm befindlichen Massen bestimmt wird.

2. Die Weltlinien der Massen in dieser gekrümmten Raumzeit sind geodätische Linien (in Abwesenheit von hier nicht in Betracht gezogenen Wechselwirkungen, die nicht von der Schwerkraft herrühren).

So hört sich dies in der Sprache der Theorie an. Es läßt sich aber auch, etwas weniger genau, in gewohnter Umgangssprache formulieren:

1. Nicht nur der Raum, sondern auch die Zeit – beide in ihrer sehr engen Verknüpfung – werden durch die Körper in ihrer Umgebung beeinflußt.

2. Ein Körper verändert seine Lage im Raum in Abhängigkeit von der Zeit derart, daß seine Bahn in der Raumzeit eine «Gerade» darstellt (so die Definition der geodätischen Linie), was dazu führt, daß sie gewissermaßen deren Krümmung übernimmt.

Selbstverständlich ist dies bei Einstein nicht in Worten beschrieben. Worte sind weder genau noch differenziert genug, um mit einer solchen Angelegenheit zurechtzukommen. So drückt sich die Komplexität der gekrümmten Räume in den geometrischen Theorien Riemanns in der Form von Tensoren aus, in einer Art von Super-Vektoren der Raumzeit mit 16 Variablen (während ein Vektor, ein Pfeil, im 3-dimensionalen Raum nur 3 besitzt). Die massereichen Körper sind außer durch ihre Lageorte nicht nur durch ihre Massen, sondern auch durch ihre Geschwindigkeiten gekennzeichnet, die sich zu einem weiteren Tensor, dem Tensor Impuls-Energie verbinden. Und die Beziehung zwischen Raumkrümmung und Verteilung der massereichen Körper wird durch Gleichungen mit 2 Tensoren ausgedrückt, durch die berühmten Einsteinschen Gleichungen der allgemeinen Relativitätstheorie.

Sie stellen ein System von 16 miteinander verknüpften Gleichungen dar, deren generelle Lösung bisher niemand hat finden können. Eine erstaunliche Sache, die wahrscheinlich die Möglichkeiten des Homo-sapiens-Gehirns überfordert, wenn es auch keinen Grund gibt, dabei den Kopf in den Sand zu stecken. Glücklicherweise ist im großem Maßstab gesehen das Universum homogen und isotrop, zu mehr als 50 % zumindest mit Sicherheit. Dieser erfreuliche Umstand macht es möglich, die Gleichungen Einsteins erheblich, ja sogar ganz gewaltig zu vereinfachen und Lösungen zu finden, die das Verhalten und die Entwicklung des Universums in seiner Gesamtheit darstellen. Diese Lösungen bilden die Grundlage der relativistischen Universumsmodelle der Kosmologie und führen letztendlich zum grandiosen Fresko.

Die relativitätstheoretischen Weltmodelle

Die Theorie der allgemeinen Relativitätstheorie über die Schwerkraft, angewandt auf das Universum insgesamt, vereinfacht sich dank der Tatsache, daß das Universum isotrop und homogen ist, wenn man es im großen Maßstab betrachtet. Einem Maßstab oberhalb von 1 : einer halben Milliarde Lichtjahren, der den typischen Maßeinheiten der Filamentstruktur entspricht, wie sie in der Verteilung der Galaxien und Galaxienhaufen oder Superhaufen beobachtbar ist.

Unter diesen Bedingungen teilt sich die gekrümmte Raumzeit auf bzw. zerfällt in zwei Teile, die getrennt behandelt werden können:

1. einen gekrümmten 3-dimensionalen Raum, dessen Krümmungsradius in jedem Punkt dieses Raums derselbe ist;

2. eine einfache Gleichung, die die Veränderlichkeit dieses Krümmungsradius in Abhängigkeit von der Zeit angibt.

Diese Aufspaltung ist der Knotenpunkt der Vereinfachung. Ihr mathematisch einfaches Aussehen beruht auf der physikalischen Tatsache der Homogenität und der Isotropie des Inhalts des Universums. Der 3-dimensionale Raum entspricht dem Raum, in den der Kosmos eingebettet

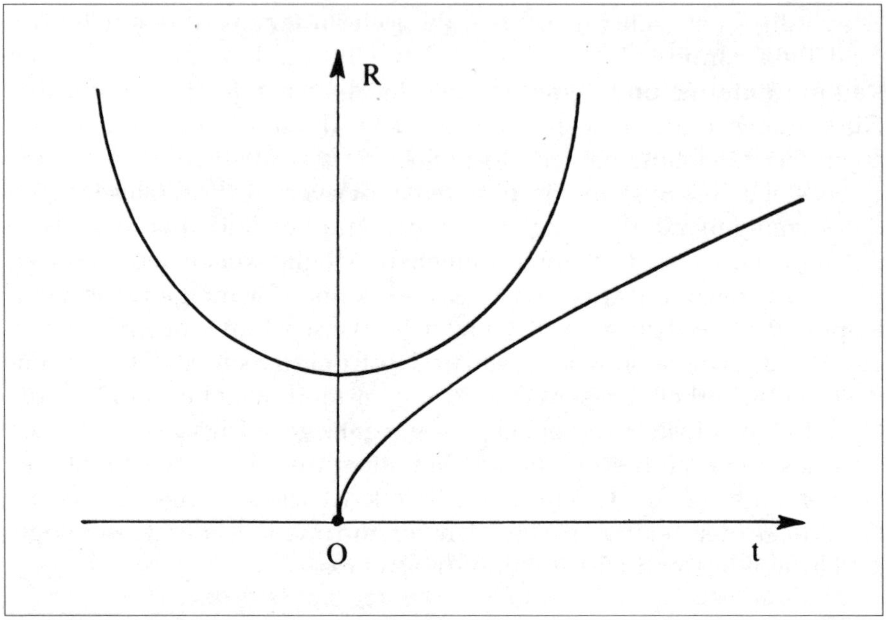

Abb. 9: Die beiden Möglichkeiten der Ausdehnung des Raums: ohne und mit Urknall

ist. Je nach Vorzeichen der Krümmung ist er sphärisch (bei positivem Vorzeichen), hyperbolisch (bei negativem Vorzeichen) oder euklidisch für den dazwischen liegenden Fall, daß die Krümmung gleich Null ist.

Was die Zeit angeht, so resultiert sie als eine universelle Zeit, als «kosmische Zeit». Ihren scheinbaren Universalitätscharakter verdankt sie der Tatsache, daß das Universum homogen ist, denn in der Relativitätstheorie gibt es keine absolute Zeit, was die Erscheinungen der Zeitdehnung oder der Nichterhaltung der Gleichzeitigkeit belegen, die bereits bei der speziellen Relativitätstheorie dargestellt wurden. Diese privilegierte Situation gleicht der der kosmischen 3°-Hintergrundstrahlung, die ein quasi-absolutes räumliches Bezugssystem – den Schrumpfungen der Längenmaße zum Trotz – abgibt, weil auch sie mit einem weiten homogenen Bereich des Kosmos in Verbindung steht. Unter dem praktischeren Gesichtspunkt der in den üblichen Erklärungen der Relativitätstheorie beliebten Bahnhofsvorsteher ist die kosmische Zeit diejenige, die durch alle Uhren aller Galaxien angezeigt würde, wenn sie alle so eingestellt wären, daß sie durch den Austausch von Lichtsignalen dieselbe Zeit anzeigen könnten.

Da nun die wichtigsten Eigenschaften des Raumteils und des Zeitteils bei der Zerlegung der Raumzeit präzisiert sind, führt die einfache Gleichung, die die Veränderlichkeit des Krümmungsradius im Raum in Abhängigkeit von der kosmischen Zeit festlegt, zu zweierlei möglichen Varianten.

1. In der unendlichen Vergangenheit wäre der Radius unendlich gewesen, hätte sich aber nach und nach im Laufe der Zeit reduziert, um schließlich ein bestimmtes Minimum (also einen Zustand maximaler Krümmung) zu erreichen, wäre dann wieder angewachsen und könnte grundsätzlich auf unendliche Größe in der unendlichen Zukunft wachsen (Abb. 9). Vom Gesichtspunkt des tatsächlich Beobachtbaren her ist dieser Fall auszuschließen, da die Entdeckung der kosmologischen 3°-Hintergrundstrahlung uns anzeigt, daß das Universum in der Vergangenheit außergewöhnlich stark zusammengeballt war.

2. Zu einem bestimmten Zeitpunkt in der Vergangenheit hätte der Radius Null betragen (ein extrem stark gekrümmter Raum) und wäre dann plötzlich sehr stark angewachsen, um in der Folgezeit wieder zu einem langsameren Wachstumsrhythmus zurückzukehren. Vom Gesichtspunkt des tatsächlich Beobachtbaren her ist dieser Fall aus zwei Gründen vollauf akzeptabel. Zum einen wegen der 3°-Hintergrundstrahlung und zum anderen wegen der Fluchtbewegung der Galaxien, die sich sehr wohl durch eine Ausdehnung des Raums erklären läßt.

Der zweite Fall ist die Grundlage der Urknall-Theorie.

Es ist bemerkenswert, daß diese Lösungen der Einsteinschen Gleichungen von dem Theoretiker Friedmann vor der Entdeckung der Fluchtbewegung der Galaxien durch Hubble gefunden wurden. Damals erschien die Vorstellung einer Ausdehnung des Raums noch so befremdend, daß selbst Einstein seine Gleichungen geändert hat, um einer derartigen Möglichkeit aus dem Weg zu gehen. Dadurch, daß er in einer damals etwas künstlich, heute allerdings ganz normal erscheinenden Art einen zusätzlichen Faktor einführte, die «kosmologische Konstante».

Man muß an dieser Stelle eine wichtige Tatsache sehr deutlich herausstellen, die von den meisten Zeitgenossen leicht falsch verstanden wird. Die Verknüpfung der Fluchtbewegung der Galaxien mit einer Ausdehnung, einer Dehnung des Raums. Im allgemeinen stellt man sich die Galaxien so vor, daß sie von einem Ort in einem präexistenten und unveränderbaren Raum aus in alle Himmelsrichtungen auseinandergeflogen wären wie die Splitter bei der Explosion einer Bombe. Tatsächlich ist dies in der relativitätstheoretischen Interpretation nicht so. Man muß ganz im Gegenteil die Galaxien als Rosinen im Teig eines Kuchens ansehen, der den gesamten Raum füllt und sich mit fortschreitendem Backvorgang allmählich mehr und mehr ausdehnt. Dies ist etwas ganz anderes, aber für den gesunden Menschenverstand schwierig vorzustellen.

Folgt man ihr, so vergrößert sich der Raum. Die Galaxien oder jedes andere Gestirn sind in ihn eingebettet und werden von dieser Ausdehnung mitgezogen. Was dabei oft schockieren mag, ist die offene Frage und die durch sie hervorgerufene beunruhigende Ungewißheit. Wenn der Raum ständig anwächst, wohin fließt er dann eines Tages über? Muß er sich nicht irgendwohin ergießen? Nein! Um dies zu verstehen, ist es nützlich, nochmals auf den Fall eines 2-dimensionalen Raums zurückzugreifen, dessen «leichtest» nachvollziehbare Version der durch die Oberfläche einer Kugel dargestellte sphärische Raum ist. Wenn der Radius der Kugel wächst, wächst auch die Oberfläche der Kugel. Das bedeutet für die 2-dimensionalen Bewohner dieser Oberfläche, die keine 3. Dimension kennen, daß, wenn der Krümmungsradius ihres Raums wächst, auch ihr Lebensraum wächst. Für sie ist dies die wichtige geometrische Folge, während das Wachstum der Kugel im 3-dimensio-

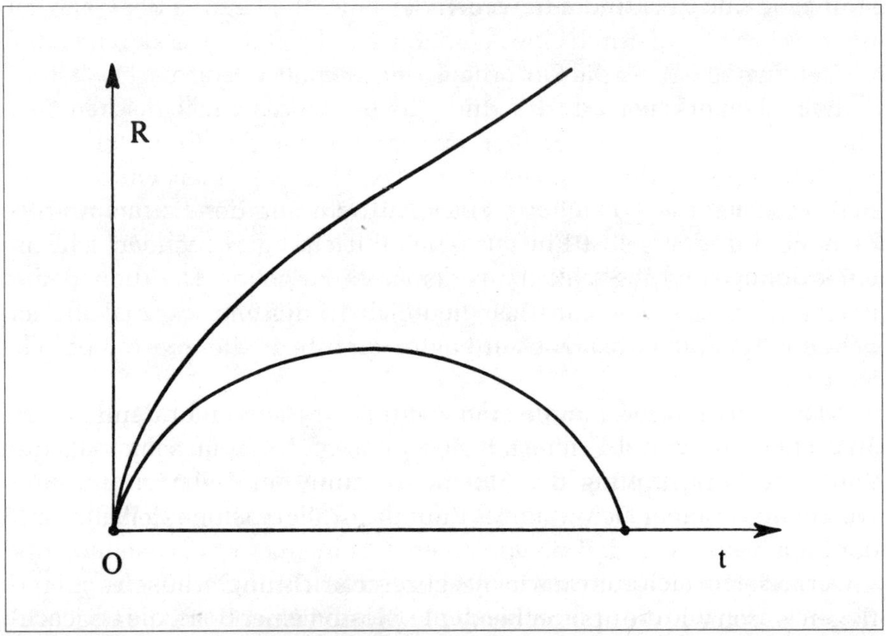

Abb. 10: Die beiden Möglichkeiten der Ausdehnung des Raums mit Urknall: unbegrenzte oder in eine erneute Kontraktion einmündende Ausdehnung

nalen Raum, das für uns eine Konsequenz der benutzten, eher allzusehr vereinfachten Modellvorstellung ist, für sie keinerlei Bedeutung hat. Für uns als 3-dimensionale Bewohner eines (möglicherweise) sphärischen 3-dimensionalen Raums wäre ein Äquivalent dazu, daß, wenn der Krümmungsradius im Laufe der kosmischen Zeit wüchse, das Volumen des Universums zunähme, ohne sich in eine überflüssige Vierte Dimension (die vielleicht nur für 4-dimensionale Bewohner von Nutzen wäre) ergießen zu müssen.

Es ist wirklich schwer verständlich, aber unter mathematischem Gesichtspunkt absolut folgerichtig abgeleitet. Wenn andererseits der Raum so sehr gekrümmt wäre, daß selbst die alten Ägypter beim Vermessen ihrer Felder am Ufer des Nils es bemerkt hätten (durch die Feststellung, daß die Winkelsumme ihrer dreieckigen Felder größer als 180° gewesen wäre), dann hätte Euklid wahrscheinlich sofort die Riemann-Geometrie als seine eigene, die den Verhältnissen in keiner Weise gerecht geworden wäre, erfunden. Und dann hätte der gesunde Menschenverstand wohl schon so manchen zu der Behauptung veranlaßt, die Euklidische Geometrie sei Unsinn.

Im Fall des Urknalls bieten die Lösungen der Gleichungen Einsteins zwei mögliche Eventualitäten an:

– entweder die Expansion setzt sich, der nach und nach verstreichenden kosmischen Zeit folgend, für unendliche Zeiten fort (Abb. 10),

– oder sie verlangsamt sich zusehends. Der Krümmungsradius erreicht ein Maximum, schrumpft dann allmählich und erreicht schließlich in einer zur Expansionsphase symmetrischen Kontraktionsphase einen Wert von Null, so daß sie letztendlich den Raum in einer endlichen Zukunft zum Verschwinden bringt.

Diese beiden für die Gestaltung der Zukunft des Universums möglichen Fälle enthalten grundlegende Konsequenzen für sein Schicksal, mit erheblichen metaphysischen Aspekten. Damit sind wir bei einer der wichtigsten Fragen, die von Einfluß auf die Konstruktion des Weltraumteleskops war.

Derzeit stellt sich das entwicklungsgeschichtliche Drehbuch des Universums, gegründet auf die allgemeine Relativitätstheorie, die Beobachtungsdaten zur Verteilung der Materie im Kosmos, zur Fluchtbewegung der Galaxien und zur kosmologischen 3°-Hintergrundstrahlung, in zwei möglichen Formen dar:

Urknall mit nachfolgender Expansion, die sich entweder endlos fortsetzt oder wieder in eine Kontraktion bis zum totalen Kollaps umschlägt. Zudem stellt sich jeder Fall bezüglich der Krümmung des Raums in zwei Varianten dar: als sphärischer Raum (also mit endlichem Volumen) oder als hyperbolischer Raum (also mit unendlichem oder endlich großem Volumen). Die theoretischen Möglichkeiten sind durch die Beobachtungsdaten insoweit in ernstzunehmender Weise eingegrenzt worden, daß sie sich auf diese Fälle reduzieren ließen. Nun bemühen sich die Astronomen, noch genauere Daten zu erhalten, um den Gesamtrahmen noch präziser einzugrenzen, in dem es für die Menschheit ums Ganze geht. Bis wir mehr wissen werden, läßt sich das derzeitige Bühnenbild, dieses grandiose Fresko, betrachten.

Das grandiose Fresko

Die Theorie hat die Gleichungen geliefert und die Beobachtung die numerischen Daten. Springen wir also auf den fahrenden Zug auf, eine Sekunde nach der «Feuerlegung», der Explosion des Universums. Weshalb eine Sekunde? Verglichen mit dem Alter des Kosmos ist eine Sekunde lächerlich kurz. Doch ist bei dem höllischen Tempo, mit dem die Ereignisse des Universums zu Beginn abliefen, die erste Sekunde der kosmischen Uhr eine Zeitspanne von größter Bedeutsamkeit. Um einen Vergleich zu ziehen: Die Situation ähnelt der einer thermonuklearen Explosion, bei der die physikalischen Abläufe der allerersten Augenblicke entscheidend sind für den Ablauf des weiteren Explosionsgeschehens, das im Falle des Kosmos von unvergleichlich größerer Gewalt war.

Eine Sekunde kosmischer Zeit nach dem Urknall hat der Kosmos die beachtenswerte Temperatur von 10 Milliarden Grad, und dies überall. Bei einer derartigen Temperatur kann kein Molekül, Atom oder selbst Atomkern Bestand haben. Die Materie ist also in ihren elementaren Formen vorhanden, als Protonen, Neutronen und Elektronen. Aufgrund der gewaltigen Kontraktion des Raums zu jenem Zeitpunkt beträgt die Dichte dieser Materie 1/100'000 g/cm^3, was – verglichen mit der derzeitigen Dichte von nur 10^{-31} g/cm^3 – einen riesengroßen – aber aus der Sicht der Kernphysik durchaus vernünftigen – Wert darstellt; in einem Neutronenstern z. B. erreicht die Dichte 10^{15} g/cm^3.

Hingegen errechnet sich aufgrund der hohen Temperatur die Dichte der elektromagnetischen Strahlung, die bei einer solchen Temperatur überwiegend aus Gammastrahlen besteht, über die Gleichwertigkeitsbeziehung von Masse und Energie $E = mc^2$ mit 1000 g/cm^3, erreicht also einen 10 Millionen mal höheren Wert, als ihn der Beitrag der Materie einbringt. Es ist nur schwer möglich, sich einen derartigen Zustand vorzustellen, bei dem die Masse des Kosmos hauptsächlich, und dies in erheblich überwiegendem Ausmaß, als Strahlung vorliegt. Und doch ist gerade dies eine der erstaunlichen Eigenschaften jener Epoche, und dieses Übergewicht der Strahlung wird lange anhalten.

Zu dem Zeitpunkt, zu dem das Universum zehnmal älter oder zehnmal weniger jung ist, also bei 10 Sekunden kosmischer Zeit, führt die blitzartig heftige Ausdehnung des Raums zu einem Absinken der Temperatur auf «nur» einige Milliarden Grad. Die Strahlung wird einerseits energieärmer, andererseits hat ein schwerer Wasserstoffkern, der sich beim Zusammenstoß eines Neutrons mit einem Proton bilden kann, weniger Chancen, von der geschwächten Strahlung zertrümmert zu werden. Der Kosmos beginnt, schweren Wasserstoff zu produzieren. Diese Produktion erreicht nach 3 Minuten ein Maximum, fällt danach zahlenmäßig ab zugunsten der Bildung von Helium 3 (mit einem schweren Wasserstoff und einem Proton) und 4 (mit 2 schweren Wasserstoffen) und mit Spuren des dann folgenden Elements, des Lithium (mit 3 Protonen und 4 Neutronen).

Nach einer Viertelstunde stoppen diese nuklearen Reaktionen aus zwei Gründen: einmal reicht die Temperatur, die inzwischen auf einige hundert Millionen Grad abgefallen ist, nicht mehr dafür aus, die Atomkerne auf Geschwindigkeiten zu bringen, die sie benötigen würden, um ihre wechselseitige elektrische Abstoßung zu überwinden und dadurch miteinander in Kontakt zu kommen, zum anderen hat sich der Raum derart vergrößert – zwischen einer Sekunde und 1/4 Stunde ist sein Volumen um das 1-Millionenfache angewachsen –, daß die Atomkerne, weil sie nun viel weniger dicht verteilt sind, jegliche Chance, einander zu begegnen, verspielt haben. Unter dem Strich ergibt sich nach dieser Universums-Viertelstunde voll ungezügelter nuklearer Reaktionen, daß die Nukleonen zu 3/4 in der Form von Protonen und zu 1/4 in der von Helium vorliegen, ein wenig angereichert von etwas schwerem Wasserstoff und einem Hauch von Lithium.

Diese verschiedenen Atomkerne bilden mit den Elektronen ein Gas von hocherhitzten Teilchen, die immer noch in eine extrem dichte elektromagnetische Strahlung eingebettet sind, die ihrerseits nun eher aus Röntgenstrahlen besteht, die weniger energiereich als die Gammastrahlen der ersten Sekunde sind. Diese Elementarteilchen und Strahlungen bilden eine Art Brei von intensiver Leuchtkraft. Die hohe Dichte freier Elektronen hindert durch deren starke elektromagnetische Wechselwirkungen jede Strahlung daran, sich auf große Entfernungen auszubreiten, und ist dafür verantwortlich, daß dieses Magma, obwohl leuchtend, dennoch lichtundurchlässig ist. Diese Wechselwirkungen regulieren darüber hinaus die Temperaturgleichheit von Materie und Strahlung ein, so daß eine Mischung mit lokalem thermischem Gleichgewicht resultiert.

Danach, während die Expansion weitergeht, sinkt die Temperatur des Gemischs weiter ab, und über Jahrhunderte hinweg geschieht nach einer derart bewegten Viertelstunde nichts Interessantes mehr im Universum. In dem Maß, in dem die Temperatur absinkt, wird der Brei immer weniger leuchtkräftig und zunehmend dünner. Er gleicht dann eher einem dichten Nebel, und die Strahlung geht von den Röntgenstrahlen auf die ultravioletten Strahlen über.

Im Alter von 300'000 Jahren, in dem die Temperatur unter 5000° gefallen ist, ist die Strahlung nicht mehr energiereich genug, um die bei den Zusammenstößen gebildeten Verbindungen von Atomkernen und Elektronen aufzubrechen. Die ersten Atome lagern sich zu Gruppen aneinander, besonders Wasserstoff- und Heliumatome. Die Materie geht plötzlich vom ionisierten Zustand (die Elektronen sind von den Atomkernen getrennt) in den neutralen Zustand über (die Atomkerne haben ihren jeweiligen Geleitzug von Elektronen). Die Elektronen treten, da sie nun in den Atomen eingefangen sind, nicht mehr in Wechselwirkung mit der Strahlung. Zu diesem Zeitpunkt der Neugruppierungen koppeln sich Materie und Strahlung voneinander ab.

Dies ist ein bedeutsames Datum in der Entwicklung des Kosmos, denn von nun an wird die Strahlung nahezu frei und ungehindert ihrer Wege ziehen. Die Folgen für die 3°-Hintergrundstrahlung sind groß: Die heute empfangene Strahlung ist seit 15 Milliarden Jahren (minus 300'000 Jahren) unbehindert unterwegs, also mit Gebieten im Universum verknüpft, die nun 15 Milliarden minus 300'000 Lichtjahre von uns entfernt sind. Strahlung, die noch weiter weg und deshalb noch früher vorhanden war, ging in dem lichtundurchlässigen Brei und dem dichten Nebel unter, die das Universum vor dem kosmischen Jahr 300'000 erfüllten. Außerdem hat diese Strahlung auf ihrem langen Weg bis zu uns aufgrund der Expansion des Alls eine zunehmende Abkühlung bis auf die heute meßbaren 3° K hinnehmen müssen.

Um dieselbe Zeit, also bei 300'000 Jahren, büßt die Strahlung ihre

Vorherrschaft über die Materie im Zusammenhang mit der Dichte des Universums ein. Die zu Beginn mit so unbedeutendem Anteil vertretene Materie schickt sich nun ihrerseits an, die Gangart der Expansion zu bestimmen, womit sie ihr in der Tat gestattet, relativ gesehen langsamer abzulaufen.

Und dann ereignet sich über Millionen, über Dutzende von Millionen Folgejahren nichts Interessantes mehr. Eine tödliche Langeweile lähmt das Universum. Durch die ständig weiter fallende Temperatur und die zunehmend geringere Dichte der Materie wird der Kosmos zu einem zunehmend dünneren, mehr und mehr erkaltenden Gas, dessen Leuchtkraft von weiß zu gelb, zu orange, zu rot, zu dunkelrot, dann zu tiefster Dunkelheit überwechselt. Erwähnenswert ist vielleicht lediglich, daß das Universum nach 10 Millionen Jahren 20 °C warm ist, also eine Temperatur hat, die wir als angenehm empfunden hätten, wenn es uns gegeben hätte! Aber das blieb nicht lange so, und nach 100 Millionen Jahren liegt sie bei 200 °C unter dem Nullpunkt, die Dichte bei 10^{-27} g/cm^3, d. h. ein Wasserstoffatom findet sich in einem Volumen von einem Liter, ganz wie im derzeitigen interstellaren Raum.

Sollte das Universum damit am Ende seiner Laufbahn angekommen sein? Was für ein trauriges Schicksal wäre dies nach einem so kraftvollen Start! Nein, natürlich nicht, denn die Menschheit ist ja aufgekommen und stellt sich Fragen. Nach etwa 100 Millionen Jahren derartig ereignisloser Existenz hat zufällig die Bildung der Galaxien begonnen. Dabei handelt es sich zwar noch um eine Hypothese, aber um eine wohl vernünftige.

In diesem, den gesamten Raum des Universums erfüllenden Gas sind hier und dort Teile entstanden, die größere Dichte als das übrige Gas im Mittel erreichten, und diese zufälligen Verdichtungen haben sich, vergleichbar dem Vorgang, der zur Ausbildung der Sterne in den Galaxien führte, weiter verstärkt und so letztlich zur Bildung von Galaxien geführt. Für eine Beantwortung der Frage, ob sich ursprünglich zunächst Sterne ausgebildet haben, die sich dann zu Galaxien, die Galaxien zu Galaxienhaufen vereinigt hätten, oder ob sich zuerst Superhaufen entwickelt und sich dann in Galaxien, danach in Sterne auskondensiert hätten, besitzen die Theoretiker nur zahlreiche grobe Denkmodelle, und die Beobachter können keine Daten beisteuern.

Das einzige positive Faktum: im Alter von 1 oder 2 Milliarden Jahren sind bereits die Quasare vorhanden und damit wahrscheinlich auch bereits Galaxien und Sterne. So hat in 1 oder 2 Milliarden Jahren das Schicksal des Universums eine ganz entscheidende Wende erfahren.

Das allmähliche langsame Schwinden seiner enormen Anfangsenergie wurde abgelöst durch die Freisetzung der nuklearen Energie im Innern der Sterne, einer Energie, die 15 Milliarden Jahre später immer noch sprudelt und in einem ansonst nahezu leeren Kosmos Leben spendet.

Im Laufe der Zeiten folgte auf Zyklen der Bildung und der Zerstörung von Sternen in den Galaxien – speziell in unserer Galaxie – die Bildung der Sonne und der Erde nach ungefähr 10 Milliarden Jahren, also vor 4,5 Milliarden Jahren. Dann folgt nochmals eine erneute unerklärte Lücke von einer Milliarde Jahren bis zum Auftreten primitiver Lebensformen. Dann erst kommt es in den letzten Millionen Jahren zum Erscheinen der Spielarten des Menschen, an das sich eine immer mehr beschleunigte Folge für unser Schicksal bedeutsamer zivilisatorischer Ereignisse anschließt.

Und nach heute? Es gibt zwei Möglichkeiten: entweder die Expansion geht auf ewige Zeiten weiter, oder sie kehrt um zu einem letztendlichen Kollaps. Beides wenig erfreuliche Perspektiven. Im ersten Fall wird die Temperatur des Universums sich auf den absoluten Nullpunkt hin entwickeln, auf –273 ° C. Für die kosmologische Strahlung sind die Folgen nicht schwerwiegend. Was schwerer wiegt, ist die schließliche Auslöschung aller Sterne aufgrund des zunehmenden Mangels an Atomkernen für die Kernfusionen. Bis dahin kann es für die am ökonomischsten brennenden Sterne allerdings noch Hunderte Milliarden Jahre dauern. Aber ein Stichtag bei dieser Frist ist unvermeidbar. Wenn es keine Sterne, keine Energie und keine Wärme mehr gibt, dann gibt es auch kein Leben mehr. Zudem werden die Galaxien mehr und mehr auseinanderdriften, unsere eigene wird auf weiter Strecke allein sein, verloren und isoliert in einem zunehmend leeren All: ein Tod durch absolute Kälte.

Es ist denkbar, daß eine erfindungsreiche Zivilisation bis dahin ein Mittel gefunden haben könnte, Energie herzustellen. Aber selbst wenn neue Technologien, die z. B. auf die Nutzung von schwarzen Löchern gegründet sein könnten, einen Aufschub möglich machen würden, wäre es doch nur ein Aufschub.

Sollte es unter diesen Bedingungen wünschenswerter sein, daß das Schicksal des Universums in die andere Richtung führt? Dann würde sich die Ausdehnung mehr und mehr verlangsamen, zum Stillstand kommen, das Universum würde in sich selbst zurückfallen, in umgekehrter Laufrichtung, symmetrich zu seiner Expansionsrichtung. Da das Universum bereits eine Lebensdauer von ca. 15 Milliarden Jahren hat, könnte die Zeitspanne für die Verlangsamung und Kontraktion mindestens noch mal soviel Zeit einnehmen. Insgesamt könnte das Universum mehr als 50 Milliarden Jahre in einem für uns akzeptablen Zustand erhalten bleiben, mit Sternen und vernünftigen Temperaturen. Soweit ganz gut, aber auch hier gibt es einen Stichtag: den letztendlichen Kollaps. So wie es anfangs einige Dutzend Millionen Jahren dauerte, bis das Universum sich auf die angenehme Temperatur von 20° C abkühlte, so wird ihm am Ende der gleiche Zeitraum genügen, um von 20° C zur höllischen Temperatur von 10 Milliarden Grad – eine Sekunde vor dem totalen Kollaps des Alls – zu gelangen. Läßt sich dagegen nichts unternehmen?

In der Tat gestatten es möglicherweise die kosmologischen Lösungen der Gleichungen Einsteins, daß die Kontraktionsphase mit ihrem Kollaps in eine neue Expansion umschlagen würde. Das Universum wäre dann also einer zyklischen Abfolge von Expansionen und Kontraktionen unterworfen. Wenn das physikalisch der Fall wäre, dann – so zeigt die genauere Analyse – würde die sehr heiße kritische Phase nur eine ganz kurze Zeit in Anspruch nehmen: eine Stunde bei mehr als 100 Millionen Grad. Technologisch ist das Problem des Erhaltens einer Zivilisation kein unlösbares. Bereits bei der kontrollierten Kernfusion gehen die Techniker mit Magnetwänden ans Werk, die Plasmaströme mit derart hohen Temperaturen abschirmen können. Würde es von heute ab gerechnet in etwa 50 Milliarden Jahren einer Superzivilisation gelingen können, eine Antikontraktionsschutzwand zu konstruieren, die wenigstens 1 Stunde lang funktionsfähig wäre, dann würde es ihr vielleicht gelingen können, in den nachfolgenden Zyklus hinüberzuspringen. Das hätte den Vorteil, daß diese Zivilisation im neuen Zyklus zu einem sehr frühen Zeitpunkt starten würde, ohne – wie wir – 10 Milliarden Jahre bis zu einem Auftreten erst einmal zu verlieren. Es ist selbstverständlich, daß dies zum heutigen Zeitpunkt reine Spekulationen sind.

Bis zur Stunde stellt sich das Schicksal des Universums im wesentlichen mit diesen beiden Möglichkeiten dar, im zeitlichen Maßstab von etwa 100 Milliarden Jahren (sieht man von unerwartet plötzlichen und völlig unvorhersehbaren Katastrophen ab, wie sie z. B. von der Theorie des inflationären Universums vorgebracht werden). Aber welche der beiden Schicksalsalternativen wird tatsächlich eintreffen?

Bedauerlicherweise sind die astronomischen Beobachtungsdaten noch zu ungenügend, um eine Entscheidung treffen zu können, obwohl sie eher etwas zugunsten der unbegrenzten Expansion zu sprechen scheinen. Um mehr zu erfahren, gilt es, unbedingt zu messen, in welcher

Rate sich die Expansionsgeschwindigkeit des Universums derzeit verlangsamt. Und um diesen Verlangsamungsfaktor zu messen, ist eine der direktesten Methoden die, zu erfassen, mit welcher Geschwindigkeit sich die Expansion in früheren Zeiten abspielte, also zu versuchen, ihn weit weg in der Tiefe des Weltraums zu messen, zumal die lange Laufzeit des Lichts den Blick in die ferne Vergangenheit gestattet. Dies war einer der bedeutsamsten Gründe für die Konstruktion des großen Weltraumteleskops, das die Raumfähre der NASA im Jahr 1990 in eine Umlaufbahn um die Erde gebracht hat und das nicht die Trübungen der Erdatmosphäre aufweist und deshalb einen umso klareren Blick in die Tiefen der Vergangenheit des Kosmos gestatten sollte (Photo 10).

Der kosmologische Horizont

Dieser allgemeine Überblick über die Entwicklungsgeschichte des Universums macht es nun auch möglich, einen Blick auf den so häufig erwähnten kosmologischen Horizont zu werfen. So wollen wir den Ausblick auf die Relativitätstheorie beschließen und nach dem Eintauchen in die tiefsten Gebiete von Raum und Zeit die Blickrichtung ändern, um uns den mikroskopischen Fundamenten des Kosmos zuzuwenden, deren quantenhaften Aspekt wir ansprechen wollen.

Das Raumzeit-Modell für einen 2-dimensionalen Raum, das aus einem Übereinanderschichten von Celluloid-Plänen bestand, wird uns erneut von Nutzen sein. Wenn der Christoph-Kolumbus-Platz nun unsere Galaxie darstellen würde und die Folien in die Vergangenheit bis zum Urknall vor 15 Milliarden Jahren zurückreichen würden, dann hätten alle heute hier empfangenen Photonen Weltlinien zu Bahnen, die um den Grenzwinkel, der ihrer maximalen Fortpflanzungsgeschwindigkeit von 300'000 km/Sek. entspräche, geneigt wären und im Punkt E der Raumzeit (dem sog. Ereignis), der unsere Galaxie am heutigen Tag darstellt, zusammenlaufen würden. Diese Weltlinien bilden einen Kegel mit vertikaler Achse, dessen Spitze im Punkt E liegt und dessen Mantel sich im Paket der Folien nach unten bis zur ersten untersten Folie, die dem Zeitpunkt des Urknalls entspricht, hin verbreitert. Der Kegelmantel schneidet dort eine Kreislinie aus. Diese Kreislinie stellt den kosmologischen Horizont dar (Abb. 11).

In der Tat stellen alle Punkte in der 3-dimensionalen Raumzeit, die innerhalb des Lichtkegels nach unten hin liegen, Ereignisse dar, mit denen wir in Kontakt treten konnten. Insbesondere konnten wir mit

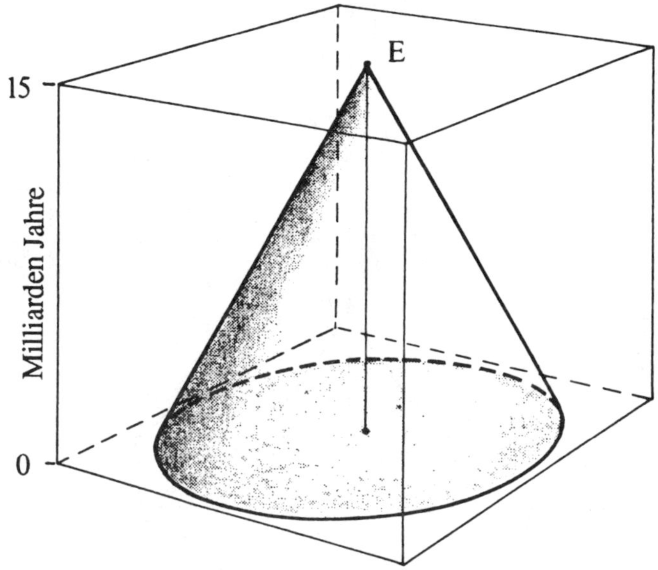

Abb. 11: Der, dem «Ereignis» E entsprechende kosmologische Horizont

allen Punkten des (2-dimensionalen) Raums, den die Kreislinie umschließt, in Kontakt treten, oder anders ausgedrückt, wir konnten von dort durch Laufboten Informationen bekommen. Noch genauer gesagt, die auf der Kreislinie gelegenen Punkte sind die weitest entfernten Orte, mit denen wir in Kontakt kommen bzw. von denen wir mittels der schnellsten Sendboten, nämlich den Lichtstrahlen selbst, Informationen bekommen konnten. Dementsprechend bilden alle Raumpunkte im Innern des Kegels nach unten das heute beobachtbare Universum. Die Raumpunkte außerhalb sind nicht beobachtbar, und die auf der Kreislinie selbst befindlichen liegen auf der Grenze zwischen beiden und bilden den kosmologischen Horizont.

Im Grunde verdankt dieser Horizont sein Bestehen dem Umstand, daß das Universum einen Anfang hatte und daß die Information sich in ihm nicht schneller als mit Lichtgeschwindigkeit fortpflanzen kann. Und zudem sieht man die am weitest entfernten Gegenstände, die im Horizont liegen, in dem Zustand, in dem sie zum Zeitpunkt des Urknalls waren.

Heißt das, daß hinter dem Horizont nichts mehr zu finden ist? Sicherlich nicht, aber wenn man die Zeit weiterlaufen läßt, was geschieht dann? Zunächst wird sich der Punkt der Raumzeit, der unsere

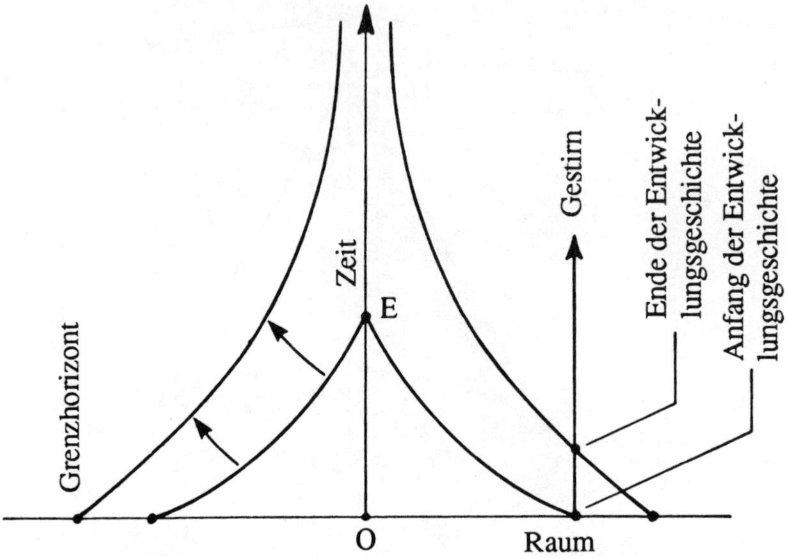

Abb. 12: Doppelt frustrierender kosmologischer Horizont für ein Universum, in dem die Anfangsperiode der Entwicklungsgeschichte nur für einen begrenzten Raumteil erfahrbar ist

Galaxie darstellt, im Folienpaket nach oben hin in die höher gelegenen Celluloidfolien verlagern. Demzufolge wird der Lichtkegel, der mitwächst, auf der untersten Folie einen größeren Kreis ausschneiden und einen größeren Raum umfassen; der Horizont dehnt sich aus. Und da zudem dieser heutige Tag mit Sicherheit keine besondere Bedeutung in der Geschichte des weiten Universums hat, steht es nahezu fest, daß der zusätzliche Raum, der in der nächsten Woche sichtbar werden wird – wenn auch jetzt noch nicht beobachtbar –, doch tatsächlich vorhanden ist.

Aber es wäre ein Trugschluß, zu glauben, man könnte diese leichtfertige Schlußfolgerung auf sehr große Zeiten hochrechnen. Denn die der Raumzeit durch die Massen auferlegte Krümmung kann nach der Relativitätstheorie sehr seltsame Situationen heraufbeschwören. Aufgrund dieser Krümmung nämlich werden die Lichtkegelmäntel selbst, auch wenn sie dabei ihre wesentlichen Eigenschaften beibehalten, gekrümmt. So gibt es relativistische Weltmodelle, in denen der Kegel, auch wenn seine Spitze in der unbegrenzten Zukunft unendlich weit nach oben wandert, irgendwann einen Zeitpunkt erreicht, an dem sein Basis-

Photo 1: Der Mondkrater Manilius

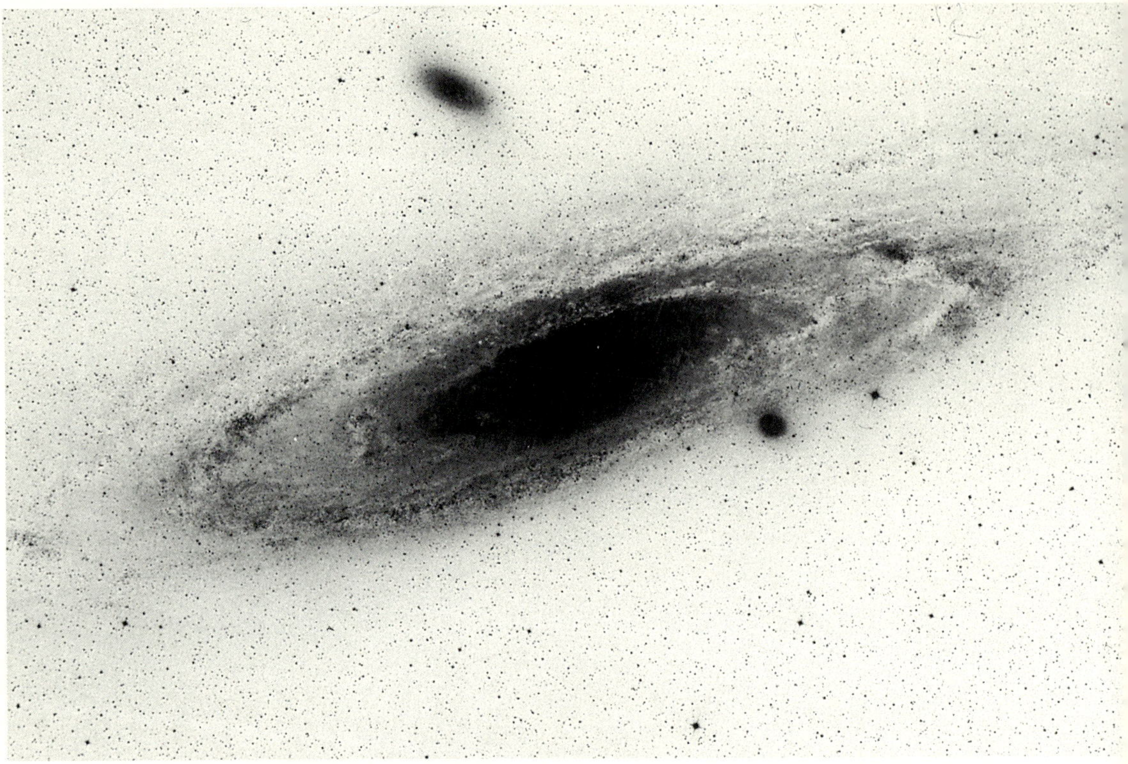

Photo 2: Die Andromedagalaxie

Photo 3: Die Galaxie der Jagdhunde

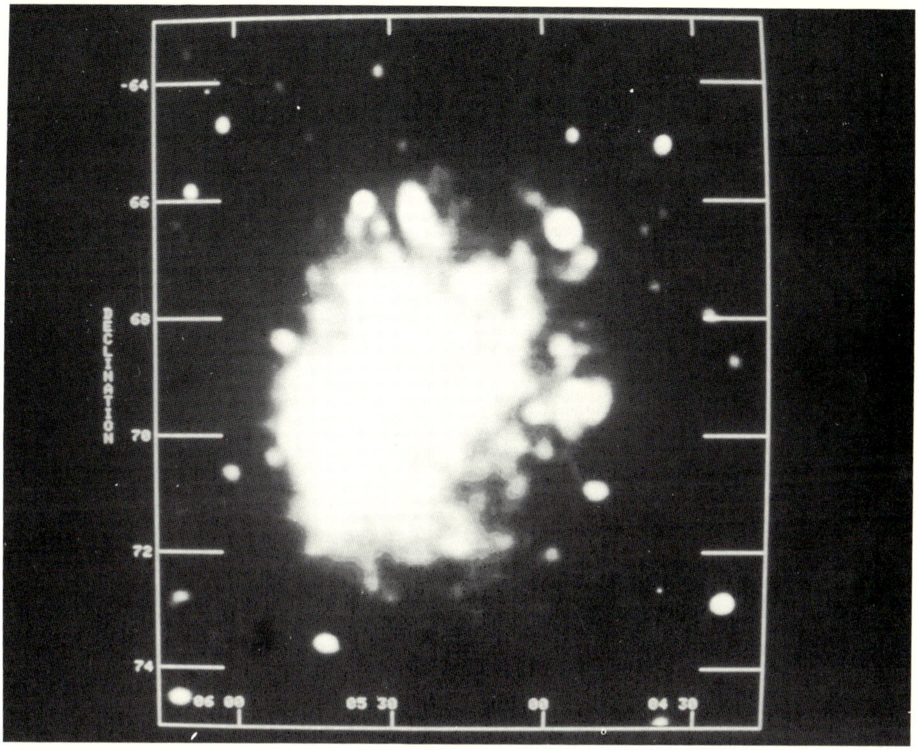

Photo 4: Die Große Magellansche Wolke (Radiowellenaufnahme)

Photo 5: Die Teleskope auf dem Berggipfel von Hawaii

Photo 6: Das «Very Large Array»-Radioteleskop von Neu-Mexiko

Photo 7: Der Pferdekopfnebel

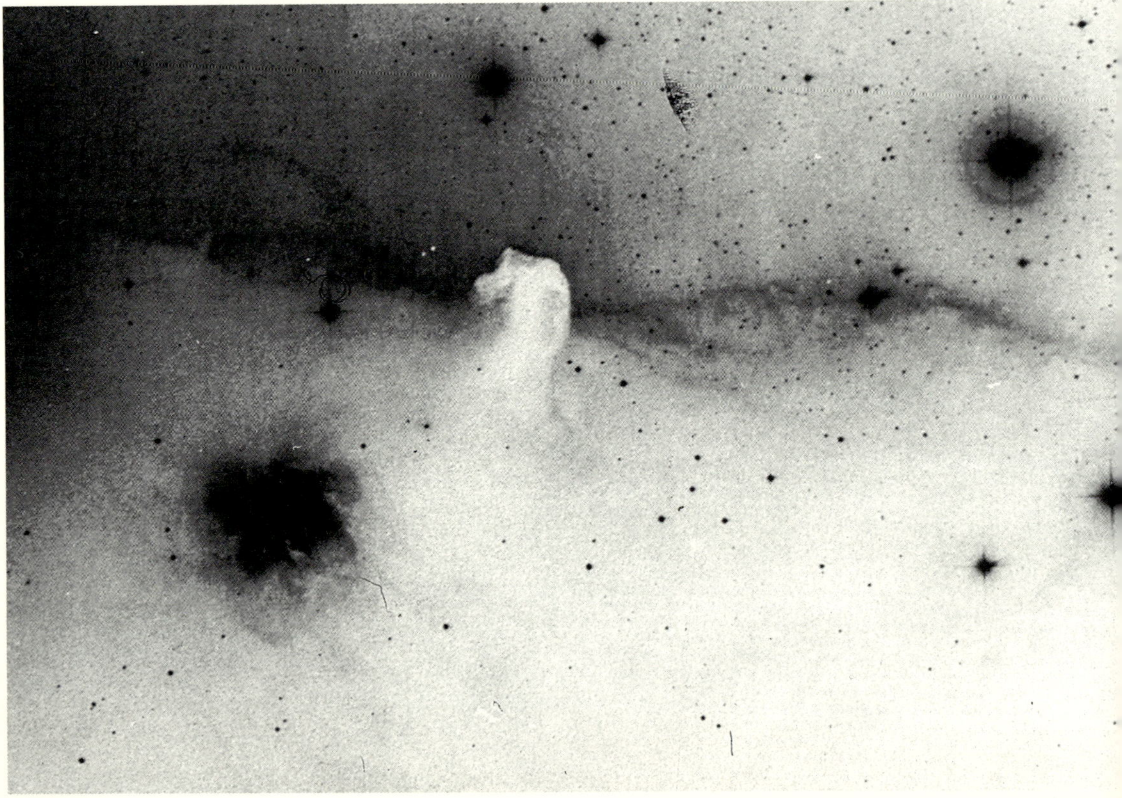

Photo 8: Der Herkules-Galaxienhaufen

Photo 9: Eine Million Galaxien legen die Filamentstruktur des Universums offen

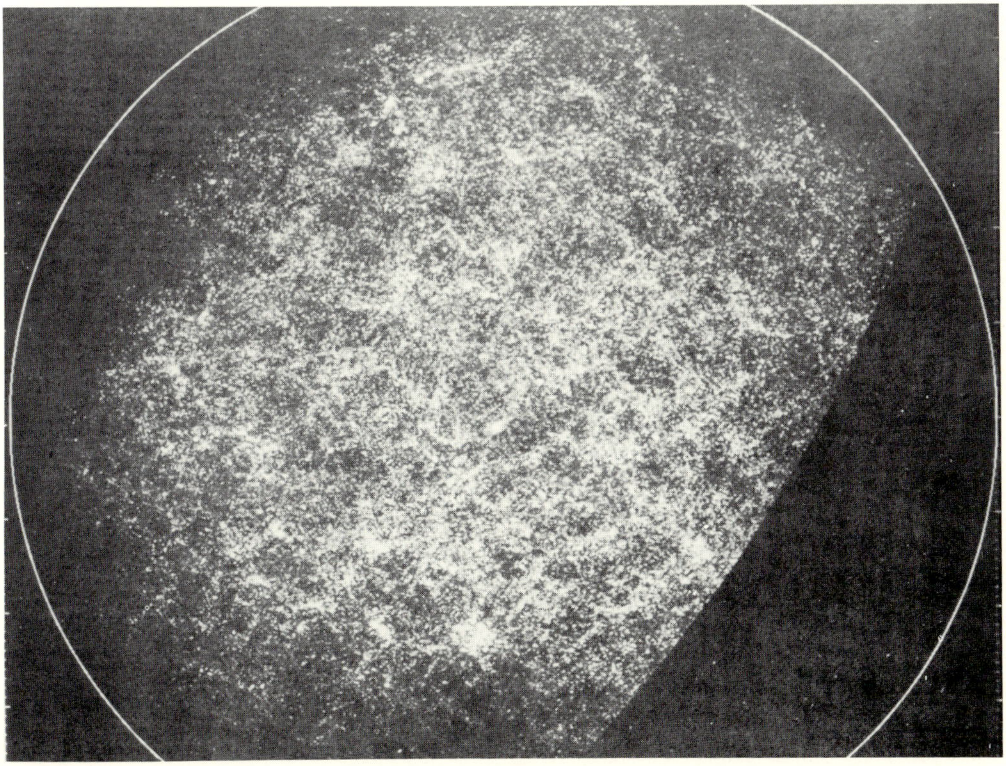

Photo 10: Das Weltraumteleskop, das das Spaceshuttle der NASA in eine Umlaufbahn gebracht hat

Photo 11: Ein ausgetrocknetes Flußbett auf dem Planeten Mars

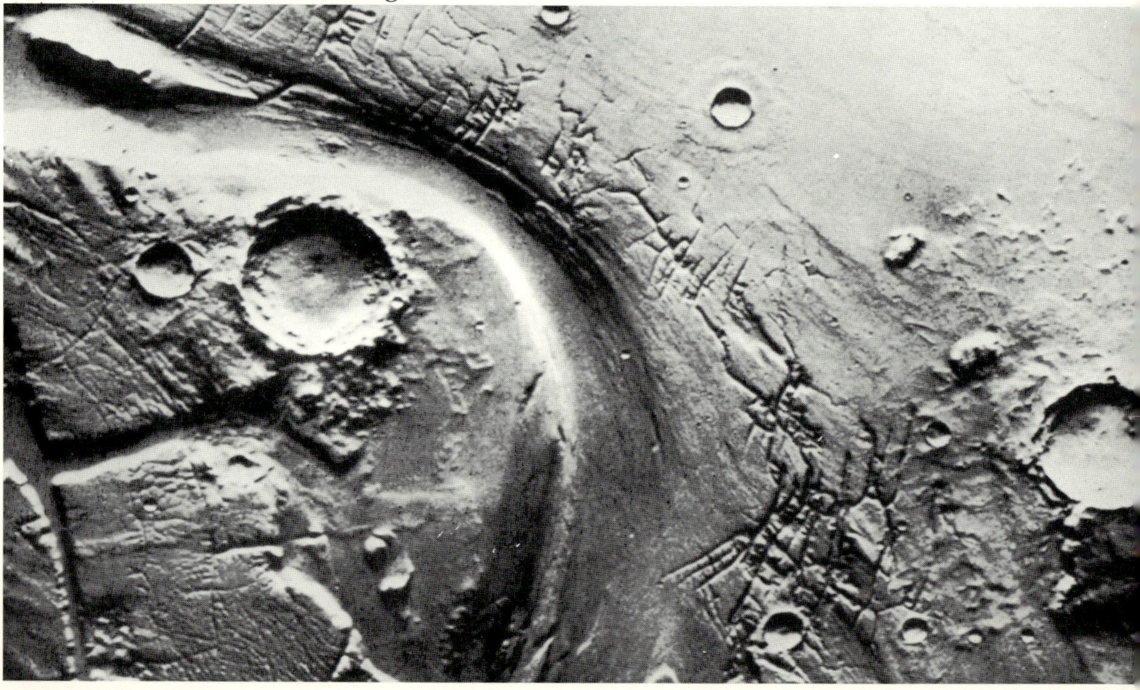

Photo 12: Der Planet Saturn und seine Monde, darunter Titan links oben im Bild

Photo 13: Von den Fußspuren des Australopithecus in Tansania zu denen der Mitglieder der Apollomission auf dem Mond: ein 3 Millionen Jahre währender Fußmarsch. Zu welchem Ziel?

kreis bei einem bestimmten Umfang blockiert bleibt, als wäre er im Raum festgeleimt. In einem derartigen Universum wird, selbst wenn man ewige Zeiten warten würde, stets nur ein begrenzter Raumteil erkennbar sein. Ein besonders enttäsuchender Fall also.

Ich kann der Versuchung nicht widerstehen, ein außergewöhnliches Phänomen dieser enttäuschenden Weltmodelle anzuführen. Stellen wir uns vor, ein Gestirn sei heute gerade am Rand des Horizonts beobachtbar, also in einem Punkt auf der Kreislinie unten, die vom heutigen Tageskegel ausgeschnitten wird (Abb. 12). In einer Woche wird der Kegel, der weiter nach oben gewandert sein wird, die senkrechte Weltlinie des Gestirns in einer etwas weiter oben liegenden Folie schneiden. Die Anfangsentwicklungsgeschichte dieses Gestirns wird somit erkennbar sein. Wenn aber, wie vorhin, die Spitze des Kegels grenzenlos immer weiter nach oben steigt, während gleichzeitig seine Basis sich in einer maximal erreichbaren Kreislinie festfährt, dann wird dieser Grenzlinienkegel die senkrechte Weltlinie des Gestirns nicht sehr weit oben erneut schneiden. Dies besagt im Klartext, daß selbst in unendlicher Zukunft immer nur ein begrenztes Teilstück des Lebensbeginns dieses Gestirns erkennbar sein wird; niemals wird man seine ganze Entwicklungsgeschichte beobachten können. Obendrein wird es mit zunehmendem Verstreichen von Zeit so scheinen, als ob seine Entwicklungsgeschichte immer mehr ins Stocken geraten und sich zunehmend langsamer in der Richtung auf das Ende seines unserer Beobachtung zugänglichen Entwicklungsteils bewegen würde, einem mit immer größerer Zeitdehnung projizierten Film vergleichbar. Es ist dies ein spezieller und reichlich spektakulärer Fall von Zeitdehnung, verursacht durch einen komplexen kosmologischen Effekt der Raumzeitkrümmung. Es könnte demnach also Universen geben, in denen es nicht nur unmöglich wäre, jemals den gesamten Raum zu beobachten, sondern in denen es zudem auch noch unmöglich wäre, die ganze Entwicklungsgeschichte des der Beobachtung zugänglichen Raums in Erfahrung zu bringen. Ein solcher Fall wäre doppelt enttäuschend.

Hindern – unter metaphysischen Gesichtspunkten – derartige Fälle daran, irgendwelche Näherungsbetrachtungen für die Bereiche außerhalb des Beobachtbaren anzustellen? Alles hängt von der Genauigkeit der in den beobachtbaren Teilen erhaltenen Daten ab und von der Genauigkeit, mit der die Theorien die Fakten erklären. Grundsätzlich ist es bei unendlicher Genauigkeit möglich, auf diese nicht beobachtbaren Gebiete hochzurechnen und über das Nichtbeobachtbare Streitgespräche zu führen. Diese Möglichkeit ermutigt und stellt einen Anreiz dar, die Erforschung des Universums weiter voranzutreiben. Aber die Genauigkeit hat stets ihre – technischen oder quantentheoretischen – Grenzen, und die Hochrechnung muß in vernünftigem Rahmen bleiben.

Ein Beispiel dafür liefert die sehr bedeutsame Frage: «Und vor dem Urknall, was war da?» Fügt man dem relativitätstheoretischen Aspekt des Urknalls dessen quantentheoretischen Aspekt hinzu, dann wird es möglich, das Problem der superverdichteten Phase des Zeitpunkts Null noch weiter zu vertiefen und den Versuch zu machen, vorläufige – wahrscheinlichkeitstheoretische – Antworten zu formulieren.

V
Das quantentheoretische Universum

Das quantentheoretische Unbestimmtheitsprinzip

Die quantentheoretische Unbestimmtheit

Wenn das Universum eine gewaltige Einheit darstellt, dann ist es aus winzigen Bausteinen aufgebaut, und sein Schicksal hängt ebenso von deren innerster Eigenart wie von der Struktur des Ganzen ab. Die Chancen des Seglers auf seinem Kurs hängen von seiner Takelage, aber auch von den Molekülen seines Schiffsrumpfes ab. Wären diese aus Kochsalz, dann würden sie sich im Meerwasser auflösen. Die stolze Silhouette seines Bootes allein könnte sich ihre Siegeschancen ausrechnen! Wir müssen uns nun mit den mikroskopischen Bauteilen des Universums näher befassen, und in deren Welt ist die großartige Quantenphysik die oberste Instanz.

Der Grundton dieser fremdartigen Physik wird unmittelbar angegeben durch das quantentheoretische Unbestimmtheitsprinzip. Auch hier, wie bereits bei der Relativitätstheorie, ist der gesunde Menschenverstand überfordert. Aber die Theorie macht gute, sogar extrem gute Fortschritte, und deshalb muß man sie wohl oder übel gelten lassen. Auch wenn sie zu Situationen führt, die die verrücktesten Fiktionen übertreffen.

Diese quantentheoretische Unbestimmtheit findet ihren physikalisch-mathematischen Ausdruck in den Unschärferelationen Heisenbergs. Leider sind diese nur schwierig nachzuvollziehen, und es ist deshalb besser, in mehreren Schritten an sie heranzuführen.

Es ist bei einem Elementarteilchen, einem Elektron z. B., unmöglich, zugleich mit hoher Genauigkeit seinen Ort und seine Geschwindigkeit anzugeben. Ist es genau lokalisiert, dann ist seine Geschwindigkeit unbestimmt, ist umgekehrt seine Geschwindigkeit klar bestimmt, dann befindet es sich irgendwo und nirgends. Je präziser das eine bestimmt ist, desto weniger präzise ist es das andere. Dies schlägt sich in der Aussage nieder, daß die Ungenauigkeit des Ortes proportional umgekehrt zur Ungenauigkeit der Geschwindigkeit ist und umgekehrt die Ungenauigkeit der Geschwindigkeit proportional umgekehrt zur Ungenauigkeit des Ortes. Gleichermaßen ist das Produkt aus der Ungenauigkeit des Ortes und der der Geschwindigkeit eine konstante Größe. Diese Größe ist in einer der fundamentalen Naturkonstanten festgelegt, deren Bedeutung der der Lichtgeschwindigkeit vergleichbar ist, der Gravitationskonstanten oder der Ladung des Elektrons – nämlich der Planckschen Konstanten «h».

Diese Beziehung gilt für alle Elementarteilchen, welche Massen sie auch immer haben mögen. Aber, um ihre allgemeingültige Formulierung durch Heisenberg auszudrücken, es ist nicht nur die Geschwindigkeit allein, die zu berücksichtigen ist, sondern das Produkt aus Geschwindigkeit und Masse des Teilchens, eine «Impuls» genannte Größe. So hat z. B. eine 1 g schwere Kugel, die beim Wurf eine Geschwindigkeit von 2 cm/Sek. erreicht, denselben Impuls wie eine 2 g-Kugel, die auf 1 cm/Sek. kommt. Der Impuls mißt den Effekt, den man registriert, wenn man derartige Kugeln abstoppt.

Die Unschärferelation Heisenbergs schreibt so:

«Unbestimmtheit des Orts × Unbestimmtheit des Impulses = h»

Fügen wir sogleich zwei bedeutsame Bemerkungen hinzu: h ist eine sehr kleine Zahl, also sind die Unbestimmtheiten sehr klein. Da andererseits für Teilchen mit großer Masse, wie z. B. eine Stahlkugel, bereits die Unbestimmtheit der Impulsgröße klein ist, wird die der Geschwindigkeit noch kleiner sein. Im Klartext bedeutet dies, daß im allgemeinen (bei Stahlkugeln z. B.) die Heisenbergschen Unbestimmtheiten derartig winzig sein werden, daß sich alles so verhält, als könnte man in der Regel sowohl die Orte als auch die Geschwindigkeiten mit sehr hoher Bestimmtheit erfassen. Anders ausgedrückt gilt, daß die Heisenbergschen Unbestimmtheiten im Alltag keine Rolle spielen, was – glücklicherweise – der Realität entspricht.

Je kleiner hingegen die Masse eines Elementarteilchens (z. B. eines Elektrons) ist, desto deutlicher kommen die Heisenbergschen Unbestimmtheiten zum Tragen. Sie sind nicht vernachlässigbar. Ist z. B. die Geschwindigkeit eines Elektrons auf 1 cm/Sek. genau bekannt, dann ist es unmöglich, es genauer als auf 1 cm zu lokalisieren; ein 2000fach massereicheres Proton könnte auf 5 Mikron genau lokalisiert werden.

Im Grunde genommen ist es nicht schwierig, die Unbestimmtheitsrelationen Heisenbergs anzuwenden. Ihr eigentliches Wesen hingegen ist schwer zu verstehen. Vielleicht hilft eine andere Darstellungsweise. Ist ein Elektron in einer Schachtel eingeschlossen, so wird, je kleiner die Schachtel ist, seine Geschwindigkeit irgendeinen Wert zwischen Null und dem Heisenbergschen Unbestimmtheitswert annehmen können. Ein auf ein Volumen mit 1 cm Seitenfläche reduziertes Elektron kann eine Geschwindigkeit zwischen 0 und 1 cm/Sek. besitzen. Ein völlig unpassendes Bild, das aber eine Gedächtnishilfe sein könnte, wäre der Gedanke an eine zwischen zwei Handflächen eingefangene Mücke: je kleiner der Hohlraum wäre, desto aufgeregter und schneller würde sie darin herumfliegen.

Diese Heisenbergsche Unbestimmtheit betrifft Ortsdaten: Lageorte und Geschwindigkeiten. Es gibt noch eine andere, von zeitlicher Art, die zur Messung von Energien in Beziehung steht und die daraus resultiert, daß die Quantenphysik von Anfang an die spezielle Relativitätstheorie und die ihr zugrundeliegende Raumzeit in ihre Aussagen einbezogen hat. Dieser zeitlichen Unbestimmtheit zufolge steht die Unbestimmtheit der Energie eines Teilchens in umgekehrter Relation zur Unbestimmtheit des Zeitpunkts, zu dem man sie mißt. Beide Größen sind auch hier wieder durch die Planckschen Konstanten miteinander verknüpft.

Die bedeutsamste Auswirkung dieser Unbestimmtheitsrelation hat mit dem allerheiligsten Grundsatz von der Erhaltung der Energie zu tun. Er kann verletzt werden, und dies um so mehr, je weniger Zeit etwas dauert. Oder desto weniger, je länger die für die Energiemessung notwendige Zeit sein muß. In der Regel sind bei geläufigen Fällen die Meßzeiten so groß, daß die Energie nahezu völlig erhalten bleibt, in Übereinstimmung mit den klassischen Theorien. Bei sehr kurzen Meßzeiten hingegen finden erhebliche Energieschwankungen eines Elementarteilchens statt. So erreichen die Energieschwankungen eines Elektrons bei Meßzeiten von 10^{-20} Sekunden Werte, die der Energie seiner Masse ($E = mc^2$) äquivalent sind.

Dies hat grundlegende Konsequenzen. Beispielsweise kann ein Elektron für eine Test-Zeitspanne von 10^{-20} Sekunden über eine Energie verfügen, die grundsätzlich ausreichen würde, um ein neues hervorzubringen. Im statistischen Mittel aber muß am Ende der Testzeit alles wieder ins Lot kommen; unabhängig davon, ob dann gleich danach wieder alles nach dem reinen Spiel des Zufalls der Schwankungen von vorn anfängt.

Die Unbestimmtheitsrelationen haben erhebliche Folgen in der Physik und unvermeidliche für das Universum. Sie sind aufs engste mit der Wellen-Korpuskel-Frage der Elementarteilchen und der Strahlung verbunden und sind aufgrund dieses Umstandes experimentellen Prüfungen unterworfen worden, die sie – trotz ihrer Seltsamkeiten – bestätigten.

Wellen und Korpuskeln

Bis zum Beginn des 20. Jahrhunderts hatte das Licht alle Erscheinungsformen von Wellen, die sich im Raum fortpflanzen. Wie die Wellen, die sich an der Oberfläche einer Flüssigkeit ausbreiten, hatten sie Wellenlängen (die Entfernung von Wellenkamm zu Wellenkamm), Geschwindigkeiten, Frequenzen (die Anzahl der pro Sekunde vorbeilaufenden Wellen). Sie konnten sich zusammensetzen, interferieren: so bilden zwei Wellenzüge gleicher Wellenlänge, die von zwei verschiedenen Punkten aus im Gleichtakt erzeugt werden, stehende Wellen aus, die regelmäßige Muster entwerfen. Oder es ist möglich, indem man eine Welle aus mehreren Oberwellen ausbildet (Wellen mit doppelter, dreifacher usw. Frequenz), Wellen mit starrer Front, die einer Springflut gleichen, hervorzubringen.

Dann, zu Beginn des 20. Jahrhunderts, sind diese Sehweisen unbrauchbar geworden. Planck und Einstein haben an den Lichtwellen einen korpuskularen Aspekt entdeckt: bei Wechselwirkung mit Materie übertrugen diese Wellen Energie nur in Quantenpaketen. Die Energie dieser Pakete oder Quanten war durch die folgende Beziehung gegeben:

«Energie = Planck-Konstante × Frequenz»

Die Energie einer Welle, auch wenn sie überall in ihrem Wirkungsbereich verteilt zu sein schien, äußerte sich stets nur in Quanten mit korpuskularem Aspekt, den Photonen oder Lichtgranulae.

Hierauf lieferten auch die Elektronen, die den Prototyp des elementaren Teilchens darzustellen schienen, wellenförmige Erscheinungsformen. So z. B. erzeugt ein Elektronenstrahl, der auf eine Wand mit zwei kleinen Löchern auftrifft, auf einem dahinter aufgebauten Schirm Interferenzflecke, die mit jenen identisch sind, die durch Wellenzüge hervorgerufen werden. Der Wellenaspekt der Elektronen erreichte später in den Elektronenmikroskopen, in denen eine regelrechte Wellenoptik mit Hilfe von Teilchenströmen aufgebaut wird, einen Höhepunkt der Anwendung.

In den 20er Jahren legte Louis de Broglie die theoretischen Fundamente für die Interpretation dieser unerwarteten Verhaltensweisen: seine Wellenmechanik. Hierbei gilt der Grundsatz, daß jedem Teilchen eine Welle zugesprochen wird, deren Länge durch die Planck-Konstante, geteilt durch den Impuls des Teilchens, gegeben ist. Die Phänomene lassen sich durch die Aussage erklären, daß die Welle den Lageort des Teilchens bestimmt, aufgrund eines wahrscheinlichkeitstheoretischen Prozesses. Dort, wo die Welle stärker ausgeprägt ist, ist die Wahrscheinlichkeit größer, daß man auf das Teilchen stößt. Die Welle ist eine nichtmaterielle Wahrscheinlichkeitswelle, aber ihre Struktur, die im Raum durch mit der Zeit variable Stärke die Wahrscheinlichkeit, auf Materie oder Energie zu treffen, bestimmt, verleiht ihr dennoch einen materiehaften oder energetischen Aspekt.

In der ersten Hälfte des 20. Jahrhunderts haben sich die Anwendungen dieser Quantenmechanik erweitert: so lieferte die Quantenelektrodynamik besonders genaue Ergebnisse auf dem Gebiet der elektromagnetischen Wechselwirkung. Ihr folgte die Quantenchromodynamik der starken Wechselwirkung, die 1984 zur Entdeckung der intermediären Bosonen und damit zur Zusammenführung der elektromagnetischen und der schwachen zur elektroschwachen Wechselwirkung führte.

Die Unbestimmtheitsrelationen Heisenbergs leiten sich aus dem Welle-Korpuskel-Aspekt ab. Durch die Kombination von Wellen ist es grundsätzlich möglich, eine resultierende Welle zu erzeugen, die je nach Wunsch eine x-beliebige Form annehmen kann. Nimmt man den Vergleich mit Wellen an der Oberfläche eines Sees nochmals auf, dann ist es möglich, an genau ausgewählten Orten Wellenzüge so zu starten, daß ihre Interferenzfiguren hier eine Vertiefung, dort eine ebene Fläche oder sogar einen großen Gipfel an jenem oder diesem Ort ausbilden. Ist tatsächlich dieser große Gipfel der am meisten ins Auge fallende Teilaspekt an der Oberfläche des Sees, dann wird die Welle-Korpuskel-Interpretation Anlaß dazu geben, das Teilchen mit der größtmöglichen Auftreffwahrscheinlichkeit in diesem Gipfel zu lokalisieren. Je steiler der Gipfel sein wird, desto besser wird die Genauigkeit der Ortsbestimmung sein. Oder man muß, um mit Wellen einen steilen Gipfel auszubilden, mit Wellen arbeiten, deren kürzeste Wellenlängen mindestens ebenso klein sind wie der gewünschte Gipfel breit sein soll. Tatsächlich wird man mit langen Wellen nur Interferenzgebilde mit unbestimmten Konturen erhalten können. Zusammenfassend bedeutet dies, daß man, um ein Teilchen besser als mit einer Unbestimmtheit X lokalisieren zu können, Wellen braucht, deren Länge bis zu X hinunterreichen. Kehren wir zur Gleichung von Louis de Broglie zurück, dann ist diese Länge gleich h geteilt durch den Impuls des Teilchens, d. h. der Impuls muß den Wert h geteilt durch X erreichen können. Anders ausgedrückt:

«Unbestimmtheit des Ortes × Unbestimmtheit des Impulses = h»,

also gleich der Heisenbergrelation. Die zeitliche Relation erhält man durch entsprechende Überlegungen.

Diese Welle-Korpuskel-Aspekte haben bedeutsame Niederschläge in der Technologie der Experimentalphysik gefunden. Um die Struktur der Materie zu erforschen, hat man eine Methode entwickelt, die darin besteht, daß man sie mit Teilchen beschießt; die Ergebnisse des Beschusses und dabei besonders die Art und Weise, in der die Geschosse von ihrer Bahn abgelenkt werden, gestatten einen Rückschluß auf die untersuchte Struktur. Um also zu genauen Aussagen über die Struktur zu gelangen, ist es nötig, daß die Geschosse genau lokalisierbar sind, daß sie also einen großen Impuls oder eine große Energie besitzen. Hierauf beruht der wesentliche Anreiz für den Bau von Hochenergie-Teilchenbeschleunigern. Die weitere Hoffnung besteht darin, daß das Geschoß, wenn es viel Energie besitzt, zudem die Struktur zerstören und zur Bildung neuer Teilchen führen kann.

Dies erklärt auch die besondere Bedeutung, die das Universum gleich nach dem Urknall für die Physiker besitzt, denn damals waren die Teilchen aufgrund der extrem hohen Temperaturen so energiereich, daß das Studium ihres Verhaltens Aufschluß über ihre Struktur verspricht.

Fremdartige Teilchen

Die Antiteilchen

Eine andere überraschende Wesenheit, wenn man sie wirklich als Wesenheit bezeichnen darf, stellt das Vakuum dar. Für den gesunden Menschenverstand ist das Vakuum ein Nichts, oder genauer gesagt Raum, mit nichts gefüllt. Selbst für die allgemeine Relativitätstheorie kann das Vakuum nur dies sein. Es gibt in der Tat Weltmodelle, Lösungen der Einsteinschen Gleichungen, in denen es keine Materie gibt, z. B. im Fall eines hyperbolischen leeren Raums oder auch eines anderen euklidischen leeren Raums, die beide in Ausdehnung begriffen sind.

Für die Quantenphysiker ist das Vakuum komplizierter. Schon die Unbestimmtheitsrelation Heisenbergs für die Energie läßt dies vermuten: ein Elektron oder ein anderes Teilchen kann erleben, daß seine Energie schwankt. Dasselbe kann sogar ohne Elektron vorkommen: an jedem Ort des Vakuums kann aufgrund von Fluktuationen Energie aus dem Nichts in Erscheinung treten, vorausgesetzt dies dauert, in Übereinstimmung mit der Unbestimmtheitsrelation, um so weniger lang als die Regelverletzung groß ist.

Aber was ließe sich aus dieser Energie machen? Hier kommt eine weitere erstaunliche Eigenschaft des quantentheoretischen Vakuums ins Spiel, die von dem Theoretiker Dirac bereits in den frühen Anfängen der Quantenphysik vorhergesagt und kurz danach glänzend als richtig bestätigt wurde. Durch die Entdeckung des positiven Elektrons oder Positrons, einer Art entgegengesetztem Abdruck des negativ geladenen Elektrons.

Auch diese erstaunliche Eigenschaft ist schwer zu verstehen; man muß sich ihr schrittweise nähern. Eine erste Näherung gelingt mittels einer derart einfachen Vorstellung, daß es fast schon ein absurdes Bild zu sein scheint. Wenn man dem Bücherregal einer Bibliothek, das mit einer Reihe von Bänden vollgestellt ist, einen Band entnimmt, dann hat man zwei «Objekte» vor sich: ein frei bewegliches Buch und eine Lücke in der Bücherreihe. Bringt man die beiden «Objekte» wieder zusammen, indem man das Buch an seinen Platz zurückstellt, dann hat man weiter nichts mehr zu regulieren. Wie plump vereinfacht das auch erscheinen mag, dennoch liegt gerade hierin das Grundprinzip der Erschaffung und der Vernichtung eines Teilchens und eines Antiteilchens verborgen.

Ist aber die Lücke in der Bücherreihe wirklich ein «Objekt», vergleichbar mit dem herausgenommenen Buch? Ja, wie das herausgenommene Buch, kann das «Objekt», einfach dadurch, daß man die Bücher neben der Lücke eines nach dem anderen aneinanderschiebt, im Regal irgendwohin verschoben werden. Und die Anstrengung, die man benötigt, um eine drei Maßeinheiten breite Lücke zu verschieben, ist dieselbe wie die für die Verschiebung von drei Büchern von einer Dicke je einer Maßeinheit. Also verhält sich die Lücke so, als wäre ihre Masse der eines Buches gleich.

Das Beispiel läßt sich noch weiter treiben. Wenn jedes Buch dieselbe elektrische Ladung besitzt, z. B. diejenige –e des Elektrons, dann hat die Lücke die umgekehrte Ladung +e. Will man dies nachprüfen, so kann man die Pole einer elektrischen Batterie an je ein Ende des Regals anschließen, den «Plus»-Pol links und den «Minus»-Pol rechts. Dann wird sich das im Regal rechts von der – negativ geladenen – Lücke befindliche Buch in Richtung auf den «Plus»-Pol nach links bewegen; und sobald es an der linken Lückenseite angelangt ist, wird die Lücke sich nach rechts verschoben haben usw. Das heißt also, daß sich die Lücke, indem sie sich nach rechts bewegt, so verhält, als besäße sie die Ladung +e.

Selbstverständlich unterscheiden sich ein Buch und ein Elementarteilchen ganz gewaltig voneinander; aber dieser Vergleich lehnt sich an Diracs Theorie der ersten Jahre an. Bei ihm ist das Vakuum (das Regal) dicht mit Elektronen (Büchern) gefüllt. Sowie infolge von Fluktuationen eine ausreichende Energie erscheint, kann sie dazu genutzt werden, ein Elektron aus ihr zu machen, und so tritt ein Teilchen-Antiteilchen-Paar auf: ein Elektron und ein Antielektron oder Positron (die Lücke).

Am schwersten verständlich ist, daß das Vakuum, obwohl es von Elektronen vollgepackt ist, im allgemeinen als Leere erscheint. Bei dieser Formulierung aber wäre es gut, sich eine bescheidenere Ausdrucksweise zuzulegen, denn – so ist es experimentell belegt – aus dieser Leere kann jederzeit ein Teilchen-Antiteilchen-Paar hervorgehen. Dies läuft darauf hinaus, daß man zuläßt, das mit Büchern gefüllte Regal sei eine Wesenheit (das Vakuum), auf die im allgemeinen kein Vorgang Einfluß zu nehmen vermag – außer demjenigen Eingriff, der zum Entstehen eines ‹Buch-Antibuch-Paares› führt. Dieses Vakuum ist nicht mehr die Leere, wie sie der gesunde Menschenverstand interpretiert.

In der Tat ist es nicht nötig, die glücklichen Fügungen der Fluktuationen des Vakuums abzuwarten, um ein Teilchen-Antiteilchen-Paar geliefert zu bekommen. Dies läßt sich mit anderswo planmäßig erzeugter und für unbegrenzte Zeiten verfügbarer Energie erreichen. Wenn man z. B. ein Teilchen mit einem anderen Teilchen, das in einem Beschleuniger auf hohe Geschwindigkeit gebracht wurde, beschießt, kann der Aufprall eine Energie freisetzen, die ausreicht, um ein derartiges Paar zu erzeugen. Dabei ist es nötig, daß diese Energie die Energie der Masse des Paares, also 2mal mc^2, übertrifft. So werden Paare von Protonen und Antiprotonen erzeugt (letztere mit –e-Ladungen), Paare von Elektronen und Positronen, und auch mit dem Positron und dem Antiproton kann, wenn man sie aneinanderbindet, ein Antiwasserstoff-Antiatom hergestellt werden. Grundsätzlich ist so jede Art von Antimaterie entwickelbar, d. h. sowohl Antiatome als auch Antimoleküle. Energie kann sich also in Materie umwandeln unter gleichzeitigem Auftreten einer vergleichbaren Menge Antimaterie, wobei das relativitätstheoretische Gesetz der Gleichwertigkeit von Masse und Energie befolgt wird, und all dies dank einer Quanteneigenart des Vakuums.

Einer der wesentlichen Aspekte der Antimaterie ist deren Neigung, sich bei der geringsten Begegnung mit der ihr entsprechenden Materie in Nichts aufzulösen und die den Massen entsprechende Energie wieder freizusetzen. Aber es ist möglich, in Gefäßen, die nicht von Materiewänden, sondern von Magnetwänden gebildet sind, Antiwasserstoff-Antiatome zu isolieren. Diese Antimaterie kann dann problemlos aufbewahrt werden. Die Antimaterie ist, insofern sie von der Materie ferngehalten wird, ebenso stabil wie diese.

Die virtuellen Teilchen

Newton nahm an, daß die Wechselwirkung der Schwerkraft durch eine augenblickliche Fernwirkung zustande käme. Eine Masse würde auf eine andere mit einer Kraft wirken, deren Größe durch sein Gesetz festgelegt wäre; eine Größe also, die zu jedem Zeitpunkt für die Ortszustände dieses Moments berechenbar wäre. Die Hypothese über das Bestehen einer absoluten Zeit erlaubte eine derartige Einschätzung der Verhältnisse.

Das Aufkommen der speziellen Relativitätstheorie aber hat diese Hypothese über eine absolute Zeit erledigt. Die Längenmaße, die Zeiteinheiten hängen vom relativen Bewegungszustand der Beobachter zu den beobachteten Ereignissen ab und verlieren jeden Absolutheitscharakter zugunsten eines anderen allgemeingültigeren Absoluten, des Raumzeit-Intervalls. Dieses kann man als die Hypothenuse eines rechtwinkligen Dreiecks in der Raumzeit auffassen, wobei die eine dem rechten Winkel anliegende Seite von dem beobachteten Längenmaß, die andere von der gemessenen Zeitdauer zwischen zwei Ereignissen dieser Raumzeit gebildet wird.

Diese bemerkenswerte Unabhängigkeit des «Intervalls» ist die Grundlage der speziellen Relativitätstheorie. Oft hat die Allgemeinheit den Eindruck, die Relativitätstheorie sei, wegen des Verlusts der Einhaltung der Längen- und Zeitmaße, ein Rückschritt. Dem ist nicht so. Durch die Erhaltung der «Intervalle» stellt sie einen Fortschritt in Richtung auf eine größere Allgemeingültigkeit dar, eine Allgemeingültigkeit, die der Raumzeit zu höchster Anerkennung verhalf.

Der Elektromagnetismus hat sich ohne Schwierigkeit in diesen Rahmen eingefügt und dazu geführt, daß man die elektromagnetischen Wechselwirkungen als von einem «Feld» verursacht ansehen darf, das durch einen Tensor in der Raumzeit dargestellt wird. Eine Art 4-dimensionaler Kraft, die nicht mehr die Unvollkommenheit der Newtonschen Kraft aufwies. Bei diesen Betrachtungsweisen erfolgt die elektromagnetische Wechselwirkung zwischen zwei Ladungen vermittels dieser «Super-Kraft», also dieses Feldes.

Dann kam die Quantenmechanik. Der Doppelaspekt Welle-Korpuskel des Lichts führt bei ihr zu einer Quantisierung des elektromagnetischen Feldes, und dieses bringt seine Wechselwirkungen mittels seiner Quanten zustande, im konkreten Fall des Lichts vermittels seiner «Granulae» oder Photonen, die als Teilchen wirksam sind. Diese Sehweisen sind mit bedeutendem Erfolg zwischen den 20er- und 50er Jahren – von Dirac bis zu Feynman – entwickelt worden und erreichten eine auf Milliardstel Bruchteile gesteigerte Genauigkeit bei der Berechnung bestimmter Phänomene.

Daher rührt es, daß in der Relativitäts- und Quantenphysik der Blickwinkel völlig verschieden von dem Newtons ist. Die Wechselwirkung zwischen zwei Teilchen wird beschrieben als Resultat des Austauschs eines oder mehrerer anderer Teilchen, die als Vermittler zwischen ihnen wirken. Ein Elektron und ein Proton wirken wechselseitig durch den Austausch von Photonen. Diese Photonen sind die «vektoriellen» Überträgerteilchen der elektromagnetischen Wechselwirkung, während die geladenen Teilchen, Elektron und Proton, die «fundamentalen» Teilchen darstellen.

Wie geht das vor sich? Nehmen wir erneut die Raumzeit der Relativitätstheorie zu Hilfe, wie sie durch den auf den Tisch gelegten Stapel Celluloidfolien – die jüngsten oben im Stapel – dargestellt wird. Ein Elektron und ein Proton bewegen sich dort auf geraden aufsteigenden Weltlinien (Abb. 13). Zu einem bestimmten Zeitpunkt strahlt das Elektron ein Photon ab. Dies verleiht, als eine Art von Reaktion, der Weltlinie des Elektrons einen plötzlichen Knick; einen Knick, von dem – ebenfalls nach oben hin – die gerade Weltlinie des Photons ausgeht. Wenn dann die Linie des Photons auf diejenige des Protons trifft, wird das Photon vom Proton im Treffpunkt absorbiert, und unter der Wirkung des Zusammenpralls wird auch die Weltlinie des Protons abgeknickt. Das Ergebnis dieser Prozesse besteht unter dem Strich darin, daß beide

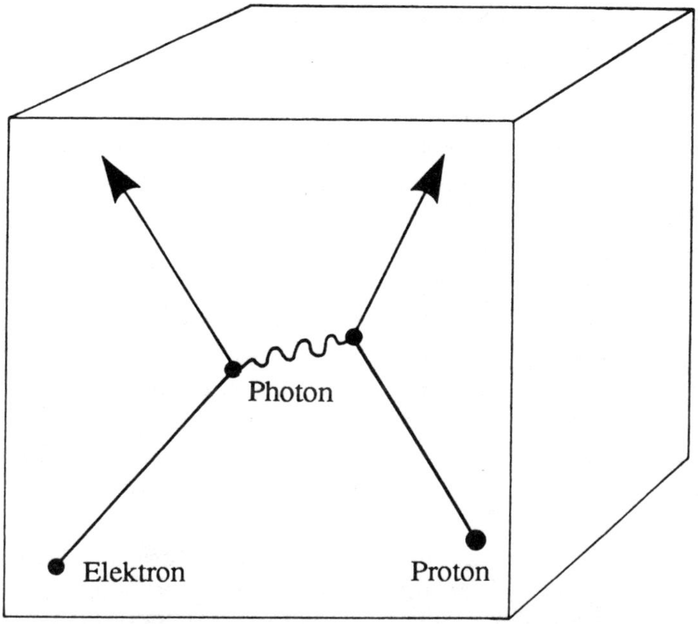

Abb. 13: Wechselwirkung eines Elektrons mit einem Proton durch Austausch eines Photons

Bahnen, die des Elektrons und die des Protons, die frei und unabhängig voneinander in der Raumzeit ihrer Wege zogen, zugleich abgeknickt werden. So stellt man sich die Wechselwirkung dieser beiden geladenen Teilchen vor.

Tatsächlich ist es ebensogut möglich, daß das Proton als erstes ein Photon abstrahlt; sie können sogar gleichzeitig je eines abstrahlen, so daß beider Wege sich unterwegs kreuzen. Oder das Elektron strahlt ein Photon ab und absorbiert es wieder. Dasselbe vermag das Proton, und sogar mehrfach. Es gibt unendlich viele mögliche Fälle, was die Theoretiker übrigens lange Zeit verwirrt hat, denn das Ergebnis wäre eine Wechselwirkung von unbegrenzter Intensität gewesen!

Durch eine mathematische Subtraktionsoperation aber, deren innere Logik jedoch einiges zu wünschen übrig läßt, haben sie schließlich Ergebnisse von außergewöhnlich hoher Genauigkeit erhalten; was letztlich die Theorie in ihrer derzeitigen Fassung stützt – zumindest vorläufig.

Betrachtet man nun den elementaren Vorgang der Abstrahlung des vektoriellen Teilchens durch das fundamentale Teilchen etwas näher, dann wird deutlich, daß seine Auslösung Energie verlangt. Nach den Unbestimmtheitsrelationen Heisenbergs kann diese Energie für eine begrenzte Zeit verfügbar sein. Während dieser begrenzten Zeit kann das vektorielle Teilchen, wenn es sich so schnell wie möglich, also mit Lichtgeschwindigkeit fortpflanzt, eine bestimmte maximale Entfernung erreichen, die sogenannte Compton-Wellenlänge. Rechnet man alle Faktoren ein, so ergibt sich, daß die Compton-Wellenlänge die Größe von h/mc hat.

Somit hat also das vektorielle Teilchen eine Reichweite, die umgekehrt proportional zu seiner Masse ist; und es wird, damit es seine Rolle des Überträgerbotens erfüllen kann, notwendig sein, daß es innerhalb dieser Reichweite sein Ziel erreicht, damit in Bezug auf die Erhaltung der Energie alles seine vorgeschriebene Ordnung hat. Am Ziel selbst wird es durch das Partnerteilchen aufgenommen werden. Im Flug, so sagt man unter Berufung auf Heisenberg, verhält sich das vektorielle Teilchen wie ein «virtuelles» Teilchen.

Im Fall des Elektromagnetismus, in dem die Masse des Photons Null ist, hat das virtuelle vektorielle Teilchen eine unbegrenzte Reichweite; es kann ein Ziel in sehr großer Entfernung erreichen. Nach mehr oder weniger abgesicherten Hypothesen könnte dasselbe für das Graviton, das vermutete vektorielle Teilchen der Schwerkraft, gelten. Hingegen waren die vektoriellen Teilchen bei der nuklearen Wechselwirkung, in deren ersten Erscheinungsformen vor mehr als 30 Jahren, die Pi-Mesonen. Nach neuerer Sicht, wonach die Nukleonen Zusammenpackungen von Quarks darstellen, erfolgen die Wechselwirkungen unter Quarks durch Gluonen, die ebenfalls eine Masse von Null haben. Und was die schwache Wechselwirkung angeht, so haben deren vektorielle Teilchen gewaltige Massen: die hundertfache Masse der Nukleonen und dementsprechend eine winzige Reichweite: 10^{-15} cm.

So stellt man sich, grob skizziert, die Wechselwirkung zwischen fundamentalen Teilchen mittels virtueller vektorieller Teilchen vor. Je nach Größe der Massen der vektoriellen Teilchen haben die Wechselwirkungen unterschiedliche Reichweiten. Die der Schwerkraft reicht so weit, daß sie das ganze Universum umfaßt, und die der schwachen Wechselwirkung hält den Kurzstreckenrekord mit einer Größe vom Hundertstel des Durchmessers der Nukleonen.

Die Quarks

Die starke oder nukleare Wechselwirkung ist bisher nur insoweit angesprochen worden, wie man sie vor ungefähr 30 Jahren sah. Die Wechselwirkung zwischen den fundamentalen Teilchen, den Protonen oder Neutronen, erfolgt danach durch den Austausch der vektoriellen Teilchen, der Pi-Mesonen oder «Pionen». Nun ist seit dieser Zeit die Zahl der aufgrund von Experimenten in den Teilchenbeschleunigern entdeckten sog. Elementarteilchen derart stark angewachsen, daß man ohne weiteres auf Hundert kommt. Das Bild ähnelt dem, das die Hundertschaft der Atomkerne bot, die sich schließlich über einen bedeutenden Vereinfachungsprozeß auf Kombinationen von nur zwei Teilchen, Protonen und Neutronen, zurückführen ließ.

In den 60er Jahren hat Murray Gell-Mann vorgeschlagen, die Protonen, Neutronen und die Hundertschaft der entdeckten «elementaren» Teilchen als Kombinationen von noch elementareren Teilchen, den Quarks, anzusehen. Um die Dinge zu vereinfachen, halten wir uns – ohne deshalb das wesentliche aus dem Auge zu verlieren – an die im Universum auf den ersten Blick auffindbaren Teilchen: die Protonen und Neutronen bzw. Nukleonen und ihre vektoriellen Wechselwirkungsteilchen, die Pionen.

Für Gell-Mann sind diese Teilchen Zusammenpackungen von zwei Arten von Quarks: die «u» und die «d», wobei die u eine elektrische Ladung von 2e/3 und die d eine solche von –e/3 haben. Man beachte diese gewissermaßen revolutionäre Einführung von Dritteln der Elementarladungen, die man bisher in der Physik nur als Ganzzahlige kannte.

Zudem besitzen die Quarks außer ihren Bruchstücken der elektrischen Ladungen eine weitere Ladungsart, die sogenannte «Farbladung», deren Bezeichnung einer etwas phantastischen Terminologie entstammt. Diese Farbladung hat nichts mit der elektrischen Ladung des Elektromagnetismus zu tun und auch nicht einmal mit der sog. «schwachen» Ladung, die von noch anderer Art ist und im Zusammenhang mit der schwachen Wechselwirkung erwähnt worden war. Aber wie bei diesen beiden besteht ihre Rolle darin, in eher komplizierten Gleichungen die Intensität der für die Quarks neu eingeführten Wechselwirkung zu charakterisieren. Und diese Farbladung kann für jedes Quark einen der drei Werte R, V oder B (Rot, Grün, Blau) annehmen. Schließlich entspricht jedem Quark noch ein Antiquark, das die spiegelbildlichen, für die Antimaterie charakteristischen Eigenschaften besitzt.

Für diese Theorie sind die Nukleonen Gebilde, die aus drei Quarks bestehen, und ihre vektoriellen Teilchen sind Gebilde, die aus einem Quark und einem Antiquark zusammengesetzt sind. Das Proton z. B. besteht aus uud und das Neutron aus udd; während das piO = u ist; beim Anti-u ist das pi+ = u. Beim Anti-d…

Die Eigenschaften der nuklearen Wechselwirkung müssen sich also aus der Theorie der Wechselwirkung zwischen den Quarks, die spezifisch als «starke» bezeichnet wird, herleiten lassen. Die Theorie der starken Wechselwirkung, die Quantenchromodynamik, hat innerhalb von 20 Jahren eine fast ebenso befriedigende Entwicklung genommen wie die Quantenelektrodynamik. Sie nimmt an, daß die Wechselwirkung zwischen den fundamentalen Quarkteilchen über vektorielle Teilchen erfolgt, die Gluonen, die wie die Photonen masselos sind. Sie pflanzen sich mit Lichtgeschwindigkeit fort, und die Reichweite der starken Wechselwirkung ist dementsprechend unbegrenzt wie die des Elektromagnetismus. Trotzdem wechselwirken die Nukleonen mit einer kleinen Reichweite von 10^{-13} cm. Sie sind nun in der Tat komplexe Gebilde und befinden sich in einer den Molekülen, die untereinander nur über kurze Entfernungen in Wechselwirkung treten, vergleichbaren Lage: gegenüber der Wechselwirkung – mit doch unbegrenzter Reichweite – des Elektromagnetismus.

Aber im Unterschied zum Photon, das keine elektrische Ladung hat, besitzen die Gluonen Farbladungen, die Kombinationen der Farben R, V und B darstellen. Ein Quark R z. B. wird, wenn es ein Gluon R-V abstrahlt, zu einem Quark V. Diese Effekte komplizieren die Chromodynamik gewaltig und markieren so deren Unterschied zur Quantenelektrodynamik.

Es gibt noch einen anderen Unterschied: während die fundamentalen (Elektronen…) und vektoriellen Teilchen (Photonen) im ungebundenen Zustand beobachtbar sind, sind es die der Chromodynamik bisher niemals gewesen. Weder Quark noch Gluon scheinen jemals voneinander getrennt zu existieren. Eine derartige Situation könnte der Theorie zum Verhängnis werden, aber die Theoretiker haben sich vorgesehen. Der Weg zu einer möglichen Lösung führt über ein seltsames Phänomen: die Polarisierung des Vakuums. Wenn die durch die Heisenbergschen Unbestimmtheitsrelationen erlaubten Fluktuationen in der Nachbarschaft eines Elektrons E in spontaner Weise virtuelle Photonen und Elektron-Positron-Paare hervorbringen, dann werden diese die Tendenz, sich zu «polarisieren» aufweisen: das Elektron wird abgestoßen und das Positron wird angezogen vom Elektron E. Eine positiv geladene

Zone wird sich in der Umgebung von E ausbilden; eine Zone, die eine partielle Abschirmung für die negative Ladung von E abgeben wird. Aus der Ferne gesehen wird die erkennbare Ladung des Elektrons E also schwächer erscheinen als sie tatsächlich ist. Diese Polarisierung des Vakuums führt dazu, daß die durch die Ladung angezeigte Intensität der elektromagnetischen Wechselwirkung in der Nähe des Elektrons stärker sein wird als weiter weg von ihm. Im Extremfall ist in der Quantenelektrodynamik die «nackte» Ladung des Elektrons unendlich groß.

Die Polarisierung des Vakuums gibt es auch in der Umgebung eines Quarks Q; es umgibt sich mit einer Wolke virtueller Gluonen und Quark-Antiquark-Paare. Diese letzteren haben die Tendenz, die Farbladung von Q einzugrenzen. Die Gluonen hingegen haben, im Unterschied zu den Photonen, die keine elektrische Ladung besitzen, eine Farbladung. Aber anstatt Q einzugrenzen, verstärken und verbreitern die Gluonen – aufgrund komplexer Ursachen – die Ladung von Q. Die Polarisierung des Vakuums bewirkt, daß die Intensität der starken Wechselwirkung in weiterer Entfernung ansteigt und in kürzerer Entfernung schwächer wird. Auf sehr kurze Entfernung würde die Wechselwirkung sogar asymptomatisch gegen Null tendieren. Aufgrund dieses Phänomens der «asymptotischen Freiheit» sind die Quarks voneinander unabhängig, wenn sie einander sehr nahe sind.

Will man sie hingegen voneinander entfernen, dann muß man gegen ihre zunehmend starke Wechselwirkung ankämpfen und ihnen mehr und mehr Energie zuführen; und diese Energie geht dann auch noch, anstatt der erfolgreichen Trennung der Quarks zu dienen, verloren, weil sich aus ihr Paare von Quarks und Antiquarks entwickeln, die neue Nukleonen oder Pionen bilden. Das Endergebnis ist, daß die Quarks zusammen eingesperrt sind. Dieses Phänomen des Zusammen-Eingesperrtseins der Quarks, das eine Folge der Polarisierung des Vakuums ist, würde erklären können, weshalb sie in isoliertem Zustand nicht beobachtbar sind. Steven Weinberg gibt in seinem Buch mit dem Titel «Die drei ersten Minuten...» einen bildhaften Vergleich: «Es ist genau dasselbe, als würde man versuchen, das eine Ende eines Seils allein in den Griff zu bekommen: zieht man mit voller Kraft, dann wird das Seil reißen, aber man wird 2 Seile mit je 2 Enden erhalten!».

Diese Darstellung des wesentlichen Kerns der Quantenchromodynamik am Beispielfall der Nukleonen läßt sich nun ausdehnen auf die Fauna der hundert angeblich elementaren Teilchen, die seit einigen Jahrzehnten entdeckt wurden. Die ganze Fauna erklärt sich am ehesten, wenn man zu drei Quarksfamilien seine Zuflucht nimmt. Die erste mit den u und d, die zweite mit den s und c und die dritte mit den b und t. Experimentelle Belege für fünf dieser sechs Quarkssorten, «Aromen» genannt, hat man im Laufe der letzten Jahre bekommen, mit einer neuerlichen Mutmaßung für das Quark t beim CERN. Diese Experimente haben zudem auch die Daten zu den Massen der verschiedenen Quarks erbracht, die bis zum mehrmaligen Zehnfachen der Masse des Protons reichen.

Die 2. und 3. Familie kommt lediglich vor, um zu begründen, daß Teilchen aufgetreten sind, die man nur unter für die Materie außergewöhnlichen Bedingungen antrifft, so bei den Zusammenstößen zwischen Hochenergieteilchen und -antiteilchen. Für die «gewöhnliche» Materie reicht, in den geläufigsten Zuständen der Natur, die erste Familie aus.

Dieses Familientrio findet sich nochmals in einer anderen Klasse leichterer Teilchen wieder, den Leptonen, zu denen das Elektron und das Neutrino gehören. Diese beiden Teilchen stellen die erste Familie dar. Zwei andere massereichere «Elektronen» sind in der kosmischen Strahlung entdeckt worden: das Müon und das Tauon, mit dem 200–3500fachen der Masse des Elektrons. Daneben gibt es ein Müon-Neutrino, das Gegenstück zum Neutrino, das dem Elektron der Beta-Radioaktivität entspricht und das deshalb auch Elektron-Neutrino genannt wird; fast ist es gesicherter Wissensstand, daß es auch ein Neutrino gibt, das dem Tauon entspricht.

Somit wäre also die nukleare Wechselwirkung auf die starke Wechselwirkung zurückgeführt, formal gleichgestellt mit der elektromagnetischen Wechselwirkung und der schwachen Wechselwirkung. Diese formale Gleichheit bildet die Grundlage der Vereinheitlichungsversuche der vier Kräfte des Universums in einem allgemeineren und dann sicherlich noch aufschlußreicheren Modell des innersten Wesens der Materie.

Die Elementarteilchen

An dieser Stelle möchte ich einen vergleichenden Überblick über die Elementarteilchen geben. Die primäre große Unterteilung trennt fundamentale Teilchen von vektoriellen Teilchen. Bleiben wir zunächst bei den fundamentalen Teilchen, also denjenigen, die gewissermaßen das Wesen der Materie des Kosmos auszumachen scheinen. Es sind drei

Familien, von denen nur die erste eine bedeutende Rolle in der «gewöhnlichen» Materie spielt, d. h. in den üblichen Zuständen des Kosmos, anderen also als denen der ersten Zeitpunkte des Urknalls oder denen der Hochenergie-Phänomene, wie denen, auf die man in den Wechselwirkungen der kosmischen Strahlung trifft.

Diese erste Familie teilt sich in zwei Untergruppen auf: die Quarks und die Leptonen, grob unterschieden in schwere und leichte Teilchen. Unter den Quarks befinden sich die u und d; und unter den Leptonen das Elektron und das Elektron-Neutrino. Bezüglich ihrer elektrischen Ladungen haben die Teilchen der ersten Familie die folgenden Werte:

E	n	u	d
-e	O	2e/3	-e/3

Jedes Teilchen hat ein Antiteilchen, mit entgegengesetzten Ladungen. Eine Farbladung haben die Leptonen nicht, während die Quarks die Ladungen R, V oder B besitzen können. Bezüglich der schwachen Ladungen gilt: nur die Teilchen mit linker Händigkeit und die Antiteilchen mit rechter Händigkeit besitzen eine solche: von +1/2 oder –1/2 (von beliebig gewählter Einheit der schwachen Ladung).

Der Spin

Zusätzlich zu ihren Masse-, Ladungs-, Orts- und Geschwindigkeitseigenschaften haben die Teilchen noch eine Kenngröße, die den Zustand ihrer Kreiselbewegung oder der Drehung um sich selbst beschreibt, den Spin. Genausowenig wie es in der Quantenphysik möglich ist, Geschwindigkeit und Lageort gleichzeitig genau zu messen (aufgrund der Unbestimmtheitsrelation Heisenbergs), können auch die vollständigen Merkmale des Spins nicht alle genau erfaßt werden. Meistens ist nur der Wert der Gesamtumdrehung bekannt (z. B. so und so viele Umdrehungen pro Sekunde) und die Komponente dieser Umdrehung in nur einer einzigen Raumrichtung (z. B. der Winkel, den die Rotationsachse mit der Fortpflanzungsrichtung bildet).

Zudem können diese beiden zugänglichen Größen nur gequantelte Werte annehmen. Diese grundlegende Eigenart der Quantenphysik, auf die wir bereits früher gestoßen sind, erklärt sich aus dem Wellenaspekt. Eine Analogie bilden die Wellen, die als stehende

Wellen auf einer Klaviersaite vorkommen. Die Grundwelle ist die, in der die Mitte der Saite am stärksten schwingt, während die zwei Enden selbstverständlich stillstehen. Somit besitzt die Grundwelle eine Wellenlänge, die gleich der doppelten Länge der Saite ist. Ihr entspricht die Grundfrequenz. Die übrigen möglichen Frequenzen sind Vielfache von ihr, die sog. Harmonischen, bei denen die Saite in ganzzahligen Teilstücken schwingt.

Beim Spin gilt dasselbe: es gibt eine Basisgröße, eine Grundeinheit, die direkt mit der Planckschen Konstanten zusammenhängt. So hat das Elektron den Spin 1/2 und sein Spin kann je nach Drehrichtung –1/2 oder +1/2 betragen. Im ersten Fall hat er eine sog. Linkshändigkeit oder negative Drehrichtung und im zweiten Fall eine Rechtshändigkeit oder positive Drehrichtung. Das Photon hat den Spin 1, und sein Spin kann je nach Geschwindigkeit –1 oder +1 betragen.

Die Teilchen mit – in diesen Einheiten – halbzahligem Spin sind Fermionen, und diejenigen mit ganzzahligen (oder Null-)Spin sind Bosonen. Diese beiden Bezeichnungen kommen daher, daß – insgesamt gesehen – ihr statistisches Verhalten unterschiedlich ist. Die ersteren folgen der Fermi-Statistik und die zweiten der von Bose.

Die zwei weiteren Familien ordnen sich so an:

Leptonen	Quarks	
2. Müon Müon-Neutrino	c	s
3. Tauon Tau-Neutrino	t?	b

Die Ladungen der drei Wechselwirkungen sind dieselben wie in der ersten Familie, aber die Massen sind größer.

Alle diese vektoriellen Teilchen haben den Spin 1/2 und sind also Fermionen.

Die vektoriellen Teilchen für die elektromagnetische Wechselwirkung sind die Photonen, ohne Ladung irgendwelcher Art und ohne Masse. Die starke Wechselwirkung erfolgt über die Gluonen, die elektrische Ladungen vom Vielfachen des e/3 und Farbladungen haben, die den Differenzen der Primärfarben R, V und B der Quarks ähneln:

V-B, B-R und R-V.

Die schwache Wechselwirkung schließlich erfolgt über die W, mit großen Massen und elektrischen Ladungen von +e, O oder –e.

Alle diese vektoriellen Teilchen, die als Träger der Wechselwirkungen dienen, sind Quanten der zugehörigen Wechselwirkungsfelder, haben den Spin 1 und sind also Bosonen. Erinnern wir noch daran, daß die Schwerkraft-Wechselwirkung über Gravitonen erfolgen könnte, ohne Ladung und ohne Masse, mit Spin 2.

Die Wechselwirkungen der Natur

Tabellen der Wechselwirkungen

Bevor wir die bedeutsame Frage der Vereinheitlichung der Wechselwirkungen in einer allgemeingültigeren Theorie ansprechen wollen, soll jede in einer Tabelle dargestellt werden, die ihre wichtigsten Eigenschaften zusammenfaßt. Im sehr komplexen mathematischen Formalismus der Theorie entsprechen diese Tabellen jeweils einer Matrix, die die Umformungen beschreibt, wie sie aufgrund der Gruppentheorie Rechnung ablegen von den verschiedenen Zuständen und Wechselwirkungen der Teilchen. Trotz ihrer Einfachheit enthalten die Tabellen eine Spur vom Wesen der physikalischen Vorgänge.

Um zu vereinfachen, wollen wir uns auf die Fermionen der ersten Familie beschränken. Es sind 8 an der Zahl: Elektron, Neutrino und die 6 Quarks u und d der 3 Farbladungen; dabei lassen wir auch ihre Antiteilchen beiseite.

Die einfachste Wechselwirkung ist die elektromagnetische. Sie findet statt zwischen Teilchen, die elektrisch geladen sind, z. B. zwei Elektronen E. Das Vektorboson ist ein Photon p. In einer Tabelle mit einer Linie, die das Fermion bei der Abstrahlung eines Bosons darstellt, und mit einer Spalte, die das Fermion beim Wiedereinfangen des Bosons enthält, gibt es nur ein einziges Kästchen, in das das Vektorboson p eingeordnet werden kann:

	E
E	p

Die schwache Wechselwirkung findet zwischen Teilchen statt, die eine schwache Ladung besitzen. Sie reduziert sich auf schwache Wechselwirkungen für das Paar Linkes Elektron EL und Linkes Neutrino nL oder für das Paar Linkes Quark u (uL) und Linkes Quark d (dL). Die Vektorbosonen sind die W. Hieraus resultieren die beiden Tabellen:

	EL	nL		uL	dL
EL	WO	W-	uL	WO	W+
nL	W+	WO	dL	W-	WO

So wandelt sich ein Quark u mit der elektrischen Ladung +2e/3 in ein Quark d um, mit einer elektrischen Ladung –2/3, unter Abstrahlung eines Boson W+; die elektrische Ladung bleibt dabei sehr wohl erhalten. Mit diesen Tabellen kann die genauere Beschreibung des Zerfalls eines Neutrons und seine Umformung in ein Proton erfolgen, wobei sich auf den Celluloidfolienblock zurückgreifen läßt, der die Raumzeit darstellt (Abb. 14). Unten im Bild ist das Neutron durch die 3 Weltlinien der 3 Quarks udd dargestellt, die aneinander gebunden unterwegs sind. Zu einem bestimmten Zeitpunkt strahlt eines der Quarks ein W– ab und verwandelt sich dadurch in ein u. Die 3 Quarks uud bilden nun ein Proton. Dann zerfällt das W– in ein Elektron und ein Antineutrino. Das Gesamtresultat dieser Vorgänge besteht darin, daß das Neutron ein Proton, ein Elektron und ein Antineutrino ergeben hat.

Die starke Wechselwirung schließlich ist zwischen Quarks allein über die Farbladungen wirksam, die Vektorbosonen sind dabei die Gluonen g. Die Tabellen haben nun 3 Linien und 3 Spalten; für die Quarks u z. B.:

	uR	uV	uB
uR	gR-R	gR-V	gR-B
uV	gV-R	gV-V	gV-B
uB	gB-R	gB-V	gB-B

So wird ein Quark B, das ein Gluon B-R abstrahlt, zu einem Quark R.

Die Theorie der 4. Wechselwirkung, derjenigen der Schwerkraft mit ihren Gravitonen vom Spin 2 als vektoriellen Teilchen, ist erheblich weniger weit entwickelt und wird von vielen Theoretikern bei ihren Bemühungen um eine Vereinheitlichung der Wechselwirkungen oft noch ganz außer acht gelassen.

Die Vereinheitlichung der Wechselwirkungen

Die erste erfolgreiche Vereinheitlichung zweier Wechselwirkungen wurde um 1967 durch Weinberg, Salam und Ward für die elektromagnetische und die schwache Wechselwirkung erreicht, was zum Begriff der «elektroschwachen» Wechselwirkung führte. Tatsächlich aber war für diesen Erfolg ein Preis zu zahlen: die Einführung eines neuen

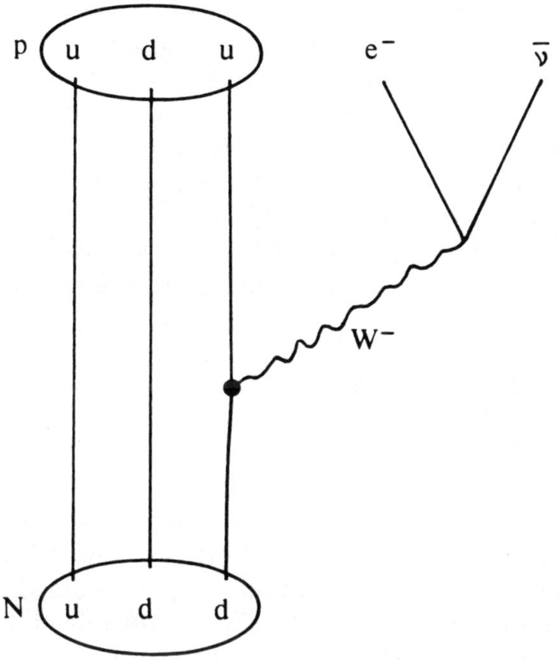

Abb. 14: Zerfall eines Neutrons durch schwache Wechselwirkung in ein Proton, Elektron und Antineutrino

massereichen, spinlosen Teilchens, des Higgs-Teilchens. Dieses Teilchen spielt eine sehr seltsame Rolle in der Theorie.

Das Vakuum würde normalerweise, wenn es sich also im Zustand des minimalen Energiegehalts befände, eine bestimmte Menge derartiger Teilchen enthalten, die durch den Higgs-Parameter gekennzeichnet wären. Dieser Parameter gleicht ein wenig einer Lichtstrahlung, deren Intensität die Zahl der Photonen festlegt. Damit das Vakuum wirklich frei von Higgs-Bosonen wäre, müßte man ihm Energie zuführen, um so zu erreichen, daß die Amplitude auf Null gedrückt würde.

Umgekehrt bedeutet dies, daß das «wirklich» leere, Higgs-Bosonenfreie Vakuum reich an latenter Energie ist, die nur darauf wartet, Form anzunehmen. Somit haben wir also eine neue erstaunliche Eigenschaft des Vakuums, die ihm, vor uns, von der fortgeschrittenen Quantenphysik zugesprochen wird. Dieser «Dynamit»-Aspekt des Vakuums spielt in der Theorie vom inflationären Universum eine erstrangige Rolle. Dadurch, daß es in das Universum eine gewaltige Energie hineinpumpt, verleiht es der Expansion des Alls einen blitzartigen gewaltigen Start, der bei weitem die bereits außergewöhnliche Heftigkeit des klassischen Urknalls, um den es in den früheren Kapiteln ging, übertrifft.

Ein anderer Effekt der Higgs-Teilchen besteht darin, daß er die Masse der W-Bosonen der schwachen Wechselwirkung vergrößert. Außerdem kann sich das derart veränderte WO-Boson mit dem Photon mischen und sich dabei in ein anderes ZO-Boson verwandeln, das eine von den W+ und W– verschiedene Masse besitzt. Die Tabelle der elektroschwachen Wechselwirkung sieht, z. B. für das Paar Elektron Links/Neutrino Links, so aus:

	EL	nL
EL	p;ZO	W–
nL	W+	ZO

Eine bedeutende experimentelle Bestätigung hat die elektroschwache Theorie durch die im CERN 1983 erfolgte Entdeckung der einander entsprechenden W+, W– und ZO-Bosonen und die Messung ihrer Massen erfahren. Massen, die mit der Theorie übereinstimmen: Die 90fache Masse des Protons für die W und die 100fache für das ZO. Diese Massen haben ihnen die Bezeichnung intermediäre Bosonen eingetragen.

Um all dem die Krone aufzusetzen, müßte nun nur noch das rätselhafte Higgs-Teilchen entdeckt werden…

Die jetzt noch mögliche Vereinheitlichung, die Große Vereinigung, ist bedeutend spekulativer und stellt derzeit nur ein theoretisches Konstrukt dar, das es noch zu bestätigen oder zu verwerfen gilt. Führt man die letzte Tabelle zur elektroschwachen Wechselwirkung und diejenige mit 3 Linien und 3 Spalten zur starken Wechselwirkung der Quarks zu einer einzigen Tabelle mit entsprechender Ausrichtung der Diagonalen zusammen, dann erhält man eine zumindest teilweise Füllung einer größeren Tabelle, mit 5 Linien und 5 Spalten:

	E	n	uR	uV	uB
E	p;ZO	W–			
n	W+	ZO		X	
uR					
uV		X		GLUONEN	
uB					

Den oberen linken Quadranten belegen das Photon und die intermediären Bosonen, den unteren rechten die Gluonen der starken Wechselwirkung, denen die Photonen und intermediären Bosonen, die ebenfalls mit den Quarks verknüpft sind, hinzuzufügen wären.

Die zwei in dieser Tabelle leergelassenen Felder sind mit X gekennzeichnet. Die Grundannahme der Theorie der Großen Vereinheitlichung ist die Vermutung, es könnte vektorielle Teilchen geben, die den Übergang von den fundamentalen Leptonen-Teilchen (Elektron und Neutrino) zu den fundamentalen Quark-Teilchen und umgekehrt gewährleisten würden.

Diese neuen, X genannten Teilchen, deren Zahl 12 beträgt (entsprechend der in der einfachsten Variante zu füllenden Felder), würden Wechselwirkungen zwischen Leptonen und Quarks ermöglichen, wobei sie elektrische, schwache und Farbladungen besäßen. Beispielsweise könnte – ohne allzusehr ins Detail einer sehr komplexen Theorie zu geraten – die elektrische Ladung der X-Teilchen die Werte –4e/3, –e/3 und +4e/3 annehmen.

Die paarweise mathematische Verknüpfung der 5 Grund-Fermionen der Tabelle macht macht es möglich, die Tabellen für die Fermionen mit entgegengesetztem Drehimpuls und für die Anti-Fermionen zu erhalten. Insgesamt käme man auf etwa 30 X-Bosonen mit unterschiedlichen Ladungen. Sie entsprächen der ersten Familie der vektoriellen Teilchen (der des Elektrons). Die Wiederholung dieser Schritte für die zweite Familie (dic des Müon) und für die dritte (die des Tauon) würde zur vollständigen Serie der Elementarteilchen in ihren verschiedenen möglichen Zuständen führen, einer Serie, die sich aus einem Ordnungsprinzip von großer Symmetrie und relativer Einfachheit ableiten würde und die die vorige Tabelle illustrierte.

Wie groß wäre die Masse dieser hypothetischen X-Teilchen? Die Berechnungen ergeben einen außerordentlich großen Wert: das 10^{15}- oder 1 Million-Millardenfache der Masse des Protons! Also die Masse einer lebenden Zelle von 10 Mikron Durchmesser. Und dies für ein extrem kleines Teilchen, für das die Reichweite seiner Wechselwirkung, wie sie durch seine Compton-Wellenlänge gegeben ist, nur 10^{-29} cm betragen würde.

Nie zuvor war die theoretische Elementarteilchenphysik so tief in die Bereiche des winzig Kleinen vorgedrungen; sie hatte bei 10^{-15} cm, bei den intermediären Bosonen, mit ihrer 100fachen Protonenmasse haltgemacht. Ruft man sich in Erinnerung, welcher Anstrengungen es im CERN beim Bau und bei der Nutzung riesiger Beschleuniger bedurfte, um die intermediären Bosonen zu entdecken, so ist es einleuchtend, daß die X-Bosonen außerhalb der Reichweite dieser Verfahren liegen. Abgesehen von einigen gewichtigen theoretischen Vorhersagen, wie z. B. der über die absolute Wertgleichheit der elektrischen Ladungen des Elektrons und des Protons und anderer, von relativer Bedeutung, die der Theorie durch die Experimente aufgebürdet wurden, werden die Bestätigungen oder Widerlegungen der Großen Vereinheitlichungstheorie aus anderen Bereichen kommen müssen. Einer dieser Bereiche ist der des Urknalls, bei dem die ins Spiel kommenden Energien derart gewaltig sind, daß X-Teilchen, wenn es sie überhaupt gibt, entstanden sein mußten. Sie müßten noch heute beobachtbare Spuren hinterlassen haben (entsprechend der Vorstellung vom inflationären Universum). Ein anderer Bereich ist der der seltenen Effekte, denen man mit Experimentieranlagen auf die Spur kommen könnte, bei denen mit großen Materiemengen und über lange Zeiträume gearbeitet wird (Versuch zur Messung des Protonen-Zerfalls).

Eine so große Ungleichheit der Massen der vektoriellen Teilchen bei der elektromagnetischen, der elektroschwachen Wechselwirkung und der Großen Vereinheitlichungstheorie von jeweils 0, 100 und 10^{15}mal der Protonenmasse zieht unmittelbare Konsequenzen nach sich. Die wichtigste ist die, daß diese Wechselwirkungen, mögen sie auch noch so vereinheitlicht und symmetrisch sein, möglicherweise nicht unter allen Umständen zwangsläufig gleichwertig nebeneinander wirksam werden. Besonders auf niedrigem Energieniveau, bei tiefen Temperaturen oder auch bei großen Entfernungen werden die Teile der Theorie, die auf leichten vektoriellen Teilchen beruhen, die Oberhand gewinnen. Aber die anderen Teile der Theorie werden sich um so ausschlaggebender erweisen, je höher entweder die bei den Vorgängen in Erscheinung tretenden Energien oder je höher die Temperaturen oder je kleiner die Entfernungen sind, bei denen sie ablaufen.

So müssen die Wechselwirkungen am Anfang des Universums (bei hohen Temperaturen) einheitlich und mit perfekter Symmetrie wirksam gewesen sein. Und im Laufe der kosmischen Zeit ist, mit zunehmend sinkenden Temperaturen, diese Symmetrie nach und nach verloren gegangen. Bei $10^{27°}$ können die X-Teilchen nicht mehr aus der Umfeldenergie entstehen, und bei $10^{15°}$ kommen die intermediären Bosonen zum Zug. In kosmischen Zeiten gerechnet entsprechen diese Schlüsseltemperaturen der Zeit zwischen 10^{-35} und 10^{-11} Sekunden, einem winzigen Zeitraum also verglichen mit der Epoche von einer Sekunde, in der das Grandiose Fresko seinen Auftakt nahm.

Dies deutet auf interessante Ereignisse. Mit dem allmählichen Absinken der Temperatur zerbricht in zwei kritischen Etappen die Symmetrie der Großen Vereinheitlichung, um sich letztendlich in 3 Wechselwirkungen aufzuteilen, wie sie in der Natur unter normalen Bedingungen vorzufinden sind. Die elektromagnetische, die schwache und die starke Wechselwirkung (ohne die Schwerkraft-Wechselwirkung mitzurechnen, die wir hier zunächst außer acht lassen). Diesem Bruch der Symmetrie wird eine sehr bedeutsame Rolle bei der Freisetzung des «Dynamits» des Vakuums zukommen, die wir im Zusammenhang mit den Higgs-Teilchen angesprochen haben.

Das Verschwinden der Materie

Es war die Entdeckung der kosmologischen 3°-Hintergrundstrahlung vor etwa 20 Jahren, die es letztlich möglich machte, das Große Fresko-Szenario zu skizzieren, weil sie den ersten Gipfelpunkt des Schicksals des Universums aufdeckte. Von diesem ausgehend eröffneten sich zwei Richtungen: auf die unbegrenzte Expansion oder eine erneute Kontraktion hin. Die allgemeine Relativitätstheorie hat uns dorthin geführt. Und nun, nach einem beschwerlichen Weg durch die Quantenphysik, taucht jenseits des Horizontes ein noch gewaltigerer Gipfel auf, der den Blick für eine andere außergewöhnliche Aussicht eröffnet: den letztendlichen Zerfall der Materie im Universum.

Kein Zerfall vom Typ «Neutron ergibt Proton» oder «Uran ergibt Blei», bei dem sich Materie (Nukleonen) noch in der Form von Materie ergibt (als verschiedenartige oder unterschiedlich angeordnete Nukleonen). Und auch keine Umwandlung vom Typ «Teilchen plus Antiteilchen von Materie-Antimaterie ergeben Energie» (Protonen und Antiprotonen, die sich in Photonen umwandeln), wobei die Antiteilchen vorher hergestellt werden mußten. Nein, hier handelt es sich schlicht und einfach um «Materie ergibt Energie», um «Nukleonen ergeben Photonen». Das Gespenst eines echten Verschwindens der Materie wird in bedrohlicher Weise sichtbar.

Unter metaphysischer Sicht ist dieses Phänomen von grundlegender Bedeutung für das Schicksal des Kosmos. Schon die relativitätstheoretischen Weltmodelle laufen auf ein im Maßstab von 100 Milliarden Jahren wenig hoffnungsvolles Schicksal hinaus. Auf die Hölle eines letztendlichen Zerschmetterns oder in die totale Kälte einer Expansion ohne Ende. Hier nun kommt es noch schlimmer. Wenn das Universum

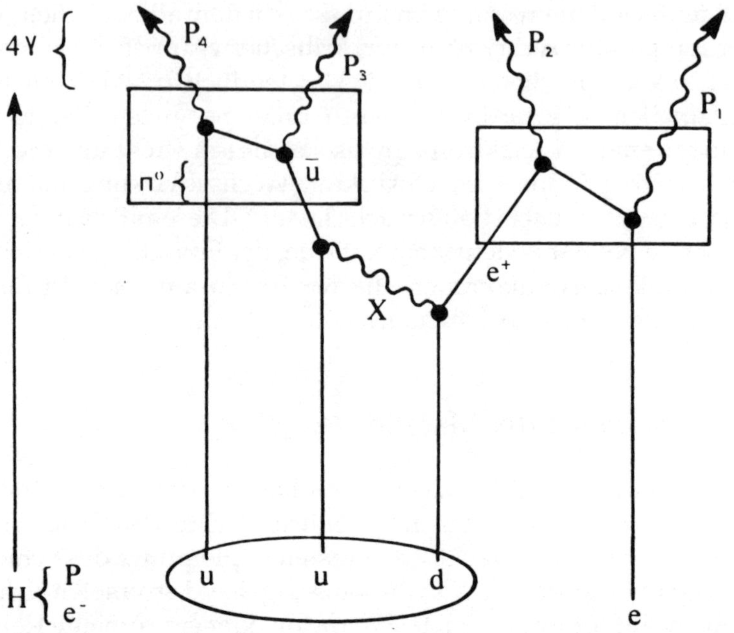

Abb. 15: Zerfall eines Wasserstoffatoms zu 4 Photonen durch die Wechselwirkung der Großen Unifikationstheorie

sich auf den Weg in die Kälte einläßt, dann werden nicht nur seine Energievorräte in der grenzenlosen Zukunft unendlich schrumpfen, sondern es werden auch seine Bausteine, seine Haut und Knochen, seine Grundmaterialien, kurzum seine Nukleonen verschwinden und zu reinen Photonen, diesen Energiegranulae der elektromagnetischen Strahlung werden. Sicherlich, das wird weder schon morgen geschehen noch in 10mal hundert Milliarden Jahren – die Fälligkeitsfrist liegt erst jenseits von 10^{32} Jahren. Auf jeden Fall, so wird der gesunde Menschenverstand sich sagen, dürfte in weniger als 10^{2} Jahren das Schicksal eines jeden von uns als Individuum bereits entschieden sein.

Nehmen wir uns nochmals den Celluloid-Raumzeit-Block vor und dazu den verbreitetsten Baustein im Universum, ein Wasserstoffatom (Abb. 15). Seine Weltlinie, die von unten nach oben verläuft, setzt sich aus 2 Linien zusammen: aus der des Protons und der des Elektrons, die aneinandergekoppelt ihre Bahn ziehen, in etwa 10^{-8} cm Entfernung voneinander. Die des Protons ist ihrerseits aus 3 Linien zusammengesetzt, denen der Quarks u, u und d, die ebenfalls aneinandergekoppelt sind, aber auf viel engerem Raum, in etwa 10^{-13} cm Entfernung voneinander.

Aufgrund der Ablaufschemata der Theorie der Großen Vereinheitlichung kann sich ein Quark d mit der elektrischen Ladung –e/3 umwandeln in ein Positron e+ durch Abstrahlung eines X-Bosons mit der Ladung –e/3. Das Elektron e– des Wasserstoffatoms kann seinerseits ein Photon P1 abstrahlen, was einen Knick in seiner Weltlinie hervorruft. Und es kann dann auf das Positron treffen; ihre beiden Linien laufen zu einem erneuten Knick zusammen, von dem ein anderes Photon P2 ausgeht. Die rechte Seite des Feynman-Diagramms stellt das typische Schema der Vernichtung eines Elektrons und eines Positrons durch deren Umwandlung in zwei Photonen dar. Insgesamt betrachtet sind das Elektron des Wasserstoffatoms und das Positron, das das Quark d des Protons beigesteuert hat, als es ein X-Boson abstrahlte, vernichtet und in zwei Photonen umgewandelt worden (im Zweifelsfall Gammaphotonen wegen der bereits im Spiel befindlichen bedeutenden Massen).

Was dieses X-Boson angeht, so kann es durch eines der Quarks u des Protons mit der Ladung 2e/3 wieder eingefangen werden, das sich damit in ein Anti-Quark u mit der Ladung –2e/3 umwandelt.

Was bleibt vom Proton übrig? Ganz einfach ein u und ein Anti-u, d. h. ein Pion piO, das wie das Elektron und das Antielektron zerfallen und dabei zwei Photonen P3 und P4 hervorbringen wird (noch energiereichere Gammaphotonen).

Zusammenfassend und insgesamt bilanziert hat sich ein handfestes und festkörper-«solides» Wasserstoffatom zu 4 Gammaphotonen verflüchtigt. Das ist es, was die Theorie der Großen Vereinheitlichung der Materie verheißt. Nicht nur, daß jegliche Hoffnung auf greifbare Härte und Kompaktheit der Materie, wie sie die prähistorischen Feuersteine symbolisch verkörpern, ersetzt wurde durch die Vorstellung eines schrecklichen Vakuums, das nur spärlich mit Nukleonen besetzt ist, sondern darüber hinaus können diese Nukleonen sich in einem nicht rückkgängig zu machenden Blitz zu reiner Energie verflüchtigen.

Wie groß ist die Wahrscheinlichkeit, daß ein Wasserstoffatom auf diese Art und Weise seine ruhmreiche Karriere beendet? Für diesen Vorgang müssen verschiedene Bedingungen erfüllt sein. Die unabdinglichste ist die, daß das durch das Quark d des Protons abgestrahlte X-Boson auf eines seiner beiden Quarks u treffen kann. Nun, die Theorie der Großen Vereinheitlichung spricht dem X eine sehr große Masse zu.

Das abgestrahlte, in dieser Wechselwirkung virtuelle X-Boson hat also eine winzige Reichweite, von 10^{-29} cm, und es ist unbedingt notwendig, daß es innerhalb dieser Strecke von ihr ein u trifft.

Ich kann nicht umhin, in diesem Zusammenhang die große Leere aufzuzeigen, in der sich dieses Aufeinandertreffen abspielen müßte. Für das virtuelle X, das sich nicht weiter als auf 10^{-29} cm entfernen kann, befindet sich das u, auf das es treffen muß, im Mittel in einer Entfernung von 10^{-13} cm, der Ausdehnung eines Protons, also bei dem 10^{16}fachen Aktionsradius des X. Die Situation ist identisch mit der eines Virus, das mit einem von zwei anderen Viren, die in einem Volumen von der Größe der Sonne verteilt wären, zusammentreffen sollte! Diese Maßzahlen und dieses Bild geben eine Vorstellung von der schwindelerregenden Leere, die das Nukleon darstellt. Bevor man zu den innersten Geheimnissen der Quantenphysik vorgedrungen war, schien ein Nukleon ein Volumen mit einem Durchmesser von 10^{-13} cm zu besitzen mit der beeindruckenden Dichte von 10^{15} g/cm^3. Seine innerste Struktur enthüllt sich nun erst wirklich. Tatsächlich ist ein Nukleon sehr wohl ein solches Volumen, aber es ist keineswegs mit mehr gefüllt als vergleichsweise die Sonne mit 3 Viren (die 3 Quarks). Hieraus also bestünde die Materie des Kosmos!

Letztlich verleiht diese außergewöhnliche Leere dem Wasserstoff eine sehr geringe Wahrscheinlichkeit, zu zerfallen; noch sehr vorläufige Berechnungen ergeben eine Lebensdauer von 10^{31} bis 10^{33} Jahren. Diese Schätzungen sind gewaltig. Die Lebensdauer würde mehr als das Tausend Milliarden Milliardenfache des derzeitigen Alters des Universums darstellen!

Das theoretische Interesse an dieser Frage hat die Experimentatoren der ganzen Welt dazu veranlaßt, Versuche zur Registrierung des Zerfalls des Wasserstoffs zu unternehmen. Natürlich geht es dabei nicht darum, daß man ein Atom über 10^{31} oder 10^{33} Jahre betrachten würde, um zu beobachten, zu welchen Zeitpunkt es gefälligst verschwinden würde. Der Grundansatz ist gerade umgekehrt der, daß man eine sehr große Anzahl Atome beobachtet, um zu sehen, wie viele in einem Monat oder in einem Jahr zerfallen.

Über einige Jahre hinweg durchgeführte Experimente der USA, der Sowjetunion, Japans, Italiens und Frankreichs, bei denen Zehntausende Tonnen Materie überwacht wurden, die man, um sie vor Störfaktoren aus der kosmischen Strahlung abzuschirmen, in bis zu 8000 m tiefen Berkwerkstollen eingegraben hat, haben bisher nur negative Resultate erbracht. Die Lebensdauer des Wasserstoffs beträgt demnach mindestens 10^{32} Jahre. Wird vielleicht demnächst ein positives Ergebnis dieses für die Theorie der Großen Vereinheitlichung so bedeutsamen Testversuchs zu erwarten sein?

Sub-Quarks, Supersymmetrie und Superschwerkraft

In der Theorie der Großen Vereinheitlichung werden die Leptonen (Elektronen und Neutrinos) mit den Quarks gleichgestellt, so daß sie eine einzige Folge von Fermionen mit Spin 1/2 bilden. Die Wechselwirkungen zwischen diesen Fermionen erfolgen über den Austausch einer ganzen Reihe von Bosonen mit Spin 1: Photonen, intermediäre Bosonen, Gluonen und X, zu denen die Higgs-Bosonen mit Spin 0 und vielleicht sogar die Gravitonen mit Spin 2 hinzukommen.

Diese Grundreihe enthält etwa 30 Teilchen, und die Zahl Hundert ist rasch überschritten, wenn man Antiteilchen hinzuzählt und mit 3 multipliziert, um die zweite und dritte Familie einzubeziehen. Erinnert die Situation nicht unmittelbar an diejenige der Atomkerne und ihrer Bestandteile, der Nukleonen? Mußte man nicht auch da Unterbestandteile von begrenzterer Anzahl suchen, um durch ihre zahlreichen Kombinationen die große Reihe von Teilchen erklären zu können, die nur deshalb elementar erschienen, weil ihre Analyse nicht genügend vertieft worden war?

Gilt es, Unterbestandteile aufzufinden, so muß man sie in einem äußerst kleinen Größenbereich suchen. In der Tat zeigt die große Genauigkeit, die durch die Quantenelektrodynamik und die Hochenergieexperimente an Elektronen erreicht wurde, daß das Elektron in jeder Hinsicht bis zu einer Größenordnung von 10^{-16} cm als punktförmig anzusehen ist. Nichts weist darauf hin, daß es eine gröbere Struktur oder Unterstruktur als dieses Maß besäße.

Mehrere Theoretiker haben diese Spur verfolgt. Derzeit sind die Erklärungsversuche, die gewisse Erfolgschancen haben, zahlreich, was zugleich besagt, daß keine voll und ganz befriedigt. Ich will nur eine einzige anführen, um eine Vorstellung von den eventuellen Möglichkeiten zu vermitteln. Würde man Harari folgen, so gäbe es nur zwei Subquarks: das T und das V, das erstere mit der elektrischen Ladung e/3 und mit den möglichen Farbladungen R, V oder B; das zweite mit der elektrischen Ladung O und den entgegengesetzten Farbladungen. Diesen beiden Subquarks würden die zwei Anti-Subquarks antiT und antiV. Das wäre auch schon alles.

Die Kombinationsspielregel, mit der man die Leptonen oder die

Quarks erhalten würde, ist sehr einfach. Man bringt drei Subquarks oder drei Anti-Subquarks zusammen, unter Ausschluß jeder anderen Mischung. So würde VVV ein Neutrino, AntiT.antiT.antiT ein Elektron, TTV ein Quark u, antiV.antiV.antiT ein Quark d usw. ergeben. Das jeweilige Ergebnis läßt sich durch die Ladungsbilanz bestätigen. Das Bedeutsamste dabei ist, daß so einfache Bestandteile und Regeln zur kompletten Serie für die erste Familie führen und daß einige geheimnisvolle Beziehungen zwischen Farbe und elektrischer Ladung eine Erklärung finden, wie auch die Tatsache, daß die Leptonen keine Farbladung haben.

In einer derartigen Modellvorstellung ist ein Proton ein Gebilde aus 9 Subquarks, die auf 3 Pakete aufgeteilt sind. Ein Feynmansches Raumzeit-Diagramm zeigt ohne Schwierigkeiten, daß der Zerfall des Protons sich als einfacher Austausch eines V und eines T zwischen zwei Paketen erklärt, dem eine Neugruppierung der Subquarks zu zwei verschiedenen Paketen folgt, wobei ein Positron und ein Pion piO erzeugt werden (Abb. 16).

Derartige Ergebnisse sind gewiß ermutigend, aber es fehlt eine gut gezimmerte Theorie dazu, und hier und da treten große Schwierigkeiten auf. Es ist zu früh, um über die Zukunftschancen derartiger Versuche bereits ein Urteil zu fällen. Wie aber soll man nun vorankommen? Es gilt, experimentell durch noch leistungsfähigere Teilchenbeschleuniger die Struktur der Elektronen noch feiner als bis zu 10^{-16} cm zu erforschen. Man muß dahin gelangen, daß man den Zerfall des Protons beobachten kann; oder den von Teilchen aus den beiden anderen Familien bis ins Kleinste verfolgen kann. Aber derartige Vorhaben können 1–2 Jahrzehnte in Anspruch nehmen. Trotz der erstaunlichen Erkenntnisfortschritte über Struktur und Natur der Materie bleibt noch ein langer und harter Weg zu bewältigen, um sie abzusichern.

Seit einigen Jahren sind theoretische Ansätze in der Richtung auf eine noch weitergehende Symmetrie aufgekommen. Ein solcher Ansatz, die Supersymmetrie oder Susy, vermutet, daß die Fermionen der Grundreihe der Elementarteilchen (Elektronen, Neutrinos, Quarks) und die Bosonen ihrer Wechselwirkungen ähnliche Rollen spielen und dies trotz ihrer großen Verschiedenheiten im statistischen Verhalten. In diesen Vorstellungsmodellen ist die Raumzeit, zusätzlich zu ihren üblichen 4 Dimensionen, mit weiteren Dimensionen ausgestattet, die «fermionische» Koordinaten darstellen und so einen «Superraum» bilden. In diesem Superraum liefert das mathematische Rüstzeug Symmetrien, die die Theoretiker in höherem Maß befriedigen, und es führt zu einer fest um-

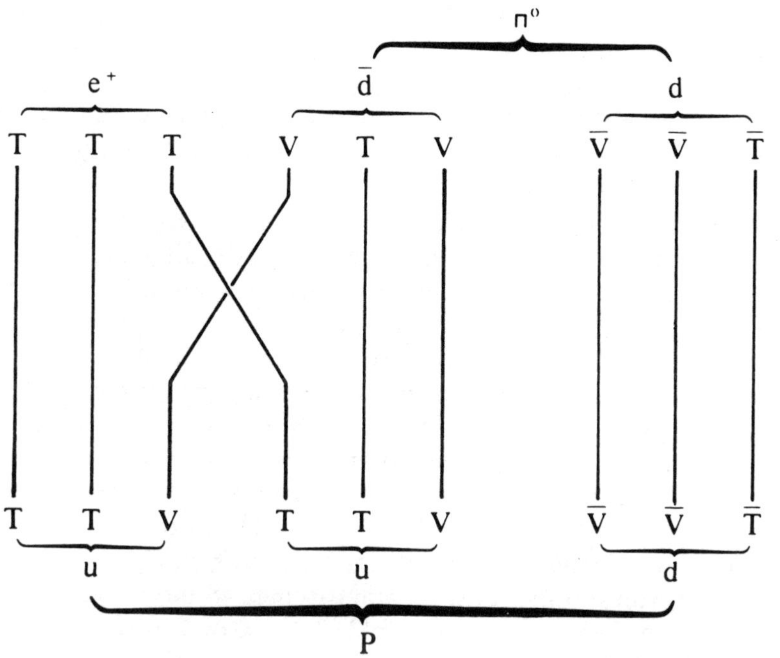

Abb. 16: Zerfall eines Protons zu einem Positron und einem pi0 aufgrund des Reaktionsschemas der Super-Quarks V und T

grenzten (obwohl noch sehr großen) Zahl von Elementarteilchen, die als Fermionen- und Bosonen-Partnerpaare, die sich in Bezug auf die Symmetrien entsprechen, in Gruppen zusammengefügt werden. Hieraus resultieren neue hypothetische Teilchen: das Photino als Partner des Photons, die Leptinos, die Quarkinos, die Gravitinos etc. Es gibt übrigens sehr viele von ihnen, und zugleich gibt es (derzeit, und bis wie lange?) für keines von ihnen einen experimentellen Beweis. So haben sich die Kosmologen, ein wenig verwirrt, aber doch daran interessiert, Kandidaten zu finden, die Einfluß auf die Expansion des Universums haben könnten, damit abgefunden, sie insgesamt als «...inos» zu bezeichnen.

Werden neue experimentelle Möglichkeiten es erlauben, diese Hypothesen zu testen? Denn jede wissenschaftliche Hypothese muß den Test der Beobachtung bestehen, um mehr als ein frommer Wunsch oder eine reine Spekulation sein zu können. Leider gelangen allzuoft, was sich in diesem Zusammenhang nur bedauern läßt, völlig unsinnige Hypothesen, in falschem pseudowissenschaftlichem Gewand, ohne strenge wissenschaftliche Prüfung direkt in die Öffentlichkeit – zu deren größter Verwirrung. Die Susy ihrerseits aber legt eine prüfbare Vorhersage vor: das Proton sollte, anstatt zu einem Positron und einem PiO zu zerfallen, die derzeit erforscht werden, zu einem Müon und einem Kaon (einem Teilchen der «Fauna») zerfallen. Die experimentelle Prüfung wird derzeit ernsthaft ins Auge gefaßt.

Was wird bei diesen Vereinheitlichungsversuchen aus der Wechselwirkung der Schwerkraft? In der Form, in die die allgemeine Relativitätstheorie sie gebracht hat, gründet die Schwerkraft auf der geometrischen Krümmung der Raumzeit. Seit langem ist eine andere Spur, ähnlich der, die die Quantenphysik erfolgreich verfolgte, untersucht worden, bei der die Schwerkraft-Wechselwirkung durch vektorielle Teilchen mit Spin 2, die Gravitonen, vermittelt wäre (die bisher nicht gemessen werden konnten). Diese beiden Sehweisen scheinen voneinander diametral entgegengesetzt zu sein. Vor etwa 10 Jahren jedoch haben die Supersymmetrieansätze gezeigt, daß in der Tat eines ihrer theoretischen Modelle, das der Superschwerkraft, zu einem Superraum mit «Superkrümmung» und geometrischer «Supertorsion» führen könnte, in dem Fermionen mit Spin 3/2 (die Gravitinos) mit Bosonen vom Spin 2 (den Gravitonen) wechselwirken würden.

Vom Gesichtspunkt der Beobachtung her hat es die äußerst genaue Untersuchung eines Doppelpulsars möglich gemacht, in den zurückliegenden Jahren eine Vielzahl von Phänomenen, die die allgemeine Relativitätstheorie vorhergesagt hat, zu verifizieren. Es bleibt nur ein kleiner Restposten bei der Verlangsamung des Pulsars unaufgeklärt, aber dieser Restwert entspricht exakt der Energiemenge, die – ebenfalls der Relativitätstheorie zufolge – in der Form von Schwerkraftwellen von dem Doppelgestirn abgestrahlt werden sollte. Es könnte also beinahe ein Beweis für die Existenz derartiger Wellen greifbar sein. Das heißt für rhythmische Raumkrümmungen, die sich wie elektromagnetische Wellen ausbreiten würden. Werden, wenn weitere Fortschritte gelingen sollten, eines schönen Tages die Partikel dieser Wellen, die Gravitonen, entdeckt werden? Und weshalb sollten es dann nicht möglicherweise sogar die sehr hypothetischen Gravitinos sein?

Das Ende des Tunnels ist noch nicht in Sicht. Und doch wird man auch hier am anderen Ende ankommen. Die zwei Pfeiler der Physik des 20. Jahrhunderts, die Relativitätstheorie und die Quantenphysik, müssen tatsächlich miteinander verschmelzen, damit es gelingt, das Universum und – ganz besonders – seine vor ihm liegende Entwicklung noch besser zu verstehen.

VI
Das inflationäre Universum[1]

Im 4. und 5. Kapitel haben wir die relativitäts- und quantentheoretischen Aspekte des Universums zur Sprache gebracht, die sich aus den beiden großen Theoriebildungen dieses Jahrhunderts – der allgemeinen Relativitätstheorie und der Quantenphysik – ergeben. Trotz ihrer Erfolge bei der Erklärung zahlreicher und z. T. recht seltsamer experimenteller oder auf Beobachtung beruhender Fakten sind diese beiden Theorien noch unvollendet und bedürfen einer noch stärkeren Synthesebildung. In dieser Richtung mögliche Denkmodelle sind vielversprechend, aber ohne experimentelle Grundlage. Die Supersymmetrie-, die Superschwerkraft- und selbst die Theorie der Großen Vereinheitlichung befinden sich erst in einem zwar aussichtsreichen, aber sehr vorläufigen Entwurfsstadium. Dennoch gilt, wie Sciama bei einem kürzlichen Symposium betonte: «Es fällt schwer zu glauben, daß alles falsch und/oder illusorisch wäre. (. . .) Wir sind nun einmal die Zeugen dafür, daß für das Verstehen des Universums neue vorstellungsmäßige Möglichkeiten auftauchen.»

Das 4. Kapitel wird noch gewagter und riskanter werden. Es ist ein angenehmes Gefühl, wenn man sich auf eine vielversprechende Fährte verlegt und die gestellten Fallen nicht vor sich zu verbergen sucht, sondern mit mutigem Schritt vorläufig überspringt, um dann zu sehen, ob der Weg auf neue Erkenntnishorizonte hinausläuft oder ob er endgültig in eine Sackgasse führt. Andererseits dürfte es einen gewissen Reiz darstellen, Wissenschaftler auf einem etwas verrückten, aber dennoch verstandesmäßig kontrollierten Ausflug zu begleiten – der Weg kann zu außergewöhnlichen Ausblicken führen.

---

1 in Anlehnung an den englischen Ausdruck «inflationary universe»

Die Bilanz des Urknalls

Das Szenario des Urknalls, wie es in dem Grandiosen Fresko skizziert ist, hat positive Aspekte. Es entwickelt sich ganz natürlich aus einer Theorie, die durch eines ihrer relativitätstheoretischen Weltmodelle gut begründet ist, es erklärt die Fluchtbewegung der Galaxien, die kosmologische Hintergrundstrahlung und die primäre Häufigkeit von Wasserstoff und Helium, eine Folge der Atomkernsynthese nach der ersten Viertelstunde. Es erklärt auch eine mögliche Übereinstimmung zwischen dem Alter des Universums, wie es aus dem Alter der ältesten Sterne abgeleitet werden kann, der Materiedichte im Kosmos, wie sie aus der Verteilung der Galaxien geschätzt wird und der Ausdehnungsgeschwindigkeit des Weltalls, die durch die Hubble-Konstante angegeben wird. Zudem steht es in Einklang mit der Uniformität des Universums im großen Maßstab, also seiner Homogenität und seiner Isotropie.

Auf dieser positiven Seite der Bilanz sind dennoch einige Posten noch nicht festgeschrieben: der Abbremsfaktor, d. h. die Geschwindigkeit, mit der sich die Ausdehnung abschwächt (oder gar beschleunigt) ist durch Beobachtungsdaten noch nicht mit genügender Genauigkeit bestimmt. Ebensowenig wie bisher die Raumkrümmung; ermöglichen es doch die Beobachtungsdaten noch nicht einmal zu entscheiden, ob es sich um einen kugelförmigen oder einen hyperbolischen Raum handelt. Was andererseits ein Hinweis darauf ist, daß die Wirklichkeit vielleicht nahe beim in der Mitte liegenden euklidischen Modell zu finden ist. Und dann ist auch die kosmologische Konstante, dieser Ausdruck, der unter dem Blickwinkel einer über große Entfernungen wirksamen kosmischen Abstoßung mathematisch auf so natürliche Weise in die Einsteinschen Gleichungen eingeht, auch wenn sie einen kleinen Wert besitzt, noch zu wenig aufgeklärt.

Wie stellt sich die Bilanz des Urknalls auf der Negativseite dar? Nicht glänzend; die Theorie hat einige große Schwierigkeiten:

1. Es gelingt ihr nicht, die gleichsam perfekte Isotropie der kosmologischen 3°-Hintergrundstrahlung zu erklären. Der Grund ist einfach. Diese Strahlung ist in jeder beliebigen und in jeder dazu jeweils diametral entgegengesetzten Richtung gleich; also sind die Gegenden, aus denen diese beiden Strahlungen stammen, so weit voneinander entfernt, daß sie sich im Laufe der Expansion des Alls niemals weder direkt noch auch indirekt in physischem Kontakt befinden konnten. Jede Gegend liegt außerhalb, ja weit außerhalb des kosmologischen Horizon-

tes der anderen Gegend. Deshalb ist es unerklärlich, wieso sie im gleichen Zustand sein sollten. Soviel zum Thema Isotropie.

2. Derzeit liegt die Raumkrümmung, für die noch nicht endgültig entschieden ist, ob sie sphärischer oder hyperbolischer Natur ist, nahe Null. Und dies nach etwa 15 Milliarden Jahren Entwicklungsgeschichte des Universums. Die Gleichungen für die Entwicklung der Weltmodelle enthalten die Aussage, daß die Raumkrümmung eine Sekunde nach dem Urknall extrem genau nahe Null sein mußte. Anders ausgedrückt besagt dies, daß der Raum von Anfang an quasi-euklidisch hätte sein müssen. Das Szenario des Urknalls liefert hierfür keine Erklärung. Soviel zum Problem der Ebenheit des Raums.

3. Rechnet man einerseits die Materie der Galaxien und Galaxienhaufen auf und vergleicht sie dann mit der Aufrechnung der Photonen des Kosmos, in erster Linie derer der 3°-Strahlung, so ergibt sich, daß im Universum ein Atomkern auf eine Milliarde Photonen kommt. Warum aber liegt die Relation Nukleonen/Photonen bei einer Milliarde? Auch hier wiederum gibt die Urknalltheorie keine Antwort. In der Tat ist diese scheinbar harmlose Frage aufs engste mit derjenigen nach der Herkunft der Materie im Universum verknüpft.

Soweit die Hauptproblempunkte. Probleme, die die Theorie der Großen Vereinheitlichung, wenn man sie auf die allerersten Augenblicke des Urknalls anwendet, lösen zu können scheint, insbesondere durch das Szenario des inflationären Universums.

Die Inflation des Universums

Der Phasensprung aus dem Nichts

Der «Sprengstoff» des Vakuums liefert dem inflationären Universum die Energie, und ein Phasensprung setzt die Energie frei. Ein vertrauter Phasenübergang ist die Umwandlung von flüssigem Wasser in Eis. Unter einem Phasenübergang versteht man die sprunghafte Veränderung eines Körpers von einem physikalischen Zustand in einen anderen. Wasser z. B. kann in drei verschiedenen physikalischen Zuständen vorkommen: im dampf- oder gasförmigen, hier liegen die Moleküle klar voneinander getrennt vor, im flüssigen Zustand, in dem die Moleküle ungeordnet eng zusammengedrängt sind und schließlich im festen oder kristallinen Zustand, in dem die Moleküle auch eng zusammengedrängt sind, dabei aber gezwungen werden, Anordnungen mit sehr regelmäßigen wechselseitigen Abständen einzunehmen.

Wasser kennt also drei mögliche Phasenübergänge, von denen zwei – der Übergang von Gas zu Flüssigkeit und Flüssigkeit zu Kristall – unter üblichen Luftdruckbedingungen bei 100° und 0° stattfinden. Beschäftigen wir uns noch etwas näher mit dem Übergang von Flüssigkeit zu Kristall, der die größere Ähnlichkeit zu demjenigen des Vakuumsprengstoffs hat. Die Zustände Wasser und Eis unterscheiden sich im wesentlichen in 2 Merkmalen.

1. Der Flüssigzustand ist völlig symmetrisch.

Im flüssigen Wasser gibt es keine Vorzugsrichtung; die Eigenschaften des Wassers sind in jeder Richtung dieselben. Im Gegensatz dazu ist im kristallinen Zustand die Symmetrie gebrochen. Entlang der Hauptachsen des Kristallgitters sind die Eigenschaften verschieden von denen, die man in anderen Raumrichtungen beobachten kann, seien es optische, mechanische oder andere. Mit dem Übergang zwischen den beiden Zuständen, vom flüssigen zum kristallinen, bricht auch die Symmetrie in der physikalischen Theorie zusammen, die die Eigenschaften des Wassers beschreibt.

2. Der kristalline Zustand ist energieärmer als der Flüssigzustand.

Den Beweis hierfür liefert die Tatsache, daß man, um Eis in flüssiges Wasser umzuwandeln, Wärme zuführen muß. Ganz nach der Funktionsweise der früheren Eismaschinen: das Eis, das den süßen Kern umgibt, absorbiert die von außen kommende Wärme, benutzt sie, um durch sie zu schmelzen, und hindert sie so daran, daß sie bis zu dem Speiseeiskern vordringt. Oder man muß, wie im gerade umgekehrten Fall, um flüssiges Wasser in Eis umzuwandeln, Energie abführen, was die Technik eines Gefrierschranks bewerkstelligt, wenn sie Eiswürfel herstellt. Dieser Unterschied des Energieniveaus zweier Zustände des Wassers beruht darauf, daß die Wassermoleküle, die in der strengen Ordnung des Kristallgitters fixiert sind, miteinander in stärkerer Wechselwirkung sind (durch ihre peripheren, in dieser Hinsicht günstig plazierten Elektronen), als wenn sie im ungeordneten flüssigen Zustand aneinanderstoßen.

Für das Vakuum, gemäß der Theorie der Großen Vereinheitlichung, ist die Lage ähnlich. Dieses sehr spezielle Vakuum ist mehr oder weniger dicht von Higgs-Bosonen durchsetzt (bisher noch durch keine experimentelle Entdeckung bestätigte Teilchen: eine erste Falle auf dem Weg). Der Energiegehalt des Vakuums, sein Energieniveau, hängt von der Intensität der Higgs-Bosonen ab. Wie beim Wasser gibt es im wesentlichen zwei Niveaus.

1. Ein hochenergetisches Niveau, das dem flüssigen Wasser entspricht, auf dem die Dichte der Higgs-Bosonen gleich Null ist und auf dem das Vakuum völlig symmetrisch ist.

2. Ein energieärmeres Niveau, das dem Eiszustand entspricht, auf dem eine gewisse Anzahl Higgs-Bosonen vorhanden ist und in dem diese sich aufgrund von Vorzugswerten ihrer Eigenschaften anordnen, in etwa wie es mit den Vorzugsrichtungen im Kristallgitter der Fall ist. Dieser energieärmere Niveauzustand kommt nur unterhalb einer bestimmten kritischen Temperatur (die Theorie setzt sie bei 10^{27} Grad an) vor, wie es Eis nur unterhalb von 0° gibt.

Also kann das Vakuum unterhalb der kritischen Temperatur von 10^{27} Grad einen Phasenübergang zwischen einem symmetrischen, hochenergetischen Zustand ohne Higgs-Bosonen und einem energieärmeren Zustand mit gebrochener Symmetrie, mit einer bestimmten Anzahl dieser Bosonen, besitzen. Wenn das Vakuum aus dem ersten symmetrischen Zustand in den zweiten eines Vakuums mit gebrochener Symmetrie übergeht, setzt es eine (der Theorie nach gewaltige) Energie frei, die dem Differenzbetrag der Energien der beiden Zustände entspricht. Auf diese Weise würde der «Sprengstoff» des Vakuums bei diesem Phasensprung freigesetzt.

Die Inflation des Weltraums

Das Grandiose Fresko zeichnete die Geschichte des Universums von der ersten Sekunde bis zum heutigen Alter von 15 Milliarden Jahren nach. Es vermittelte auch eine bescheidene Vorstellung von der möglichen «nahen» Zukunft, bis etwa zu 100 Milliarden Jahren. Hingegen enthüllt es nichts über die weiter zurückliegende Vergangenheit, zwischen 0 und 1 Sekunde. Eben in diese Vorgeschichte aber fügt sich das Szenario des inflationären Universums ein.

Springen wir also auf Anhieb in das Zeitalter von 10^{-35} Sekunden zurück. Es fällt im üblichen Sprachgebrauch und sogar in dem eines kosmologischen Astronomen schwer, sich eine so kurze Zeitdauer vorzustellen. Dehnt man eine Sekunde so weit, daß sie den Zeitraum der derzeit erreichten 15 Milliarden Jahre ausfüllen würde, dann würde aus einer 10^{-35}tel Sekunde eine 10^{-18}tel Sekunde, eine immer noch unvorstellbar kleine Zeitspanne, 10 000fach kürzer als die kürzeste im Labor bisher erreichte Zeitmarke. Dennoch behält die 10^{-35}tel Sekunde im Rahmen der Theorie voll und ganz ihren Sinn, und es ist in der Tat ein Triumph des menschlichen Verstandes, daß er damit beginnen konnte, sich so nahe an den Zeitpunkt Null heranzuwagen.

Bei 10^{-35} Sekunden ist das Universum, das sehr heiß und sehr dicht ist, in Ausdehnung begriffen, und es kühlt ab, wie es dies – entsprechend den Gleichungen der allgemeinen Relativitätstheorie für relativitätstheoretische Weltmodelle – in den späteren Zeiträumen des Freskos tun wird. In diesem wichtigen – und doch oftmals übersehenen! – Zeitraum ist die Temperatur im Kosmos auf 10^{27} Grad abgefallen. Dieser Zeitraum ist entscheidend, denn bei dieser Temperatur besitzen die Photonen die Energie, die der Masse der X-Bosonen in der Theorie der Großen Vereinheitlichung entspricht. Also werden ab diesem Zeitpunkt die X nur noch virtuell vorhanden sein können, während sie vorher tatsächlich existierten und sich im thermischen Gleichgewicht in mit anderen Teilchen vergleichbarer Anzahl befinden konnten. Hierin liegt übrigens die Ursache des Symmetriebruchs in der Theorie der Großen Vereinheitlichung – zu diesem 10^{-35}-Sekunden-Zeitpunkt.

Die wichtigste Folge ist die, daß das bis dahin symmetrische Vakuum sich durch einen Phasenübergang in ein Vakuum mit gebrochener Symmetrie verwandelt. Tatsächlich findet dieser Phasenübergang nicht notgedrungen sofort statt. Es kann dabei, ganz wie beim Wasser, Phänomene der Unterkühlung geben. Sehr langsam und sehr homogen abgekühltes flüssiges Wasser kann bis zu mehreren Grad unter Null flüssig bleiben, insofern es keine Unreinheiten enthält oder sonstige Störungen – wie z. B. Schocks – erfährt; es ist dann unterkühltes Wasser mit einer Temperatur unter 0°. Aber ein Schock führt unmittelbar dazu, daß es zu Eis wird, denn er setzt urplötzlich die Energie frei, die für einen Phasensprung notwendig ist.

Dasselbe kann dem Universum widerfahren. Es kann einen Zeitaufschub geben, bis das symmetrische Vakuum sich in ein Vakuum mit gebrochener Symmetrie verwandelt. Dann aber wird jeder Kubikzentimeter Raum, selbst wenn er unter 10^{27} Grad abgekühlt wird, die gewaltige Energie in sich enthalten, die dem Zustand des symmetrischen

Vakuums entspricht, den «Sprengstoff» des Vakuums. Obwohl dieser Sprengstoff nicht explodiert, weil sich die Phasenumwandlung noch nicht vollzieht, wird er doch das Verhalten der Raumausdehnung völlig verändern, denn er verleiht ihr ein bedeutend rascheres Tempo als die «gewöhnliche» Expansion des klassischen Urknalls.

Hierin liegt das Geheimnis der inflationären Ausdehnung des Weltraums verborgen, deren Konzeption und theoretische Entwicklung im wesentlichen auf A. H. Guth vom Massachusetts Institute for Technology (MIT) und A. D. Linde vom Lebedev-Institut in Moskau stammen – ein schönes Beispiel für die Universalität der wissenschaftlichen Forschung. Leider begreift der gesunde Menschenverstand deren tatsächliches Funktionieren nur sehr schwer. Kurz gefaßt geht es um folgendes: Jeder Kubikzentimeter Raum enthält eine gewaltige Energie, die aus dem symmetrischen Vakuum stammt, und diese Energie bleibt in jedem Kubikzentimeter dieselbe, ganz egal wie der jeweilige Raum sich später entwickelt. Unter dem Gesichtspunkt des Vakuums gesehen scheint dieses Phänomen ein ganz natürliches zu sein, da ein Kubikzentimeter Vakuum eben ein Kubikzentimeter Vakuum ist, unabhängig von der Art, in der das Volumen des Raums sich entwickelt, in dem dieser Kubikzentimeter sich befindet.

Im Hinblick auf das Verhalten des Raums hingegen bedeutet dies, daß im Laufe seiner Ausdehnung dem Universum mehr und mehr Energie zugeführt wird. Um einen anderen Vergleich zu ziehen, jedes Stück Raum verhält sich wie ein Kautschukblock: je dicker es – von der Ausdehnung aufgebläht – wird, desto mehr lädt es sich mit Energie auf, da man in seine elastischen Fasern Energie einspeisen muß. Das Vakuum verhält sich wie ein Gas mit «negativem» Druck. Dieser negative Druck führt einen zusätzlichen Faktor, die kosmologische Konstante, in die Einsteinschen Gleichungen ein, und dessen Einführung ist mathematisch ebenfalls völlig in Ordnung. Sie wirkt auf die Ausdehnung ein wie eine kosmische Abstoßkraft.

Diese kosmische Abstoßkraft, die stets konstant und unerschöpflich ist, wirkt sich derart aus, daß sie die Ausdehnung des Raums mit einer explosiven Wachstumsrate, also exponentiell vorantreibt; mit einer Antriebskraft, die sich ständig erneuert statt sich im Laufe ihrer Anstrengungen zu erschöpfen. Das Ergebnis davon ist, daß der Weltraum von der 10^{-35}-Sekunden-Epoche an seine Ausdehnung alle 10^{-34} Sekunden verdreifacht. Aufgrund der Theorie soll diese «Inflation» bis zum Zeitpunkt 10^{-32} Sekunden (zu dem die Unterkühlung aufhören würde) anhalten. Während dieses Zeitraums hätte der Weltraum seine Ausma-

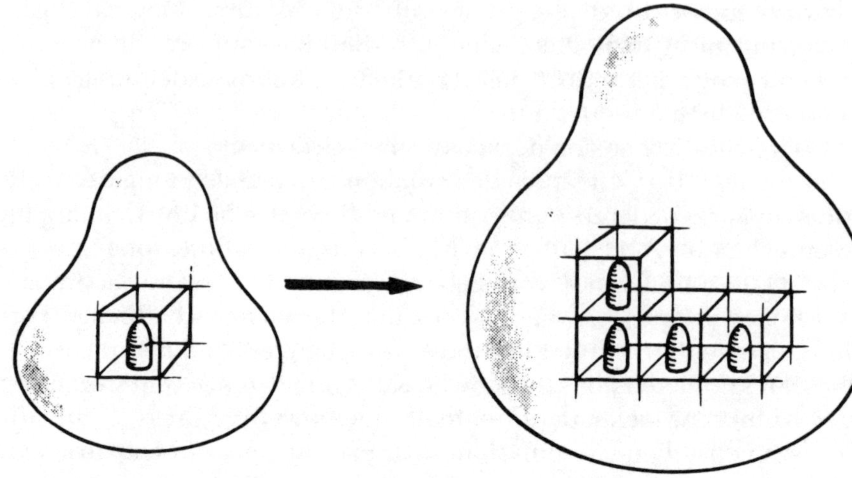

Abb. 17: Ein beliebiger Raumteil enthält im Laufe seiner Expansion mehr und mehr Kubikzentimeter, von dem jeder mit einer Sprengstoffration bestückt ist

ße mehr als 100mal in der Folge verdreifacht: $3 \times 3 \times 3 \ldots = 10^{50}$mal insgesamt. Dies wäre die inflationäre Ära der Raumausdehnung.

Beschreiben wir in möglichst verständlicher Sprache diesen außergewöhnlichen Zeitraum zusammenfassend: das Universum, das von einem sehr verdichteten Zustand des Raums und einem sehr heißen symmetrischen «Vakuum» – der großen Vereinheitlichungstheorie – aus startete, hat unter dem Einfluß der Energie dieses Vakuums einen Zeitraum inflationärer Ausdehnung durchlaufen, der etwa 10^{-32} Sekunden dauerte. Seine Ausmaße haben dabei eine riesige Erweiterung erfahren, und als Zugabe ist für jeden der (aus dem Nichts) «freigesetzten» neuen Kubikzentimeter eine gewaltige Energie in der Form des symmetrischen Vakuums hinzugekommen. Das Großartige im ersten Abschnitt dieses Szenarios liegt darin, daß außer der Eroberung von zusätzlich für das Universum verfügbarem Raum dieser Raum gleichzeitig mit Sprengstoff versorgt wurde (Abb. 17). Wenn diese Theorien den zukünftigen Entwicklungen unseres Wissensstandes standhalten sollten, dann wird es viel Stoff zum Nachdenken für metaphysische Grübler geben.

Und danach? Die Unterkühlung muß ihrem Ende zugehen, denn die Temperatur ist unter 10^{27} Grad gefallen, bedeutend tiefer also als sie beim vergleichbar viel gedämpfteren Ablauf eines normalen Urknalls abgesunken wäre. Daraus ergibt sich ein brutaler Übergang in die Phase des Vakuums mit gebrochener Symmetrie, unter sofortiger Freisetzung der Energie des Sprengstoffs des symmetrischen Vakuums. Dies wäre der zweite Entwicklungsabschnitt.

Hierauf folgt ein dritter Abschnitt des inflationären Szenarios: diese gewaltige, überall – in allen Kubikzentimetern des Raums – freigesetzte Energie erhitzt das Universum wieder auf nahezu 10^{27} Grad. Die große Menge der Higgs-Bosonen, die beim Übergang zum Vakuum mit gebrochener Symmetrie in Erscheinung trat, gelangt zu bedeutenden Energien und gibt Anlaß zur Entstehung vieler Teilchenarten. Fermionen wie z. B. Nukleonen und Antinukleonen, Bosonen wie z. B. Photonen, W- und Z-Bosonen, etc. Der Weltraum, der bisher nur das symmetrische Vakuum war, bevölkert sich.

Zum Zeitpunkt 10^{-32} Sekunden entsteht das Universum in seiner eigentlichen gewohnten Form. Das Vakuum hat seine Energie verloren, und das Weltall ist nun – statt vom Vakuum – von jeglicher Art von Teilchen bevölkert. Das ganze Gebilde hat eine beachtliche Temperatur, nicht weit von 10^{27} Grad. Die gedämpftere Ausdehnung des normalen Urknalls läuft ab und mündet zum Zeitpunkt 1 Sekunde schließlich in den Anfang des Grandiosen Freskos, das seinerseits bis zum Heute, 15 Milliarden Jahre danach, führt. Wer könnte, wenn dieses Szenario bestätigt würde, noch behaupten, die erste 10^{-32}tel Sekunde der Geschichte des Kosmos sei unbedeutend im Vergleich zu den Milliarden Folgejahren? Gewiß niemand.

Der gesamte Kosmos im Volumen eines Apfels?

Um die wesentlichsten Konsequenzen des inflationären Zeitraums auch wirklich zu erkennen, gilt es ernsthafter als je die «10 hoch N»-Potenzen in Anspruch zu nehmen, denn die Werte, um die es dabei geht, liegen weit außerhalb der Vorstellungskraft des gesunden Menschenverstandes. Am besten überblickt man die Situation, wenn man vom Heute aus den Weg in die Zeit zurückverfolgt. Derzeit dehnt sich das beobachtbare Universum bis zu nahezu 15 Milliarden Lichtjahren aus, die kosmische 3°-Strahlung ist das am weitesten entfernte beobachtete «Objekt», ganz nahe am kosmologischen Horizont. Geht man bis zur 10^{-32}tel Sekunde zurück, zum Ende des inflationären Zeitraums, dann zeigen die in diesem Bereich gültigen Gleichungen der relativitätstheoretischen Weltmodelle der normalen Urknalltheorie, daß das ganze beobachtbare Universum damals nur 10 cm Durchmesser hatte. Es hätte also im

Volumen eines großen Apfels voll und ganz Platz gefunden! Und zu Anfang des inflationären Zeitraums, bei 10^{-34} Sekunden, wäre dieser Apfel mit einem Durchmesser von 10^{-49} cm noch 10^{50}mal kleiner gewesen.

Womit läßt sich diese vom physikalischen Standpunkt aus gesehen außerordentlich kleine Dimension in Verbindung bringen? Diese Frage ist bedeutsam. Die Antwort: ganz einfach mit der Größe des damaligen kosmologischen Horizontes. Seine Abmessungen sind durch die maximale Entfernung gegeben, die eine mit Lichtgeschwindigkeit sich fortpflanzende Botschaft in 10^{-34} Sekunden überbrücken kann, also etwa 10^{-24} Zentimeter.

An dieser Stelle müssen wir nochmals auf das unterkühlte Wasser zurückgreifen, das zu Eis wird. Bei diesem plötzlichen Phänomen gefriert nicht alles Wasser auf einmal in seinem Gesamtvolumen zu einem einzigen Kristall; ganz im Gegenteil bilden sich unendlich viele kleine verschiedene Kristalle aus, die kreuz und quer aneinanderliegen. Dazu kommt es aufgrund von zwei Umständen. Zunächst gilt, daß, wenn die Symmetrie des flüssigen Wassers zur Unsymmetrie des kristallisierten Wassers zerbricht, diese Symmetrielosigkeit sich in einer unendlichen Formenvielfalt darstellt, d. h. daß die Kristallgitter räumlich in sehr verschiedene Richtungen orientiert sein können. Zweitens gilt, daß während des plötzlichen Phänomens der Umwandlung zu Eis keinerlei Information die nötige Zeit hatte, sich von einem eventuellen Koordinierungszentrum aus auszubreiten, um so allen Teilbereichen die Anweisung zukommen zu lassen, sie sollten eine einzige und für alle gleiche Orientierung einnehmen. Die Kristallisierungsvorgänge sind individuell gesteuert abgelaufen, also ungeordnet, so daß sie zu einem Durcheinander unabhängiger Kristalle führen, die desto kleiner ausfallen, je rascher der Prozeß abläuft.

Für das Universum ist die Situation vergleichbar. Wenn das unterkühlte symmetrische Vakuum sich zu «gefrorenem» Vakuum mit gebrochener Symmetrie umwandelt, dann gibt es eine ganze Reihe von Bereichen, die kreuz und quer durcheinander liegen und in denen das jeweilige Vakuum mit zerbrochener Symmetrie sehr verschiedene Eigenschaften besitzt. Die Größe dieser unterschiedlichen Vakuum-«Kristalle» wird durch die des kosmologischen Horizontes festgelegt, also 10^{-24} cm, die maximale Entfernung, die eventuelle – Koordinationszwecken dienende – Botschaften überbrücken können. Sofort ergibt sich hieraus, daß unser eigenes damaliges Universum, 10^{-49} cm groß, 10^{25}mal kleiner war als die Abmessungen der «Kristalle» des Vakuums mit gebrochener Symmetrie.

An dieser Stelle schlägt das erste entscheidende Resultat des Szenarios des inflationären Universums zu Buche. Die beobachtbare Welt kann, da sie so winzig im Vergleich zu ihrem «Kristall» ist, in ihm also nur einen kleinsten Teil belegt, sich dessen gewiß sein, daß sie nicht nur nicht mitten zwischen zwei unterschiedliche «Kristalle» gerät, sondern zudem auch, daß sie in ihrem Innern völlig homogene Verhältnisse haben kann. Von daher sind die Isotropie und die Homogenität des Kosmos, die doch durch die normale Theorie des Urknalls nicht erklärt werden können, nahezu garantiert.

Zweite bedeutsame Konsequenz: sollte unser «Kristall» von einem Raumteil abstammen, der eine gewisse Krümmung gehabt hätte, was durchaus plausibel und natürlich wäre, so würde sein Krümmungsradius – der infolge der Inflation des Raumes um den Faktor 10^{50} anwächst – sehr groß werden. So wird auf ganz natürliche Weise die schwache Krümmung des beobachtbaren Raums garantiert, wie sie sich an der Grenze zwischen dem sphärischen und dem hyperbolischen – nahe beim euklidischen – Fall ergibt, und die durch die normale Urknalltheorie keine Erklärung findet.

Diese beiden Ergebnisse stellen logische Konsequenzen aus der Inflationstheorie dar und verleihen ihr eine große Attraktivität, beweisen sie aber natürlich nicht. Diese ermutigenden Aspekte rechtfertigen aber, daß sich unsere Überlegungen eng an die erstaunlichen Konzepte, Ablaufanalysen und Resultate halten, wie sie durch diese Theorie entwickelt wurden. Es ist seinen – ebenfalls inflationären – Preis schon wert, zu erkennen, daß unser gewaltiges Universum von heute, mit seiner gesamten Materie und all seinen Gestirnen in Milliarden Galaxien mit Milliarden Sternen, damals, als es wirklich entstand, also am Ende des inflationären Zeitraums, nicht größer als ein Apfel war und daß dieser Apfel aus einem «Vakuum»-Samenkorn entstand, das eine Milliarde Milliarde Milliarde Milliardemal kleiner war als ein derzeitiger Atomkern.

Die zweite Explosion

Die Geburt der Materie

Am Ende des inflationären Zeitraums war das Universum, das aus dem Vakuum, wie es die Theorie der Großen Vereinheitlichung interpretiert, hervorgegangen war, mit Raum und Energie ausgerüstet. In diesem

Raum und zu diesen Zeiten hat es sich mit dieser Energie seine Materie geschaffen. Die Eigenschaften des Diracschen Vakuums geben ein Beispiel von der Erzeugung von Teilchen- und Antiteilchenpaaren aus Energie. Zwei Photonen können z. B. aus dem Vakuum ein Elektron und ein Positron erzeugen, vorausgesetzt die beiden Photonen besitzen eine Energie, die größer ist als die Massenenergien der beiden Teilchen. Diese Bedingung ist erfüllt, wenn die Temperatur der Strahlung, die die Photonen liefert, größer als ein kritischer Wert von 10^{10} Grad ist.

Als das Universum nach dem Phasenübergang gewaltig aufgeheizt worden war, haben derartige Prozesse es mit einem Gemisch von Teilchen und Antiteilchen erfüllt. Aus Gründen eines statistischen Gleichgewichts waren die jeweiligen Mengen der einen und der anderen Teilchen von vergleichbarer Größe, es kam also ein Elektron oder ein Nukleon auf jeweils ein Photon oder anderes Boson.

Unglücklicherweise haben Materieteilchen und Antimaterie-Antiteilchen, die auf diese Weise entstanden sind, die unangenehme Tendenz, sich wieder miteinander zusammenzutun, so daß sie erneut Photonen ergeben, sobald die Temperatur der Strahlung unterhalb des kritischen Wertes absinkt, weil dann das statistische Gleichgewicht gestört ist. Materie und Antimaterie löschen sich unterhalb der kritischen Temperatur zu Energie aus. Demnach dürfte es im Universum weder Materie noch Antimaterie mehr geben. Wenn ein solches Schicksal an sich für einen Kosmos vorstellbar ist, dann war es doch nicht das Schicksal unseres Kosmos, sonst könnten unsere Materiegehirne heute nicht darüber nachdenken.

Was führt aus dieser Situation heraus oder, was dasselbe bedeutet, wie kann man zur gleichen Zeit die Beobachtungstatsache belegen, daß es im Universum ein Nukleon pro einer Milliarde Photonen gibt? Wenn die Natur, statt ein Antiteilchen pro Teilchen auszubilden, 999'999'999 Antiteilchen pro 1'000'000'000 Teilchen hervorgebracht hätte, dann bliebe nach den wechselseitigen Vernichtungen gerade ein Teilchen pro 1 Milliarde Photonen übrig.

Andrei Sacharow hat 1967 als erster klar aufgezeigt, unter welchen Bedingungen diese kleine Symmetrieabweichung bei der Herstellung von Teilchen und Antiteilchen auftreten konnte. Zwölf Jahre danach stand fest, daß die Theorie der Großen Vereinheitlichung diese Bedingungen gewährleisten konnte. Zu einem bestimmten Stadium gelingt, dank der X-Bosonen, die Umwandlung der Antiquarks in Antileptonen ein ganz klein wenig leichter als die der Quarks in Leptonen. Die Berechnungen sind zwar noch sehr ungewiß, ja soweit ungewiß, daß einer ihrer Urheber bei einem Symposium nicht zögerte, zu gestehen: «Eine Zahl aus diesem Morast herauszuholen kommt der Kunst gleich, aus einer Aminosäuresuppe ein Karnikel hervorzuzaubern!» Aber ein Überlebensvorsprung von einem Milliardstel zugunsten der Teilchen und zum Nachteil der Antiteilchen ist möglich, so daß sich damit das Problem des zahlenmäßigen Nukleonen/Photonen-Verhältnisses erklären ließe: der dritte durch die normale Urknalltheorie nicht erklärbare Punkt.

Zusammenfassend und als provozierende, aber wohl kaum zu weit getriebene scherzhafte Bemerkung formuliert, besagt dies: Wenn es in unserem heutigen Universum Materie gibt, dann erstens weil die Materie instabil ist, denn diese leichte Asymmetrie zwischen Teilchen und Antiteilchen beruht z. T. auf denjenigen Vorgängen, die für die Instabilität des Protons verantwortlich sind; und zweitens, weil die Materie nicht von Anfang an vorhanden war, was im Gegensatz zu den Ansichten steht, die man bisher mehr oder weniger gelten ließ. Ein drittes Argument läßt sich hinzufügen. Dieser wunderbare Zustand scheinbarer Widersprüche wird nicht ewig dauern, denn die Protonen müßten letztendlich irgendwann wieder zerfallen.

So stellt sich die Geburt der Materie aus der Sicht der Theorie der Großen Vereinheitlichung und der des inflationären Universums dar. Wenn die Zukunft diese Betrachtungsweisen nicht Lügen strafen sollte, wird es auch Stoff genug zum Nachdenken über das Schicksal zerbrechlicher Rauhreifverzierungen geben, wie sie eine Fensterscheibe, die drauf und dran ist, in Stücke zu zerbersten, schmücken könnten.

Die längste Sekunde

Der verrückte, aber kontrollierte Wettlauf, den die Physiker-Kosmologen in den letzten Jahren auf der Spur der Theorie des inflationären Universums veranstaltet haben, gelangt an sein Ziel. Bei dem Phasenübergang im Zeitpunkt 10^{-32} Sekunden hat sich der Kosmos plötzlich aufgeheizt und hat in einem Ausbruch, der als «2. Explosion» des Universums bezeichnet werden kann, den normalen Urknall zustandegebracht.

Was wird dabei aus den Bosonen? Die bei dieser 2. Explosion geschaffenen X sind drauf und dran, zu verschwinden, denn die Temperatur des Universums sinkt schnell ab. Kurz davor haben sie gerade noch Zeit, die Übergänge zu einem 1-Milliardstel-Übergewicht der Quarks über die Antiquarks ein klein wenig zu begünstigen.

Wenn die Temperatur aufgrund der weiteren Ausdehnung noch weiter absinkt, teilt sich die elektroschwache Theorie ihrerseits auf. Sie spaltet sich in die Theorie von der schwachen Wechselwirkung und die des Elektromagnetismus, durch ein erneutes Zerbrechen der Symmetrie. So kommt es zu einer zweiten Einspeisung von Energie ins Universum bei etwa 10^{-12} Sekunden, die aber eine bedeutend geringere Heftigkeit als die frühere aufweist.

Dann, wenn die Temperatur unter 10^{15} Grad fällt, zum Zeitpunkt 10^{-11} Sekunden, verschwinden die intermediären Bosonen der schwachen Wechselwirkung. Von den Bosonen bleiben nur noch die Photonen übrig. Im Laufe der weiteren Ausdehnung des Universums kühlen sie zunehmend ab, um schließlich heute die bekannte kosmologische 3°-Hintergrundstrahlung abzugeben.

Was die Nukleonen angeht, die auf der Grundlage der übriggebliebenen Quarks gebildet wurden, so gilt, daß sie sich stets in Begleitung von Nukleonen- und Antinukleonenpaaren befanden, die aus energiereichen Photonen entstanden waren. Aber diese Photonen konnten, als die Temperatur weiter absank und sie deshalb nicht mehr die Massenenergie der Nukleonen erreichen konnten, keine neuen mehr produzieren. So haben sich zum Zeitpunkt von 1 Mikrosekunde also die Teilchenpaare vernichtet und lediglich die übriggebliebenen Nukleonen blieben erhalten. Die Häufigkeiten der u- und d-Quarks haben sich aus statistischen Gleichgewichtsgründen ausgeglichen, es gab also damals ebenso viele Neutronen wie Protonen.

Von seiten der Leptonen kamen die Elektronen und Antielektronen (Positronen) sowie die Neutrinos und Antineutrinos hinzu, alle ebenfalls im thermischen Gleichgewicht. Die Neutrinos sind – obwohl sie zu den unbedeutendsten Teilchen gehören – von größter Bedeutung für das zukünftige Schicksal des Universums. Ohne elektrische Ladung, mit Null- oder fast Nullmasse, mit nach neueren Messungen auf jeden Fall kleinerer Masse als dem 10 000sten Teil der Masse des Elektrons und mit einer flüchtigen Wechselwirkung mit anderen Teilchen über die schwache Wechselwirkung. Dennoch könnte ihr übermäßiges Vorkommen im Kosmos ihnen eine vorrangige Bedeutung für die Entwicklung seiner Dichte und seiner Ausdehnungsgeschwindigkeit verleihen.

Beim Zeitpunkt von 1/2 Sekunde hatte sich das Universum in einem Maß verdünnt, daß die Neutrinos sich aufgrund der Schwäche ihrer Wechselwirkung aus dem Verband mit den anderen Teilchen gelöst haben. Sie haben sich von allem Übrigen abgekoppelt und besitzen seither eine unabhängige Ausdehnungsart, wie die Photonen der 3°-

Strahlung es seit einem sehr viel späteren Zeitpunkt (bei 300 000 Jahren) getan haben. Aus ihrer Anzahl zum Zeitpunkt der Abkopplung, zu dem sie sich noch im statistischen Gleichgewicht mit den übrigen Teilchen befanden, leitet sich ihre derzeitige Anzahl ab: 100 pro Kubikzentimeter. Diese Zahl ist gewaltig groß. Die Neutrinos und Antineutrinos erreichen so die zweite Stelle der Bevölkerungsdichte des Kosmos, hinter den Photonen der 3°-Strahlung, von denen 400 auf einen Kubikzentimeter kommen.

Die anderen Leptonen sind zum Zeitpunkt 1/2 Sekunde noch in einer mit der der Nukleonen und Antinukleonen vor einer Mikrosekunde vergleichbaren Situation. Elektron-Positron-Paare, die aus der Strahlung entstanden sind, sind mit den bei der 2. Explosion übriggebliebenen Elektronen vermischt. Diese verdanken ihr Bestehen derselben Unsymmetrie, die durch die X-Bosonen für die Quarks zustandekam. Aus diesem Grund sind die übriggebliebenen Elektronen genauso zahlreich vertreten wie die übriggebliebenen Protonen, was die Ladungsneutralität der Materie im Kosmos garantieren wird.

Eine halbe Sekunde später sind die Photonen nicht mehr in der Lage, die Elektron-Positron-Vernichtungen durch die Schaffung neuer Paare zu kompensieren. Es überleben allein die restlichen Elektronen. Das Universum besitzt eine Temperatur um 10 Milliarden Grad und ist eine Sekunde alt. Es ist angefüllt von Photonen, Elektronen, Protonen in mit den Elektronen vergleichbarer Anzahl aufgrund der gemeinsamen Herkunft aus der Asymmetrie bei der 2. Explosion, von Neutronen in mit den Protonen vergleichbarer Zahl aufgrund der Quark-u-/Quark-d-Symmetrie bei dieser 2. Explosion und schließlich von unabhängigen Neutrinos und Antineutrinos. Die Bühne ist vorbereitet für den Start des Grandiosen Freskos.

Die wichtigsten Ereignisse der ersten Sekunde der Geschichte des Universums machen den Eindruck einer großen Periode der Reinigung, des Abklärens, des Ordnens des dichten und heißen Wirrwarrs von Teilchen, der durch die 2. Explosion hervorgebracht worden war. Sie hinterläßt nur die meistgewohnten Bestandteile des Universums, die wir im «Universum auf den ersten Blick» angetroffen haben.

Ihre für die nachfolgenden 15 Milliarden Jahre so bedeutsame Rolle gestattet es, diese erste Sekunde als «die längste Sekunde» zu bezeichnen. Unter den etwa 10^{17} übrigen Sekunden, die seither auf sie folgten, war keine einzige von gleichgroßer Bedeutsamkeit. Keine wird je eine ähnliche erreichen, es sei denn, das Universum würde sich wieder zusammenziehen und in umgekehrter Richtung nochmals einen Urknall durchlaufen, einen großen Einsturz, bei dem die letzte Sekunde eine vergleichbare Bedeutung hätte, allerdings für ein Nimmerwiedersehen. Diese Möglichkeit besitzt im Rahmen der Theorie des inflationären Universums keinen besonderen Stellenwert. Die Ausdehnung dürfte eher ad aeternam fortschreiten, mit einer relativ geringen Fahrgeschwindigkeit. Das Schicksal des Universums würde so in eine weite Zukunft einmünden.

Für uns, die wir jeweils über etwa 10^9 Sekunden verfügen, wird jene Sekunde, in der unser Herz seinen letzten Schlag tun wird, die einzige sein, der eine mit der der längsten Sekunde vergleichbare Bedeutung zukommt.

Der Zeitpunkt Null

In Richtung auf den Zeitpunkt Null

Das intellektuelle Abenteuer der Inflationstheorie des Universums läuft auf außergewöhnliche Perspektiven hinaus, die gewiß zu neuen Sehweisen der Kosmologie führen, sowohl für das derzeitige Universum, die Ebenmäßigkeit seines Raums z. B. als auch für seine Uranfänge, für deren erste 10^{-32}tel Sekunde, die kurz vor der 1. Explosion liegt, sich ein plausibles Szenario entwickeln läßt.

War der Weg mit unüberwindlichen Fallen gepflastert? Eigentlich nicht. Und doch soll man sich nicht trügerischen Hoffnungen hingeben: es gibt große Schwierigkeiten. Die hauptsächliche ist der noch rudimentäre Zustand der Theorie. Technische Probleme liegen in den eigentlichen Berechnungen, den grob vereinfachenden Näherungen, der willkürlichen Wahl von ad-hoc-Modellen. Diejenige gut gezimmerte Theorie, bei der man wüßte, was man tut und wohin man mit hohem Maß an Sicherheit geht, gibt es noch nicht (und wird man sie je auf diesem Pfad finden?).

Die große Sorge der Theoretiker liegt darin, daß der beobachtete Wert der kosmologischen Konstanten (die die kosmische Abstoßkraft, die sich von der Energie des Vakuums ableitet, zahlenmäßig kennzeichnet) sehr klein ist, äußerst klein im Vergleich zu dem Wert, den sie nach der Theorie gehabt hätte, als der «Sprengstoff» des Vakuums den Raum in seine inflationäre Zeitperiode hineinführte. Wie das Vakuum von einem gewaltigen Energieniveau auf fast Null springen konnte, bleibt unverständlich. Für manche bleibt, solange dieser

Punkt nicht aufgeklärt ist, die Inflationstheorie unglaubwürdig. Für andere gilt, daß es einen zu entdeckenden, bisher unbekannten physikalischen Mechanismus geben könnte, der zu einer kosmologischen Konstante Null führen würde.

Bei aller Logik der Dinge ist das Ende des Weges noch nicht erreicht, zumal die Theorie der Großen Vereinheitlichung, die Ausgangsbasis bei diesem Abenteuer, bisher nur den Versuch wagt, lediglich drei der Wechselwirkungen in der Natur (die starke, die schwache und die elektromagnetische) zu vereinheitlichen und die vierte (die der Schwerkraft) beiseite läßt. Auch gehen die Blickrichtungen zunehmend mehr auf die Supergravitation – via Supersymmetrie – hin. Bedauerlicherweise sind diese Erweiterungen noch in einem embryonalen Entwicklungszustand, und nur wenige Physiker sind im Umgang mit ihrem komplexen Formalismus vertraut. So ist das erste Handbuch zu diesem Thema, das für die auf fortgeschittenem Niveau arbeitenden Physiker gedacht ist, erst 1984 erschienen. Derartige Initiativen werden wahrscheinlich die Fortschritte auf diesem Weg beschleunigen.

Die Grundvorstellung ist die, daß wenn man noch näher an den Nullzeitpunkt – also vor 10^{-35} Sekunden, zu dem die Theorie der Großen Vereinheitlichung noch gültig wäre – herankäme, die Schwerkraft mit den anderen Wechselwirkungen der Natur vereinheitlicht sein könnte. Zu welchem genaueren Zeitpunkt hätte dies dann stattfinden können? Die geläufigste Schätzung bringt die Plancksche Zeit ins Spiel. Sollte diese Zeit die Vereinheitlichung der Schwerkraft mit den relativitätstheoretischen und Quantentheorien darstellen, so müßte sich ihr Wert aus den diesen Bereichen eigenen Bestimmungsgrößen ableiten lassen. Aus der Schwerkraftkonstanten G für den ersten Bereich, aus der Planckschen Konstanten h und der Lichtgeschwindigkeit c für den zweiten Bereich. Nun, mit diesen drei Bestimmungsgrößen gibt es nur eine einzige mögliche Art, eine Zeitgröße, wie Planck sie entdeckte, zu berechnen. Sie beträgt 10^{-43} Sekunden.

Zu diesem Zeitpunkt von 10^{-43} Sekunden war das Universum noch stärker zusammengezogen und noch heißer als zum Beginn des inflationären Zeitraums, an dem die Temperatur bei 10^{32} Grad lag. Die Energie des Vakuums war auch noch 10^{20}mal größer. Ein allererster Phasenübergang hätte sich damals also ergeben müssen aufgrund der Abspaltung der Schwerkraftwechselwirkung aus der Supereinheit. Sofort danach hätte der Raum unter dem Druck der im statistischen Hochtemperaturgleichgewicht befindlichen Teilchen und Antiteilchen eine ganz normale Ausdehnung erlebt. Mit fortschreitender Ausdehnung hätten diese Teilchen sich abgekühlt, ihr Druck wäre schwächer geworden und so wäre die Energie des symmetrischen Vakuums der Theorie der Großen Vereinheitlichung vorrangig zur Geltung gekommen. Und zum Zeitpunkt 10^{-35} Sekunden wäre der Übergang zum inflationären Zeitraum gegeben, der zur 2. Explosion, zur längsten Sekunde und schließlich zum Großen Fresko geführt hätte.

Zahlreiche physikalische Prozesse hätten in dem Zeitraum zwischen 10^{-43} und 10^{-35} Sekunden ablaufen müssen, auch wenn diese Zeit auf den ersten Blick von vernachlässigbarer Dauer erscheinen könnte. Ihre Bedeutsamkeit aber erweist sich, wenn man 10^{-45} Sekunden maßstäblich als ein Jahr abbildet. Dann würde der zur Diskussion stehende Zeitraum 10 Milliarden Jahre umfassen! Leider ist die Theorie noch nicht weit genug fortgeschritten, um auch nur ahnen zu können, was alles während dieser Ur-«Äonen» der Universumsgeschichte geschehen sein mag.

Und vor dem Zeitpunkt Null?

Und vor der Planckschen Zeit? Bei 10^{-43} Sekunden war der kosmologische Horizont von 10^{-33} Zentimeter ausgedehnt und das gesamte heute beobachtbare Universum hatte einen Durchmesser von 10^{-55} Zentimeter, eine unvorstellbar kleine Größe, ein Nichts verglichen mit dem Apfel, dessen Größe es gleich nach dem inflationären Zeitraum erreichte. Das gesamte Universum gehörte in den submikrophysikalischen Bereich. Es mußte den Gesetzen der Quantenphysik gehorchen, war den Unschärferelationen unterworfen, ganz wie ein einfaches Elementarteilchen.

Insbesondere mußte dabei seine geometrische Struktur jede klare und eindeutig definierte Form verlieren. So hätte, wenn der Raum sphärisch gewesen wäre, eine – zweidimensionale – Aufnahme von ihm nicht eine schöne runde und glatt polierte Oberfläche einer ganz kleinen Kugel gezeigt. Vielmehr wäre sie eher übersät von Geschwülsten, würde Vertiefungen, Beulen, Löcher, Tunnel und abgelöste Tröpfchen aufweisen. Sie würde der «Oberfläche» eines kleinen Pakets aus Seifenwasserschaum gleichen. Die allgemeine Erscheinungsform wäre schon die einer Kugel gewesen, aber eben ohne klar bestimmbare Oberflächenstruktur.

Zudem war diese komplexe Geometrie ständigen Quantenfluktuationen unterworfen; unaufhörlich ging sie in plötzlichem und ungeordnetem Wechsel von einem schaumartigen Oberflächenzustand in einen anderen Zustand über. Die innerste Struktur des Raums war nicht eindeutig festgelegt, wie auch der genaue Zustand eines Elektrons dies nicht ist. Nur statistische Eigenschaften konnten dabei faßbar werden. Zu einem bestimmten Zeitpunkt hat die Form der Schaumkugel den oder jenen Durchmesser im statistischen Mittel, aber dieser schwankt ständig in komplizierter Weise um diesen Mittelwert. An einem bestimmten Ort der Kugel hat die Krümmung diesen oder jenen Mittelwert, aber auch hier, und auch von einem Ort zum anderen, wechselt diese Krümmung pausenlos und entspricht nur rein zufällig einmal einem terrassenartigen Vorsprung oder einem Nadelöhr, einer tiefen Furche, einer Blase etc.

Infolgedessen wäre die Physik darauf beschränkt, lediglich mehr oder weniger wahrscheinliche Zustände beschreiben zu können, wie dies für ein Elektron zutrifft, für dessen Vorhandensein an einem bestimmten oder an einem anderen Ort sie lediglich die Wahrscheinlichkeit mit so- oder soundsoviel Prozent veranschlagen kann. Es sieht ganz so aus, als ob der Zeitpunkt Null der Geschichte des Universums für alle Zeiten aus wesensmäßigen Gründen der Elementarphysik dem Zugriff durch ein klar strukturierendes Wissen entzogen sei. Nur Wahrscheinlichkeitsangaben wird es zum Zustand des Kosmos im Zeitpunkt Null geben können.

Weitere Schwierigkeiten tauchen auf bei der Rekonstruktion dieser Vergangenheit aus dem derzeitigen Zustand des Universums, aber sie sind von anderer Art und Größenordnung. Selbst wenn der Zustand des Universums zum Planckschen Zeitpunkt genau hätte beschrieben werden können und wenn er sich danach unter Einhaltung klarer Regeln in genau bestimmbarer Weise weiterentwickelt hätte, wäre zwar bis zum inflationären Zeitraum alles ganz zufriedenstellend erklärbar gewesen; dann aber käme die Katastrophe. Seine Grundordnungen werden durch die Aufheizung auf 10^{27} Grad, die die Freisetzung der Energie des Vakuums bewirkt, völlig zerstört. Bei einer derartigen Temperatur ist jede physische Struktur vernichtet, und es bleibt lediglich ein Gaszustand von Teilchen im statistischen Hochtemperaturgleichgewicht möglich, der unfähig dazu ist, auch nur die geringste Information über das, was davor war, zu geben.

Diese Zerstörung der im Kosmos enthaltenen Information über den Urzustand durch das Feuer stellt eine unüberwindliche Grenze für dessen Erforschbarkeit dar.

Andererseits erklärt ein solches Auswaschen eine ganze Reihe von Eigenschaften des Kosmos, seine Isotropie, seine Homogenität usw. und dies unabhängig davon, wie sein Urzustand wirklich war. Es liefert die Antwort auf die Frage nach den Anfangsbedingungen. Weshalb hat sich das Universum offenbar von Isotropie- und anderen Ausgangsbedingungen her entwickelt? Tatsächlich stammen diese offenbaren, aber nur vermeintlichen Anfangsbedingungen aus der 2. Explosion und sind unabhängig von den tatsächlichen noch früheren Anfangsbedingungen. Auch hier also läßt sich noch ein Pluspunkt zugunsten des Szenarios des inflationären Universums finden.

Aber sind die Physiker nicht unersättlich, ist es nicht trotz alledem möglich, die Frage, die jedermann sich in diesem Stadium stellt: «Und was war vor dem Zeitpunkt Null?» ernsthaft in Angriff zu nehmen? Diese Frage hat vielseitige Aspekte. Wie war das Universum eine Stunde vor dem Zeitpunkt Null? Gab es eine Stunde vorher überhaupt nichts? Gab es so etwas wie Zeit eine Stunde davor?

Folgt man den relativitätstheoretischen Weltmodellen, so kann die Ausdehnung sich in eine Kontraktion verwandeln, die zu einem, zum Urknall symmetrischen, Kollaps führt. Wenn das Universum zwischen Null und Planckscher Zeit keine quantenphysikalische Periode durchliefe und auch nicht während dieses Kollapses, wenn also die Gleichungen der allgemeinen Relativitätstheorie während dieser Entwicklungsphasen der Verdichtung Gültigkeit besäßen, dann könnte eine zusätzliche Hypothese eine Antwort auf die erste Frage geben, daß auf den Kollaps der Start eines erneuten Urknalls folgen würde. Dann aber ist es folgerichtig erlaubt, zu vermuten, daß das Universum sich vor dem Urknall in einer Kontraktionsphase befand. Dieses logische Schema hätte selbst für den Fall, daß die Ausdehnung unbegrenzt weiterginge, seine Gültigkeit. Davor hätte eine symmetrische Kontraktion stattfinden können, die in die Vergangenheit unbegrenzt weitergegangen wäre.

Diese Spekulationen werden durch den quantenphysikalischen Zeitraum zerschlagen, weil er mit seinen elementaren Unsicherheiten nicht so einfach überbrückbar ist. Zudem erlaubt der derzeitige Entwicklungsstand der Theorie keine akzeptable Interpretation. Nur vorläufige Berechnungen, in halbklassischer Näherung, liegen vor und haben Vorstellungsmodelle geliefert, die für die Entwicklung des Weltraums verschiedenste Möglichkeiten anbieten. Unter ihnen starten bestimmte Räume von Null-Dimensionen im Zeitpunkt 10^{-43} Sekunden vor der Nullzeit, geraten dann mehrfach in Oszillationen ihrer Größe und beginnen schließlich ihre Expansion, um in die klassische Entwicklung einzumünden. Andere, die in unbegrenzter Vergangenheit als sehr große Räume erscheinen, ziehen sich zusammen, durchlaufen eine Minimal-Dimension, die sehr klein aber ungleich Null ist, zum Zeitpunkt Null, und münden dann in die gewohnte Expansion ein. Wieder andere, die kurz vor Null sehr groß erscheinen, erleben eine sehr rasche Kontraktion, durchlaufen zum Zeitpunkt Null ebenfalls ein Minimum, das ungleich Null ist, und erreichen schließlich die übliche Expansionsphase.

Die Möglichkeiten sind mannigfaltig. Aber auch wenn die Theorie Fortschritte machen sollte, wird, da sie auf Wahrscheinlichkeitsaussagen reduziert bleiben wird, stets etwas Geheimnisvolles über diesem metaphysisch so bedeutsamen Problem schweben bleiben.

Was die zuletzt erwähnte Frage angeht, ob es vor dem Zeitpunkt Null so etwas wie Zeit gab, so gilt, daß die Physiker und Kosmologen darüber ganz einfach nichts wissen. Es fehlt ihnen jede Grundlage für eine Antwort. Was nicht bedeuten soll, daß man eine von ihrem metaphysischen Aspekt her so bedeutsame Frage einfach unerledigt liegen lassen soll. Durchaus nicht; ein Beweis dafür ist, daß das Ansprechen der vorigen Frage trotz alledem gezeigt hat, daß die Zeit möglicherweise keinen Anfangspunkt hatte und daß unter solchen Bedingungen die Frage nach Bestehen oder Nichtbestehen von Zeit vor dem Urknall eher falsch gestellt war.

Die Fragen mit metaphysischen Aspekten, die die Wissenschaftler sich stellen können, finden bisweilen physikalische Antworten. Die halbklassischen Berechnungen über die Zeiträume vor dem Urknall sind ein Beispiel dafür. Ein anderes bedeutend schlagkräftigeres Beispiel ist vor etwa 30 Jahren erbracht worden, als Physiker auf dem von Gamov eröffneten Weg sich als Physiker Fragen zum Urknall stellten. Diese Problemstellungen wurden von vielen anderen Kollegen als metaphysische Fragen eingestuft, und – was noch schlimmer war – aufgrund bestimmter Tabus galt es in deren Augen als unschicklich, an solchen Fragen zu arbeiten. Eine derartige Geisteshaltung hat die Fortschritte der Kosmologie nur verzögern können, und dies ist schade genug, wenn man sich ansieht, was diese Wissenschaft seither zum geistigen Besitzstand der Menschheit hat beisteuern können.

Monopole, kosmische Fäden[2] und Wände

Ein magnetisierter Eisenstab weist im wesentlichen ein Magnetpolpaar auf, wovon der eine Pol Nordpol, der andere Südpol genannt wird. Das typischste Beispiel liefert die Kompaßnadel. Auf der magnetischen Seite ist dies ein gewisses Äquivalent zu dem, was ein Ladungspaar, von dem eine Ladung positiv, die andere negativ wäre, auf der elektrischen Seite darstellen würde.

Und doch verleiht die elektromagnetische Theorie in ihrer klassischen Maxwellschen Formulierung den elektrischen und den magnetischen Kräften nicht völlig symmetrische Rollen. Diese gewisse Unähnlichkeit wird besonders durch die Tatsache deutlich, daß isolierte elektrische Ladungen in der Natur vorkommen können, nicht aber isolierte magnetische Pole. Wollte man Nord- und Südpol eines magnetisierten Eisenstabs dadurch voneinander trennen, daß man den Stab auseinanderbricht, dann würde man zwei magnetisierte Stäbe mit jeweils einem Nord- und Südpol erhalten.

Schon in den frühen Anfängen der Quantenphysik jedoch, im Jahr 1931, hat Dirac gezeigt, daß wenn man diese Theorie mit der Maxwellschen Theorie verknüpft, isolierte Magnetpole durchaus vorkommen können. Er gab sogar eine Formel an, die die Berechnung der «magnetischen Ladung» erlaubte, ausgehend von der Ladung des Elektrons und der Planckschen Konstanten h, so daß diese beiden Konstanten die enge Verknüpfung des Elektromagnetismus mit der Quantentheorie lieferten. Diese isolierten Pole wären, sollten sie vorkommen, magnetische Monopole.

Das nächste Etappenziel wurde 1974 erreicht, in den Anfängen der Theorie der Großen Vereinheitlichung. Wenn das symmetrische Vakuum einen Phasenübergang zum Vakuum mit gebrochener Symmetrie durchmacht, können Strukturfehler auftreten. Sie treten als eine winzige Wolke auf, die aus allen Arten von Bosonen gebildet wird: in der Mitte befindet sich ein Kern aus X-Bosonen (den massereichsten) in der Größenordnung von 10^{-29} Zentimetern. Dieser Kern schwimmt in einer größeren Wolke aus intermediären W- und Z-Bosonen von der Größe 10^{-16} Zentimeter, und das Ganze ist wiederum eingebettet in eine Wolke aus Gluonen und Photonen (die masselos sind) von der Größe 10^{-15} Zentimeter. Zudem ist das Gesamtgebilde umgeben von einer Hülle aus

---

2 vom englischen «string»: manche übersetzen mit «Schnüre», aber Fäden gibt die Vorstellung von feiner Textur besser wieder.

Fermionen und Antifermionen, die eine Größe von 10^{-13} Zentimeter, die Größenordnung eines Nukleons, erreicht. Dagegen ist die Masse dieser fehlerhaften Gebilde riesengroß. Die Theorie schätzt sie auf das 10^{16}fache eines Nukleons. Und dann haben diese seltsamen Fehlergebilde auch noch eine magnetische Ladung, die der von Dirac berechneten entspricht.

So haben wir hier ein sehr eigenartiges Teilchen vor uns, mit einem differenzierten strukturellen Aufbau, mit einer Gesamtgröße, die vergleichsweise anderen Teilchen der Physik entspricht, aber ausgestattet mit einer riesigen Masse, die sich zugleich wie ein magnetischer Monopol verhält. Es bildete in der Chronik der Wissenschaften in den Anfängen der Anwendung der Theorie der Großen Vereinheitlichung auf den Urknall ein Hauptdiskussionsthema, weil diese Monopole im Kosmos zahlreicher als die Nukleonen hätten sein müssen. Da dies aber nicht der Fall war, stieß die ursprüngliche Urknalltheorie hier auf eine zusätzliche Schwierigkeit.

Die Situation wurde dank der Theorie des inflationären Universums gerettet. Aufgrund der gewaltigen Ausdehnung, die zum Zeitpunkt 10^{-32} Sekunden erfolgt war, sind demnach die eventuell vorhandenen Monopole in so weitgehendem Ausmaß aufgelöst worden, daß sie äußerst selten im beobachtbaren Universum zu finden sind.

Weshalb also sollte man über magnetische Monopole überhaupt noch reden? Weil sie, wenn sie entdeckt würden, und sie werden derzeit experimentell erforscht, zugleich Informationen über die Große Vereinheitlichung und über die Inflation liefern könnten. Sie stellen eines der allzu wenigen Gebiete dar, auf denen Härtetests dieser Theorien durchgeführt werden können.

Zudem sind derart exotische Teilchen von besonderem Interesse für die Physiker und Astronomen. Da sie so massereich sind, könnten sie Einfluß auf die Dichte des Universums haben und für die Expansionsgeschwindigkeit eine Rolle spielen. Sie könnten durch Schwerkraftwirkung in den Neutronensternen gefangengehalten werden und dort zu deren allmählichem Verschwinden führen, indem sie den Zerfall ihrer Neutronen durch eine Art Katalysatoreffekt beschleunigen würden. Sie könnten auch in den irdischen Felsen, mit «Klebstoff» an die ferromagnetischen Mineralien gebunden, gefangengehalten sein, und manche Forscher haben die Vermutung geäußert, sie könnten beim Schmelzen von Millionen Tonnen Eisenerz in den Stahlwerken wieder freiwerden und dann, wenn sie unter die Wirkung der Schwerkraft gerieten, unter der Schmelze mit speziellen, auf die magnetischen Ladungen ansprechenden Meßinstrumenten registriert werden.

Nun, die Monopole stellen nur eines der möglichen Beispiele für Fehler dar, die sich beim Symmetriebruch ergeben könnten. Wenn sich die Monopole als punktuelle Fehler darstellen, dann könnten andere von Linienstruktur sein, sich also als Fehler über ganze Strecken erweisen. So die hypothetischen «kosmischen Fäden».

Im wesentlichen sind die kosmischen Fäden linienförmige Gebiete im Weltraum, an denen das Vakuum, im Gegensatz zu benachbarten Regionen, nicht vom symmetrischen Zustand in den Zustand mit gebrochener Symmetrie übergehen konnte. Ihr Durchmesser ist praktisch gleich Null, aber die dort blockierte Energie des symmetrischen Vakuums ist derart gewaltig, daß 1 Zentimeter kosmischer Faden (aufgrund der Äquivalenz von Masse und Energie) eine Masse von 10^{22} Gramm hätte, d. h. die Masse einer Bleikugel mit einem Durchmesser von 100 Kilometern!

Es gäbe zwei Arten von Fäden. Gerade Fäden, die das ganze Universum durchziehen würden, und schleifenförmige Fäden. Eine 1 m große Schleife besäße eine derart große Masse, daß ein x-beliebiges Objekt durch die Anziehung der Schwerkraft mit einer Geschwindigkeit von mehreren Hundert Kilometern pro Sekunde, einer wirklich kosmischen Geschwindigkeit, in sie hineinstürzen würde. Derartige Schleifen könnten dazu dienen, die Materieverdichtungen in Gang zu setzen, aus denen sich dann später die Galaxien und Galaxienhaufen entwickeln würden. So würden sie eine eventuelle Lösung für ein Problem abgeben können, das bisher noch nicht zufriedenstellend erklärt ist.

Die geraden Fäden hingegen üben keine Schwerkraftanziehung aus. Dennoch würden sie auf sehr spezifische Art und Weise den Raum verbiegen. Man kann sich eine Vorstellung davon machen, wenn man sich auf den 2-dimensionalen Raum beschränkt, wie er durch eine zum Faden senkrechte Ebene dargestellt würde. Ein Anschauungsmodell für die Krümmung, die der Faden diesem Raumstück aufdrückt, liefert nicht die Oberfläche einer Kugel und auch nicht die eines Pferdesattels, wie wir sie bereits angetroffen haben, sondern ein Kegelstumpf. Eine solche Geometrie erhält man, wenn man ein Viertel der Ebene wegschneidet und die verbleibende Fläche Kante an Kante zusammenklebt (Abb. 18). Ein vollständiger Umlauf um den Faden würde dann bei weniger als 360°, dem Wert eines normalen Umlaufs im euklidischen Raum, gelingen. Würde ein Kreiselkompaß um den Faden herum mitgeführt, so würde er sich bei jedem Umlauf etwas verstellen!

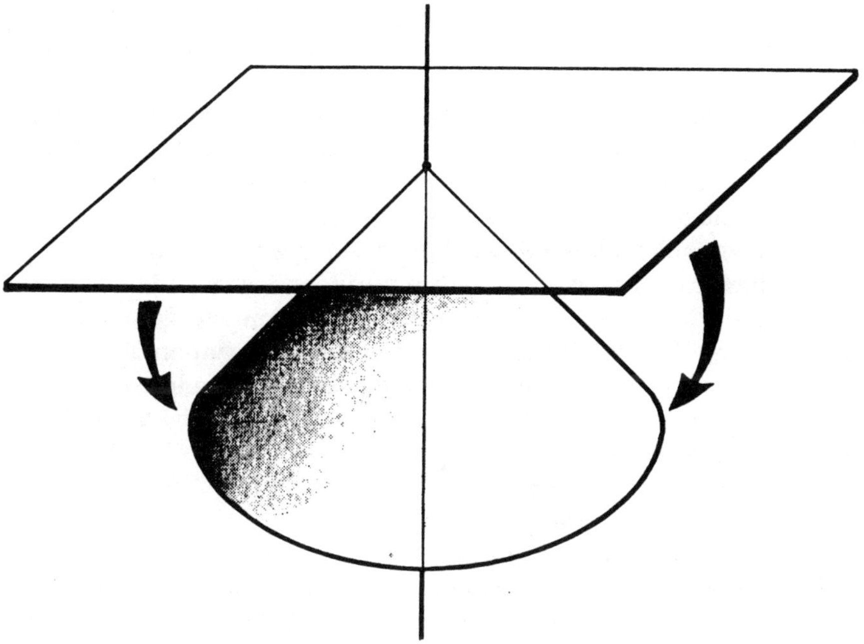

Abb. 18: Die Geometrie einer zu einem kosmischen Faden senkrechten Ebene wird zu einem Kegelstumpf verformt

Da man die Kegelmantelfläche durch einfaches Zusammenkleben eines ebenen Blattes Papier erhalten kann, bleibt auf ihr die euklidische Geometrie gültig. Der Raum ist also nicht wirklich gekrümmt, und die Schwerkraftwirkung wird nicht spürbar. Krümmung gäbe es nur an der Kegelstumpfspitze, und dort wäre sie sehr stark und würde auf den Faden eine gewaltige Schwerkraftwirkung ausüben.

Ein derartiger, als «konisch» bezeichneter Raum würde Lichtstrahlen, die auf der einen oder anderen Seite des Fadens verlaufen, in unterschiedlicher Weise ablenken. Würde ein derartiger Faden den Himmel durchqueren, so müßte er aufgrund dieses Effekts die Intensität der kosmologischen Strahlung auf der einen bzw. anderen Seite etwas unterschiedlich behandeln. Auch könnte er das Bild eines Quasars, das hinter ihm läge, verdoppeln. Genaue Messungen der 3°-Strahlung werden in der Umgebung bestimmter «Doppelquasare», die in den letzten Jahren entdeckt wurden, durchgeführt werden, mit der Hoffnung, daß sich Bestätigungen oder Widerlegungen durch Beobachtungsdaten für diese seltsamen, von der Theorie in die Welt gesetzten

Objekte ergeben. Die Eigenschaften der geradlinigen kosmischen Fäden sind außergewöhnlich, und ihre Erforschung liegt noch in den Anfängen.

Die kosmischen Fäden sind einer gewaltigen Spannung ausgesetzt, die aus dem «negativen» Druck des symmetrischen Vakuums resultiert. Diese enorme Spannung versetzt sie in Schwingungen und bringt sie dazu, daß sie sich mit Lichtgeschwindigkeit fortbewegen. Da sie aber nur einen winzigen Durchmesser haben, sind sie praktisch ohne direkte Einwirkung auf alles, was sie zu durchdringen vermögen.

Hingegen hinterläßt der konische Raum, den die geraden Fäden ausbilden, gleichsam als Kielwasserspur eine Raumanomalie. Zitieren wir einen Fachmann: «Wenn einer dieser schnellen Fäden das Zimmer durchqueren würde, würden Sie es sicherlich bemerken; die auf beiden Seiten seiner Bahn liegenden Zimmerteile würden sich plötzlich aufeinander zu bewegen, mit einer Geschwindigkeit von 4 Kilometern pro Sekunde. Sie selbst würden aber – es sei denn, der Faden würde tatsächlich durch Ihren Körper hindurchlaufen – noch nichts spüren, außer vielleicht eines gewissen Angstgefühls, bis schließlich ein Gegenstand von gegenüber Sie ins Gesicht träfe . . . (. . .) Wenn Sie hingegen durch einen Faden hindurchlaufen würden, dann könnten Sie erleben, wie die Teile Ihres Körpers, die sich jeweils auf der einen oder anderen Seite des Fadens befänden, sich aufeinander zu bewegen würden» (C. Hogan)

Diese erstaunlichen Relikte aus den Anfängen des Urknalls werden auch noch durch die kosmischen Wände ergänzt. Greifen wir nochmals zurück auf den Vergleich, den wir bezüglich des Phasenübergangs des symmetrischen Vakuums zum Vakuum mit gebrochener Symmetrie benutzt haben, nämlich denjenigen des unterkühlten Wassers, das sich zu Eis umwandelt. Er zeigte, daß das Wasser sich im allgemeinen nicht zu einem einzigen Kristall verfestigt, sondern zu einem Durcheinander kleiner Kristalle, die kreuz und quer zueinander liegen, wobei jeder eine unterschiedliche Orientierung seiner Kristallisierungsrichtungen aufweist. Diese Kristalle sind durch Wände getrennt, die den Übergang zwischen den verschiedenen Orientierungen bilden. Die Äquivalente dieser Wände bei dem Phasenübergang des Vakuums sind 2-dimensionale Fehler, «kosmische Wände», die Universumsgebiete mit unterschiedlichen Eigenschaften voneinander trennen. Diese Unterschiede sind derzeit noch unklarer Natur. Bildlich gesprochen würden sie diejenigen, die man bei einer plötzlichen Verpflanzung auf einen unbekannten Planeten, den die haarsträubendste Science-Fiction-Geschichte ausmalen könnte, erleben würde, noch bei weitem übertreffen. Wahrscheinlich ist außerdem, daß der Durchgang des beobachtbaren Universums durch eine derartige Wand, die im Vergleich zu den Ausmaßen der Bereiche, die sie abgrenzt, von winziger Größe ist, katastrophal wäre. Manche Theoretiker meinen, dieser Durchgang könnte mit Lichtgeschwindigkeit erfolgen. Dann aber wäre nicht nur die Katastrophe urplötzlich, sondern keinerlei Vorwarnungssignal, kein Bote könnte sie vorher ankündigen. Guth hat, als er bei einem Kongreß die Tabelle mit den Hauptetappen der Entwicklung des Universums seit der Planckschen Zeit vorstellte, diese mit dem Zeitpunkt seines Vortrags enden lassen, da er nicht unwissenschaftlich auf eine unsichere Fortsetzung schließen wollte: «Unser Vakuum könnte metastabil sein, und die Zeit, wie wir sie kennen, könnte zu jedem Zeitpunkt plötzlich stillstehen.»

Ein plötzliches und radikales Schicksal wäre dem Universum beschert, das nachdenklich stimmen müßte.

Diese ungewöhnlichen «Gestirne», magnetische Monopole, kosmische Fäden und Wände, Relikte der Zeit um 10^{-32} Sekunden, stoßen bei den Astronomen und Physikern auf ein sehr reges Interesse. Sie haben ihnen mehrere internationale Kolloquien gewidmet, um ihre Erforschung voranzutreibe. Unvorhersehbar ist, was davon in einigen Jahren übrigbleiben wird. Vielleicht werden diese Arbeiten in die Schublade der erfolglosen Versuche gelangen, wenn die Beobachtungsdaten sie verwerfen sollten oder wenn die Theorien sich unter dem Druck anderer Beobachtungsergebnisse veränderten.

Das Universum unter den Universen

Unzählige Universen

Am Ende des inflationären Zeitraums, bei 10^{-32} Sekunden, hatte das heute beobachtbare Universum die Größe eines Apfels, während die Vakuum«kristalle» mit gebrochener Symmetrie 10^{25}mal ausgedehnter, also etwa 10^{26} Zentimeter groß waren. Die Größe der Kristalle zu dieser weit zurückliegenden Zeit ist das Tausendfache des heute beobachtbaren Universums. Dies vermittelt einen Eindruck von der Riesenhaftigkeit des Kristalls, in den unser Universum eingebettet wäre.

In Anbetracht dieses Vergleichs kann es nicht darum gehen, die Gesamtheit eines einzigen – und sei es die unseres eigenen Kristalls – zu erforschen. Und noch weniger kommt es in Frage, die übrigen Kristalle kennenlernen zu wollen. Unser beobachtbares Universum erscheint in diesem Szenario des inflationären Universums wie ein winziges Teilstück eines prinzipiell überall homogenen Universums (unseres Kristalls) und zudem wie ein superwinziges Teilstück eines Universums aus verschiedenen Universen (der Gesamtheit aller anderen Kristalle). So könnten in diesem Sinn im inflationären Szenario unzählige Universen existieren.

Leider erlaubt nichts in der Theorie und noch weniger etwas in den Beobachtungsdaten, die Eigenschaften dieser «parallelen» Universen zu entdecken, ja nicht einmal ihr tatsächliches Vorhandensein abzuschätzen. Ist der Weg zur Erkenntnis hierfür für immer versperrt? Vielleicht nicht. Als erstes ist in Betracht zu ziehen, daß der kosmologische Horizont im Laufe der Zeit ohne Unterlaß weiter zurückweicht und daß deshalb das in 10 Milliarden Jahren beobachtbare Universum größer sein wird als das heutige.

Als zweites kommt hinzu, daß die Fortschritte in der Theorie immer präzisere Informationen über den beobachtbaren Teil geben können. Wie es also in der Mathematik möglich ist, die Eigenschaften bestimmter Funktionen auf Bereiche zu extrapolieren, die außerhalb des Bereichs liegen, in dem ihre Eigenschaften bekannt sind, so ist es nicht vorstellbar, daß dasselbe für die anderen Universen gelingen könnte. Schon auf dem Gebiet der 3°-Strahlung beinhalten bestimmte ihrer großräumigen Eigenschaften Schlußfolgerungen über den Horizont hinaus.

Jedoch werden die zukünftigen Fortschritte der Theorie sich wahrscheinlich durch die Einbeziehung einer Quantentheorie der Schwerkraft vollziehen, und der Quantenaspekt wird nur Wahrscheinlichkeitsberechnungen zulassen. Deren Ergebnissen wird die gleiche Unsicherheit anhaften wie jenen, über die wir bezüglich der Zeit vor dem Urknall sprachen. Um ein ganz willkürliches und spekulatives Beispiel zu geben: es könnten die Antworten auf die bezüglich der anderen Universen gestellten Fragen den folgenden ähneln: unter den unzähligen Universen in der Gesamtheit der Universen unterliegt ein Gutteil einer erneuten Kontraktion, einige sind ohne Materie, andere besitzen keine Sterne, nur ganz wenige verfügen über Kohlenstoff, noch seltener trifft man auf solche, in denen sich organische Makromoleküle finden lassen; und – in völlig außergewöhnlicher Weise – besitzen einige Universen eine auf Wasser und auf die Kohlenstoffchemie usw. gegründete Form von Leben. Eventuell wären auch noch Angaben über die Höhe der Wahrscheinlichkeiten hinzugefügt.

Trotz ihres statistischen Charakters sind derartige Ergebnisse von größtem Interesse. Zum letztgenannten Thema ganz besonders, denn dies hätte philosophische Implikationen, die nicht gleichgültig lassen würden.

Gratis-Universen?

Der vielleicht überraschendste Aspekt, der durch die Analyse der Geschichte des Universums sichtbar wird, ist vielleicht dessen plötzlicher Beginn. Aus dem Urknall erwuchs der Kosmos vor etwa 15 Milliarden Jahren. Ernstzunehmende Theorien, die auf genaue Beobachtungsdaten gestützt sind, untermauern diese Feststellung. Die allgemeine Relativitätstheorie gibt Rechenschaft über einen derart explosiven Start, die Quantenphysik beschreibt Phänomene wie das plötzliche Auftreten von Teilchen. Jenseits dieser Theorien verleihen derzeit noch spekulative Theorien dem «Vakuum» erstaunliche Eigenschaften, auf denen das inflationäre Szenario beruht: der Kosmos sei aus dieser Leere, dem Vakuum, entstanden. In diesen neueren Entwicklungen der Kosmologie liegt vielleicht der an zweiter Stelle überraschendste Aspekt der Geschichte des Universums.

Sich von da aus zu der Aussage vorzuwagen, der Kosmos sei aus «Nichts» entstanden, ist dann kein großer Schritt mehr. In der Tat datiert, zumindest für die Physiker und Astronomen, die Vorstellung, das Universum hätte aus dem Nichts hervorgebracht werden können, von 1973, als E. P. Tryon sie, ausgehend von bestimmten Prämissen, formulierte.

In erster Linie kommt dabei in Betracht, daß die gesamte elektrische Ladung des Universums gleich Null ist, wobei die der Protonen diejenige der Elektronen kompensiert, die übrigen Teilchen sind ehedem neutral.

In zweiter Linie zählt, daß das Universum keine feststellbare allgemeine Gesamtrotation besitzt. In seinem Innern rotieren viele Himmelskörper um sich selbst oder umeinander, aber ohne geordnete Ausrichtung ihrer Drehachsen, so daß sich die Rotationen zu einem globalen Nullresultat kompensieren.

An dritter Stelle gilt, und hier liegt die Neuartigkeit der Vorstellung Tryons, daß die Gesamtenergie des Universums ebenfalls gleich Null sein könnte. Und dies trotz des irreführenden andersartigen Anscheins. Es gibt Materie im Kosmos, die Energie darstellt, und Strahlung, die noch Energie hinzufügt. Darüber hinaus gibt es auch die Energie der Bewegungen der Himmelskörper und schließlich diejenige der Expansion, der Fluchtbewegung der Galaxien. Wir können die Gesamtheit dieser Energien als die nicht-schwerkraftartigen Energien des Universums bezeichnen.

Aber andererseits gibt es auch die Schwerkraftenergie. Würde das Universum sich zusammenziehen und würden sich alle in ihm enthaltenen Körper einander annähern, so würde eine beachtliche Energie verfügbar – wenn buchstäblich alle ineinanderstürzen würden, dann würden alle ihre jeweilige Schwerkraftenergie freisetzen.

Bei bestmöglicher Abschätzung fand Tryon, daß die Schwerkraftenergie des Universums bis auf bestimmte Ungenauigkeiten seine nicht-schwerkraftartige Energie kompensiert. Also könnte seine Gesamtenergie auch gleich Null sein. Hieraus stammt seine Hypothese. Das Universum, ohne Ladung, ohne Rotation, ohne Energie, könnte aus Nichts hervorgegangen sein, und dieses Nichts wäre seinerseits auch ohne Ladung, ohne Rotation und ohne Energie gewesen.

Die Theorien von der Großen Vereinheitlichung und des inflationären Universums gehen noch darüber hinaus. Die Zahl der Nukleonen im Kosmos ist nicht notwendigerweise konstant, da ihr Zerfall zu Photonen möglich ist. Also ist der Kosmos mit einem Anfangszustand von null Nukleonen, also ohne Materie, vereinbar. Das materielose Universum könnte von einem Nichts herkommen, das seinerseits materielos wäre. Und doch, für die Physiker, die der Theorie der Großen Vereinheitlichung anhängen, ist das symmetrische «Vakuum» nicht notgedrungen das «Nichts», zu dem Tryon gelangt. Obwohl das Vakuum leer ist, hat es spezifische, wenn auch noch ungenügend identifizierte Eigenschaften.

Diese Prämissen haben – ob man will oder nicht – auch ihre philosophische Bedeutsamkeit. Ich paraphrasiere sie mit einem Zitat der Worte Guths: «Das Universum besitzt keinerlei Quantität, die sich erhalten müßte und die es vom Vakuum unterscheiden könnte (...). In diesem Fall liegt die Versuchung sehr nahe, zu denken, das Universum hätte von nichts aus starten können oder von fast nichts aus. Das inflationäre Universum illustriert die letztgenannte Möglichkeit. (...) Man sagt oft, eine ‹Gratismahlzeit› gäbe es nicht. Und doch scheint es nun durchaus möglich, daß das Universum selbst eine ‹Gratismahlzeit› wäre.»

Diese durch den Wettlauf ins unberührte Land des inflationären Universums eröffnete Perspektive stelle ich Ihnen einfach anheim. Ich bin mir dessen voll bewußt, daß dieser ganze 6. Teil riskant war. Er wird sicher rasch überholt sein und wird in Kürze bereits bedeutender Korrekturen bedürfen. Aber es hat mir Freude gemacht, zu versuchen, den Enthusiasmus und den Rauschzustand zu vermitteln, der bei bedeutenden Wissenschaftlern in diesen begeisternden Jahren der Erkundung der ältesten Geheimnisse des Universums aufkommen.

Zu meinen Gunsten mag man mir anrechnen, daß ich eher technische Aspekte der Probleme beiseite gelassen habe, da sie bei einer längerfristigen Betrachtungsweise des Schicksals des Kosmos weniger von Interesse sind. Zum Beispiel die Einzelheiten der Ausbildung der Galaxien, die Anzeichen für Massen, die in der Dynamik der Galaxien und Galaxienhaufen fehlen, die Diskussion über die möglichen Anwärter für diese Fehlmassen, alles Fragen, die sich übrigens noch in einem sehr vorläufigen Stadium der Beantwortung befinden, aber aus denen vielleicht später neue Erkenntnisse hervorgehen werden.

VII
Das Universum und wir

Der Pfad des Lebens

Der dritte erstaunliche Eindruck, der sich aus der langen Entwicklungsgeschichte des Kosmos ergibt, ist der, daß das Schicksal des Universums eine sehr seltsame Form anzunehmen scheint. Sein Geschick scheint sich im Laufe unzusammenhängender Ereignisse erst eigentlich zu ergeben. Manche dieser Ereignisse sind von unglaublicher Schnelligkeit, wie die überschießende Aktivität der ersten 10^{-32}tel Sekunde der Inflation des Universums, oder der eventuelle plötzliche Durchzug einer kosmischen Wand, die alles auf ihrem Weg verwüstet. Andere sind von bestürzend langsamem Verlauf, wie die langanhaltende Lethargie, die auf die erste Viertelstunde folgte und die ad aeternam hätte weiter anhalten können oder wie das Anheben des Universums zu einer möglicherweise unbegrenzten Expansion.

Diese Schlüsselereignisse hängen von Eigenschaften der Mikrophysik, wie den Unschärferelationen Heisenbergs, ab. Zugleich aber auch von Vorgängen im großen Maßstab, wie jenen, die die Expansion des Weltraums aufgrund der Gleichungen Einsteins bestimmen.

Unter diesen ausschlaggebenden Ereignissen haben manche einen direkten Einfluß auf das Schicksal des Universums und infolgedessen auf uns. Das aufgrund des Protonenzerfalls mögliche Verschwinden der Materie würde erhebliche Folgen für den gesamten Kosmos und ganz speziell für uns haben, denn ohne Materie gäbe es keine Menschen.

Andere Ereignisse haben im Gegensatz dazu nur ganz bescheidene Folgen für das Universum, aber grundlegende für uns. Wenn die Kohlenstoffatomkerne nicht ein sehr genau festgelegtes Energieniveau gehabt hätten, dann wäre die Menge des in den Kernreaktionen im Innern der Sterne entwickelten Kohlenstoffs sehr viel kleiner ausgefallen, als sie heute ist. Der Kosmos hätte darunter wahrscheinlich kaum gelitten, aber es hätte dann – mangels Kohlenstoff – keine organische Chemie und kein Leben, also keine menschlichen Wesen gegeben.

Da diese Ereignisse von besonders grundlegender Bedeutung für uns sind, muß man sich mit ihnen eingehend beschäftigen. Dies um so mehr aufgrund der Tatsache, daß wir integraler Bestandteil des Kosmos sind. Und überdies stellen wir einen Teil von ihm dar, der nicht immer eine notwendigerweise nur passive Rolle innehaben wird. Niemand kann beschwören, daß mit Bewußtsein ausgestattete, denkende und über Technik verfügende Wesen nicht ihrerseits Einfluß auf das Schicksal des Universums nehmen könnten. Sind wir nicht bereits heute in der Verantwortung für eine klare Veränderung des Schicksals unseres Planeten?

Die Planetensysteme

Wir leben auf einem Planeten, der um einen Stern kreist. Die Ausbildung von Planetensystemen im Kosmos war also von großer Bedeutung für uns. Was weiß man heute über die Planetensysteme? Und – diese Frage zuallererst – gibt es noch andere Planetensysteme als unser eigenes? Auf diese so einfache und grundlegend wichtige Frage gibt es noch keine klare Antwort.

Seit mehreren Jahrzehnten sind Forschungsvorhaben, gestützt auf Teleskope und photographische Registriermethoden, durchgeführt worden. Bisher ohne eindeutig beweiskräftige Ergebnisse. Das Auffinden von Planeten, die um Sterne, selbst benachbarte, kreisen, ist ein sehr schwieriges Unterfangen. Größere Fortschritte erhofft man sich vom Weltraumteleskop und von neuen, in einigen Observatorien in Entwicklung befindlichen Registriermethoden.

Rein theoretisch kann, wenn ein Stern durch Verdichtung einer interstellaren Gaswolke entsteht, sich ein Teil dieser Wolke in Form einer Ringscheibe auf einer Umlaufbahn um den Stern einlagern. Später kann sich dann diese vorplanetarische Scheibe in Stücke untergliedern, die sich zu Planeten zusammenklumpen. Die Ausbeute des unendlich großen Beobachtungsmaterials, das die Raumfahrt in den zurückliegenden zwei Jahrzehnten erbracht hat, spricht nicht gegen derartige Abläufe, kann sie aber auch nicht mit Sicherheit belegen.

Ein naheliegendes Argument könnte scheinbar auf die Existenz von Planeten andernorts schließen lassen. Da die Sonne über Planeten verfügt und die Sonne ein ganz gewöhnlicher Stern durchaus herkömmlicher Art ist, müßten eigentlich auch andere Sterne des gleichen Typs

Planeten besitzen. Aber es könnte auch sein, daß die Planeten der Sonne durch einen äußerst seltenen Vorgang entstanden wären, der nur eine winzige Chance hätte, sich ein zweites Mal zu wiederholen.

In den letzten Jahren hat die Inbetriebnahme neuer, im Infrarotbereich empfindlicher Teleskope Ergebnisse erbracht, die dazu ermutigen, an das Vorhandensein von Planetensystemen zu glauben. Das erste Ergebnis war die sehr wahrscheinliche, wenn auch durch weitergehende Beobachtungen noch zu bestätigende Entdeckung einer interstellaren Materie-Ringscheibe, die den Stern Vega umkreist. Seither wurde ein halbes Dutzend ähnlicher Fälle entdeckt. Möglicherweise handelt es sich um protoplanetarische Scheiben, die in der Folgezeit Planeten ausbilden könnten. Der schönste Fall ist die mittels sehr genauer spektroskopischer Meßmethoden gelungene Entdeckung eines Planeten von mit Jupiter vergleichbarer Masse, der auf einer der Jupiterbahn um die Sonne ähnlichen Umlaufbahn um den Stern HD 114762 kreist.

Die Suche nach Planetensystemen bei den der Sonne am nächsten liegenden etwa hundert Sterne, stellt in den kommenden 10 Jahren eines der vorrangigsten Ziele der bioastronomischen Kommission zur «Erforschung des außerirdischen Lebens» dar, die durch die internationale astronomische Union im Jahr 1982 ins Leben gerufen wurde. Dann wird man vielleicht in Erfahrung bringen können, ob die Ausbildung von Planetensystemen ein im Universum häufiges Ereignis darstellt. Und dies wird bedeutsame Auswirkungen haben auf die entscheidende Frage, ob wir die einzigen Lebewesen im Kosmos sind oder nicht?

Bewohnbare Planeten

Damit sich in einem Planetensystem eine der auf der Erde vorkommende Form des Lebens mehr oder weniger ähnliche Art zu entwickeln vermag, ist es nötig, daß sich unter den Planeten eines Systems auch hinreichend ‹gastfreundliche› finden lassen. Auch das Problem der Entwicklung der Planeten und ihrer Lebensbedingungen ist eine der Fragestellungen, die die Kommission für Bioastronomie der internationalen astronomischen Union für die nächsten Jahre unter die obersten Prioritäten eingestuft hat.

Die Vor-Ort-Erforschung der Planeten des Sonnensystems mit Hilfe der Raumfahrt hat es möglich gemacht, auf diesem Gebiet gewaltige Fortschritte zu machen. Ein neues Abenteuerland hat seine Schätze offenbart: 9 Planeten mit insgesamt 44 Monden, von denen 20 einen Durchmesser von mehr als 200 Kilometern haben. Zählt man die etwa

3000 Kleinplaneten (oder Asteroiden) hinzu, von denen 30 auch Durchmesser von mehr als 200 Kilometern aufweisen, so kreuzt eine beachtenswerte Armada von etwa 60 Himmelskörpern im Sonnensystem.

Welche von ihnen sind in der Lage, dem Leben Raum zu bieten? Es ist sehr wahrscheinlich, daß die Menschheit, wenn ihr Wirtschaften ein genügend hohes Produktivitätsniveau beizubehalten vermag, im Bruchteil eines Jahrhunderts auf einen Gutteil von ihnen Mannschaften oder Besatzungen entsandt haben wird, die dort von den lokalen Energie- und Materiereserven leben werden. Diese Himmelskörper werden dann also Stützpunkte des Lebens sein, eines Lebens auf der Grundlage fortgeschrittener Technologie.

Kehren wir zum Begriff der «natürlichen» Lebensform (einem in der Tat sehr künstlichen Begriff!) zurück, so sind von den 60 Himmelskörpern nur wenige ‹lebensfreundlich›. Der vorteilhafteste ist der Erdball, oft bezeichnet als «Planet Ozean» oder «Blauer Planet». Den ersten Beinamen verdankt die Erde dem Vorhandensein großer Mengen flüssigen Wassers, dessen Existenz als Haupttrumpf beim Auftreten von Leben angesehen wird. Für das Vorhandensein flüssigen Wassers sind genau definierte physikalische Bedingungen notwendig, eine Temperatur, die nicht tiefer als 0° und nicht höher als 100° bei einem Luftdruck von 1 Atmosphäre sein darf. Der Glücksfall, daß genau dies gilt, gleicht einem Wunder, erst recht, wenn dies ohne Einbrüche über Milliarden Jahre gelingt. Nicht jeder Himmelskörper hat ebensoviel Glück gehabt, wofür die Planeten Venus und Mars beredte Zeugen sind.

Den zweiten Beinamen hat die Erde von dem großen Sauerstoffgehalt ihrer Atmosphäre. Dieser Sauerstoff ist selbst ein Produkt der Entwicklung des Lebens, das nach und nach im Laufe von Milliarden von Jahren durch Lebewesen, die Photosynthesesysteme entwickelt haben, hervorgebracht wurde. Dieser zweite Beiname kennzeichnet im Gegensatz zum ersten, der den Beginn des Abenteuers Leben benennt, dessen Höhepunkt. Zumindest den derzeit erreichten Höhepunkt. Man kann diesbezüglich nur hoffen und wünschen, daß die Menschen diese Oase nicht zerstören, so daß das blühende Leben auf dem blauen Planeten solange wie irgend möglich Bestand haben kann.

Was hat es mit den beiden Nachbarplaneten der Erde, Venus und Mars, auf sich? Venus, der Sonne etwas näher, ist etwas zu warm geraten und konnte sich deshalb ihrer Kohlenstoff-Uratmosphäre nicht entledigen, was hingegen der Erde gelungen war. Und dann hat dieses Kohlenstoffgas, in seiner Wirkung den Glasfenstern eines Treibhauses vergleichbar, immer mehr Hitze an der Oberfläche der Venus gespeichert und ihr so die apokalyptische Katastrophe des Treibhauseffekts eingehandelt. Mit dem Ergebnis: es gibt kein flüssiges Wasser und eine Bodentemperatur von 450°, also wohl niemals irgendwelches Leben.

Was den etwas weiter von der Sonne entfernten Mars angeht, so sieht es ganz so aus, als habe er keinen schlechten Start gehabt, denn die neueren geologischen Untersuchungen seiner Oberfläche zeigen, daß dort vor 3 Milliarden Jahren flüssiges Wasser in großen Mengen vorhanden war. Insbesondere weist der Mars alte Flußbette auf, von denen jedes das Wasser von 1000 Amazonasströmen transportierte (Photo 11). Im Gefolge dieser gesegneten Zeiträume hat Mars aber die Kühlhauskatastrophe getroffen. Aufgrund von Unregelmäßigkeiten seiner Sonnenumlaufbahn, die durch die übrigen Planeten verursacht und von photochemischen Effekten der Sonneneinstrahlung in seiner Atmosphäre begleitet waren, hat er nahezu seine gesamte Gasschutzhülle verloren und ist auf unter 0° abgekühlt. Derzeit liegt das Restvorkommen an Wasser in gefrorenem Zustand unter seiner Oberfläche. Wenn auch die zwei Wiking-Sonden, die 1976 am Boden des Mars gelandet waren, in den ersten Quadratzentimetern des an den beiden Landeorten analysierten Bodens keinerlei Hinweis auf Leben entdeckt haben, so ist es doch nicht ausgeschlossen, daß primitive Lebensformen in der ersten Jahrmilliarde der Entwicklungsgeschichte des Mars vorgekommen sind, wie dies vergleichbar auch auf der Erde der Fall war. Diese könnten nun in seinen Tiefenschichten im Permafrost eingelagert sein. Um auf eine so grundlegende und aufregende Frage eine Antwort zu finden, wird es nötig sein, noch öfter auf dem Mars zu landen. Die so unterschiedlichen Schicksale dieser beiden Nachbarplaneten legen unmittelbar dar, wie zerbrechlich und launenhaft die Entwicklung des Lebens auf einem Planeten sein kann.

Die Meteoriten, von denen manche Bruchstücke von Asteroiden sind, stellen ein weites Forschungsfeld bei der Untersuchung präbiotischer Lebensformen dar. Im Antarktiseis wurden in den letzten Jahren nichtkontaminierte Meteoriten aufgefunden. Die genauen Analysemethoden, die für die von den Apollo-Missionen in den 70er Jahren mitgebrachten Mondgesteine entwickelt worden waren, haben in ihnen Aminosäuren nichtirdischen Ursprungs nachgewiesen. Die Aminosäuren sind bereits komplexe organische Moleküle, die an der Bildung von Proteinen beteiligt sind. Hierin liegt ein ernstzunehmender Hinweis auf eine bedeutsame präbiotische Aktivität seit den frühen Anfängen der Planetenbildung, schon in den ersten Verdichtungen der vorplanetarischen Nebelwolken, in Stäuben, Meteoriten, Asteroiden. Auch die Kometen können Reliquien dieser frühen präbiotischen Aktivität konserviert haben und große Erwartungen richten sich auf deren bevorstehende Erforschung durch die Raumfahrt.

Titan, der größte Mond des Planeten Saturn, ist ein weiterer Himmelskörper, der viel zum Thema der präbiotischen Aktivität beizutragen verspricht (Photo 12). Sein Durchmesser von 5000 km, sein atmosphärischer Druck vom 1.5fachen des irdischen und seine im wesentlichen aus Stickstoff bestehende Atmosphäre machen ihn zu demjenigen Himmelskörper, der die meisten Gemeinsamkeiten mit der Erde aufweist. Komplexe organische Moleküle, wie die des Methylacetylens, werden durch die Sonneneinstrahlung in seiner Atmosphäre gebildet. Das interessanteste Produkt ist die Blausäure, denn die Kombination von 5 Molekülen hat im Laborversuch Adenin ergeben, eine der 5 Nukleinbasen, die die Querverbindungsstücke der DNA-Doppelhelix bilden, des Trägers der Erbinformationen bei den irdischen Lebewesen.

Eine bedeutende präbiotische Aktivität könnte auf Titan vorhanden sein, aber aufgrund seiner niedrigen Temperatur (180° unter Null) ist sie wohl nicht bis zu höheren Formen biologischer Aktivität fortgeschritten. Titan wäre demnach ein gleichsam im Gefrierschrank konserviertes Modell der Erde, wie sie in ihren Anfängen war. Raumfahrtforschungsvorhaben zu Titan sind für die 90er Jahre in Vorbereitung und sollen Auskunft geben über das äußerst wichtige präbiotische Stadium, in dem die Erde auf die Schiene zur Entwicklung von Leben gebracht wurde. Wenn alles gut geht, wird im Jahr 2002 zu Weihnachten die «Huygens»-Sonde mit der Mission «Cassini» in seiner Atmosphäre am Fallschirm abgeworfen werden.

Die Erforschung der Himmelskörper des Sonnensystems bringt grundsätzliche Probleme zur Sprache und stellt Fragen zur Art und Weise, mit der das Schicksal des Universums zum Leben und damit zu uns hat hinführen können. Werden die Raumfahrtsonden auf Mars, Titan, den Kometen, den Asteroiden . . . bis zum Jahr 2000 Antworten liefern?

Das Leben auf der Erde

Die ersten Verfestigungen des protoplanetarischen Nebels haben im Jahr 4'555 Millionen v. H. (vor Heute) stattgefunden. Hundert Millionen Jahre danach war der Erdball zusammengeklumpt, jedoch unter der Wirkung der Hitze, die die Abstürze der Meteoriten und Kleinplaneten freisetzte, völlig geschmolzen. Die Zeiträume zwischen diesen Abstürzen vergrößerten sich später zusehends, die Temperatur sank, und um 3'800 Millionen Jahre v. H. haben sich die ersten kontinentalen Platten verfestigt und die Ozeane als Kondenswasser niedergeschlagen.

Wie ist dann das Leben in Erscheinung getreten? Das ist noch ein Rätsel. Aber es ist eine Tatsache, daß 3'500 Millionen Jahre alte Felsen fossile organische Moleküle enthalten mit Relationen der Kohlenstoffisotope 12 und 13, die von den Verhältnissen in den Mineralien abweichen. Dies legt ein sehr rasches Auftreten einer blühenden biotischen Aktivität nahe. Aber von welcher Art? Dies ist eine große Unbekannte. Die Nachbildung der physikalischen und chemischen Urzeitbedingungen im Labor führt leicht zur Ausbildung von Aminosäuren, Nukleinsäuren und Zuckern, die die «Bausteine», aber auch nur die Bausteine, bilden, aus denen die Apparate des Lebens zusammengesetzt sind.

Eine Milliarde Jahre später wird die Photosynthese «erfunden», mit der die Produktion von Sauerstoff einsetzt. Zu diesem Zeitpunkt treten die lebendigen Organismen als bereits in 3 Hauptstämme unterteilte Einzeller-Bakterien auf. Es sind kleine Zellen, in der Größe von ca. 1 Mikron.

Im Jahr 1'400 Millionen v. H. wird ein größerer Schritt getan: eukaryontische Zellen treten auf. Die Eukaryonten, die möglicherweise aus der Symbiose verschiedenartiger Bakterien herrühren und tausendmal größer sind, stellen komplexe Fabriken mit sehr stark spezialisierten Werkstätten dar: einem Zellkern, der das genetische Material enthält, Mitochondrien für die Atmung, Chloroplasten für die Photosynthese, Golgiapparate für die Ausscheidungen, Ribosomen für die Proteinsynthese, Geißelfortsätze für die Fortbewegung etc.

Diese – für nahezu eine Milliarde Jahre – Beherrscher des Planeten vermehren sich in den Ozeanen, deren Gehalt an gelöstem Sauerstoff sie ständig erhöhen. Die daraus resultierende neue ökologische Nische begünstigt dann, um 670 Millionen Jahre v. H., das Auftreten erster Vielzeller, deren Herrschaft 120 Millionen Jahre andauern wird. Es sind die Tierarten der Ediacara-Fauna, Meeresgeschöpfe mit weichem, flachem Körper, die dadurch eine möglichst große Kontaktfläche zum Wasser halten, in dem der für ihren Stoffwechsel notwendige Sauerstoff vorhanden war (Abb. 19). Vier Unterarten sind bekannt, die Medusen, urtümlichen Gliederfüßern, großen, bis zu 1 m hohen Blättern oder seltsamen Scheiben mit Dreifachsymmetriebildungen ähneln.

Und dann, im Jahr 550 Millionen v. H., kommt es zur «kambrischen Explosion», zu einer außergewöhnlich starken Formenvielfalt, besonders bei den Tieren, die die lebhaftesten Science-Fiction-Phantasiege-

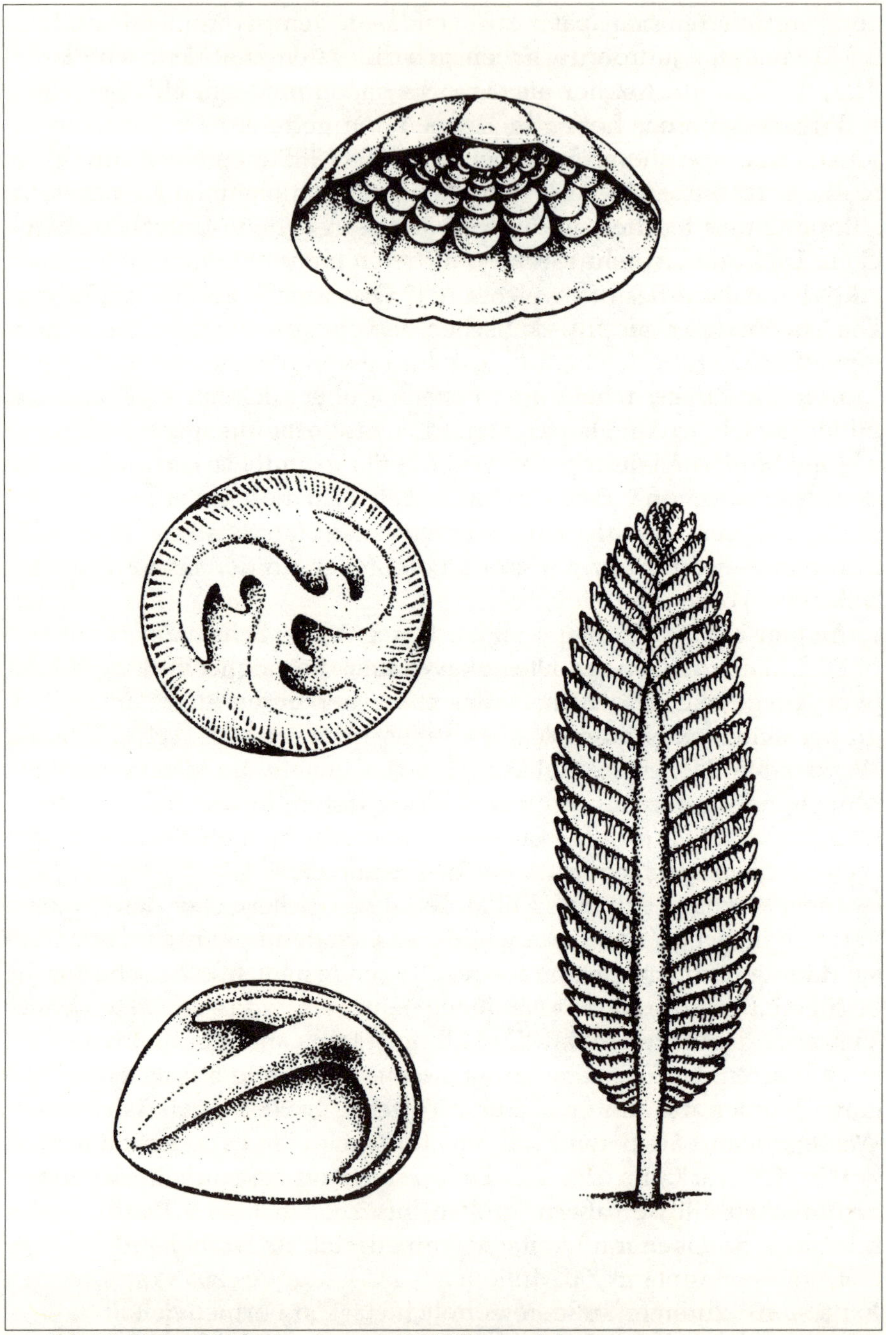

Abb. 19: Einige Ediakarier von vor 600 Millionen Jahren

bilde in den Schatten stellt, mit der zusätzlichen Besonderheit, daß sie die realen Anforderungen der damaligen Wirklichkeit widerspiegeln, so daß ihr Anblick die Freude und den Schauder der echten Teilnahme an einer begeisternden Welt vermittelt. Eine bescheidene Vorstellung von dieser außergewöhnlichen Fülle läßt sich durch die bloße Aufzählung einiger der meistbekannten Exemplare dieser etwa 30 Stammesunterarten vermitteln. Jedes stellt eine unterschiedliche Konzeption des Apparates oder der Architektur dar, die als geeignet galt, dem Leben Raum zu bieten: die Schwämme, die Meeresanemonen, die Würmer, die Insekten, die Seesterne, die Tintenfische ..., die Wirbeltiere.

Die Wirbeltiere wiederum wurden in verschiedenen Unterarten durchgespielt. In den Fischen, den Reptilien, den Vögeln, den Säugetieren. Und die Säugetiere in den Wiederkäuern, den Fleischfressern, den Beuteltieren ... und den Primaten. Die Primaten besonders in den Menschenaffen. Endlich sind wir bei nahen Verwandten! Ja, erst in dieser Ecke der zahllosen Spielarten lassen sich die Menschen entdekken, mitten unter den Gibbons, den Orang-Utans, den Gorillas und den Schimpansen.

Den Menschen ist auf der derzeit höchsten Stufe dieser langen Entwickungsgeschichte die Intelligenz zuteil geworden. Zumindest haben die Menschen die relativ größten Anteile an ihr, denn sie sind nicht deren alleinige Besitzer. Denkt man nur daran, daß genetisch gesehen die Schimpansen näher mit uns verwandt sind als die Orang-Utans, so kann man nachdenklich werden bei der Vorstellung, sie hätten in der großen Lotterie der biologischen Entwicklung das große Los ziehen können. Während sie dann mit ihrem sympathischen breiten Lachen ihre Computer bedienen würden, säßen wir vielleicht in den Zoologischen Gärten und würden Schreie ausstoßen, um zu versuchen, auf unsere sicher geringere, aber deshalb nicht weniger achtenswerte Intelligenz aufmerksam zu machen.

In großen Schritten skizziert, ist so das Leben auf der Erde in Erscheinung getreten, bis hin zu seiner komplexesten Form als menschliche Intelligenz und als Bewußtsein des Menschen. Auf diesem im endlos weiten Kosmos kaum auffindbaren Planeten ist diese Intelligenz erst in den letzten Millionen Jahren hervorgetreten: ein unvergleichlich kleiner Zeitraum für das Studium des Universums im Maßstab der Milliarden Jahre seines Bestehens.

Dieses Studium reicht auch in zukünftige Zeiträume von Hunderten von Milliarden Jahren hinein. So ist es undenkbar, daß die Intelligenz das Höchste sein könnte, das der Kosmos hervorzubringen in der Lage wäre. Eine solche Sehweise wäre ungesund, schädlich und dem Codex der Wissenschaft diametral entgegengesetzt. Kein Grund und kein Anzeichen gestatten zu behaupten, die menschliche Intelligenz sei die weitestentwickelte Erscheinungsform in diesem «Bereich».

Die Zukunft ist hierfür viel zu weiträumig, auch wenn gewaltige Auslöschungen und unvermeidliche Katastrophen im Lauf der Zeit das Ganze scheinbar zu vernichten drohen. Aber gewaltige Auslöschungen hat das Leben auf Erden bereits erfahren. Z. B. diejenige vor etwa 60 Millionen Jahren, in der die Hälfte der Tierarten des Meeres verschwunden sind; die Hälfte, das besagt schon etwas. Und es läßt sich das Aussterben der Dinosaurier hinzufügen, das den Weg für das Heraufkommen der Säugetiere und der Menschen freimachte. Unvermeidliche Katastrophen wird es auch noch geben: Aufblähungen der Sonne, Supernovae-Explosionen, Zusammenstöße der Erde mit Kleinplaneten, die totale Kälte einer grenzenlosen Expansion oder die Hölle einer erneuten Kontraktion des Alls.

Leider ist es derzeit noch unmöglich, in Richtung auf eine der Intelligenz vielleicht überlegene Entwicklungsstufe mit einiger Sicherheit zu extrapolieren. Nur aus der Luft gegriffene Spekulationen, die sich auf nichts wirklich Greifbares stützen und keinerlei verifizierbare Konsequenzen anbieten, sind immer wieder angepriesen worden. Auf solchen Grundlagen läßt sich nicht ernsthaft arbeiten.

Hingegen kann, sollte es erfolgreich sein, eines der anderen Forschungsvorhaben, das die Bioastronomie-Kommission vorrangig angesetzt hat, nämlich das dem Aufspüren möglicherweise nichtnatürlicher außerirdischer Radiowellen-Signale gewidmete, Informationen über höhere Entwicklungsformen im Universum liefern. Vielleicht ist die Erde doch nur ein unscheinbarer Planet unter unzähligen anderen möglichen Planeten, wobei diese «unzählige Menge» für das beobachtbare Universum einem Maximalwert von 10^{22} nahekommen könnte. Außerdem hat sich die Erde erst reichlich spät ausgebildet, und es ist möglich, daß ihr andere Planeten vorausgingen, die zu Planetensystemen gehörten, die mehrere Milliarden Jahre früher entwickelt waren und deshalb die Möglichkeit besaßen, sich auf dem Pfad des Lebens viel weiter vorwärts zu wagen.

Das anthropische Prinzip

In der Entwicklungsgeschichte des Kosmos überrascht die Aufeinanderfolge glücklicher Lotteriegewinne, die es durch ihr wechselseitiges Zusammenwirken im Laufe der Zeiten möglich gemacht haben, daß das Universum nicht nur zu dem wurde, was es heute ist, denn es hätte sehr wohl auch etwas ganz anderes werden können, sondern daß es ein Universum wurde, das für die Menschheit lebensfähig war.

Der seltsam-ungewöhnliche Charakter der Entwicklungsgeschichte des Kosmos machte es nicht gerade leicht, darin ein irgendwie geartetes Ordnungsprinzip zu erkennen. Nachdem wir nun die erfolgreichen, zum Menschen hinführenden glücklichen Zufälle näher kennengelernt haben, mag man erstens versucht sein, unserem Auftauchen eine gewisse Bedeutsamkeit beizumessen, und zweitens behaupten wollen, diese doch erkennbar glücklichen Würfe seien in Wirklichkeit von vornherein auf das Ziel hin angelegt gewesen, uns hervorzubringen.

Diese finalistische Sehweise gleicht dem scherzhaften Ausspruch des Bernardin von Saint-Pierre. «Die Kürbisse sind so dick, weil sie dafür geschaffen sind, im Kreis der Familie verzehrt zu werden.» In Übereinstimmung mit dieser Sehweise «legt eine Interpretation der Fakten durch den gesunden Menschenverstand die Vermutung nahe, ein Superintellekt habe mit seinen Tricks die Physik hereingelegt» (F. Hoyle) mit dem Ziel, nur die guten Karten ins Spiel kommen zu lassen. Dabei handelt es sich um eine zu sehr aus der Luft gegriffene und in bezug auf verifizierbare Folgeerscheinungen völlig unergiebige Vision. Auch übertreibt sie die Dinge allzusehr. Der erste Grund für diese Bewertung ist darin zu sehen, daß sie dem Auftreten des Menschen eine Bedeutung beimißt, die aus den Untersuchungen, die ich über viele Seiten beschrieben habe, überhaupt nicht abzuleiten ist.

Der zweite Grund ist der, daß eine weniger überspitzte und realistischere Sehweise zu der Aussage gelangt, daß «das Universum so sein muß, daß es die Erschaffung von Beobachtern zu irgendeinem Zeitpunkt in seinem Innern zuläßt» (B. Carter). Diese Aussage stimmt überein mit der Tatsache, daß die Beobachter, die Menschen, existieren. Diese Formulierung stellt das dar, was Carter das «starke anthropische Prinzip» genannt hat. Philosophisch gesehen läuft es auf die Aussage hinaus, das Universum bestehe, um bewohnt zu werden. Damit knüpft man an Vorstellungen bestimmter Religionen an. Gott habe die Welt erschaffen, damit der Mensch in ihr lebe. J.-A. Wheeler u. a. Autoren gehen sogar so weit, zu sagen, unser Existieren sei verantwortlich für die sehr spezifische Struktur des Universums. Dieser letzte Gesichtspunkt ist zumindest sehr unklar, denn es scheint ganz so, als sei in der Vergangenheit nie eine kausale Verknüpfung in der Richtung Mensch-Universum möglich gewesen.

Die grundlegende Ausgangstatsache ist folgende: «Das Existieren gleichgültig welcher Organismen, die als Beobachter beschrieben werden können, wird nur in bezug auf bestimmte begrenzte Kombinationen der Parameter (des Universums) möglich sein» (B. Carter). Oder so: «Der Mensch ist da; was soll das Universum?» (J.-A. Wheeler). Hieraus leitet sich eine andere, sog. «schwache» Formulierung des anthropischen Prinzips ab: «Was uns als Beobachtbares zur Verfügung steht, wird notgedrungen begrenzt sein durch die für unser Dasein als Beobachter notwendigen Rahmenbedingungen» (B. Carter).

Philosophisch gesehen geht das schwache anthropische Prinzip bedeutend weniger weit als das starke. Der Mensch ist in ihm nicht mehr das Ziel des Schicksals des Universums, er ist in ihm reduziert auf die Rolle eines Beobachters des Universums. Dies stimmt überein mit den Fakten und engt ganz nebenbei das anthropische «Prinzip» auf eine einfache Feststellung der Tatsachen ein.

Diese Feststellung befriedigt, denn sie führt zu einer Frage, für die es lohnt, eine Antwort zu suchen. Und der erste Versuch einer Antwort wurde von H. Everett schon 1957 unternommen. «Es gilt, die gleichzeitige Wirklichkeit aller möglichen Universumsalternativen zu akzeptieren.» Unter diesen Bedingungen käme die Antwort des schwachen anthropischen Prinzips «der Tatsache gleich, daß für uns die Oberfläche eines Planeten aus einer großen Sammlung weniger häuslicher kosmischer Orte ausgewählt worden wäre.» (P. C. W. Davies) Wer wird sich darüber auch wundern, daß wir auf der Erde und nicht auf Venus leben? So gelangt das schwache anthropische Prinzip, reduziert auf den kleinen Maßstab des Sonnensystems mit seiner Ansammlung von 9 Planeten, zu einer ganz zufriedenstellenden Antwort.

Will man diesen lokalen Fall auf eine große Vielheit verschiedener Universen übertragen, so stößt man a priori auf Probleme ganz anderer Dimension. Aber dabei kommt, wie mit einem Zauberschlag, von neuem die Theorie des inflationären Universums ins Spiel. Derartige Zauberei kommt in den Wissenschaften bisweilen vor, ganz wie – wenn man ein Puzzle legt und damit fast fertig ist – sich scheinbar die einzelnen Teilstücke von selbst an ihre Plätze einzufügen scheinen. Aber Vorsicht vor dem letzten Stück! Solange es seinen Platz nicht wirklich gefunden hat, ist das Spiel nicht gewonnen.

Die verschiedenen «Kristalle», die beim Phasensprung aus dem symmetrischen Vakuum in ein Vakuum mit gebrochener Symmetrie entstanden sind, stellen ebenso viele verschiedene Universen dar. Zitieren wir A. D. Lindes eigene Worte: «Es könnten viele, voneinander abgekoppelte Universen existieren, und wir würden in einem einzigen von ihnen leben (. . .). Die einfachste Art und Weise, zumindest teilweise über das anthropische Prinzip Rechenschaft abzulegen, läßt sich im Zusammenhang mit dem Szenario des inflationären Universums finden. (. . .) Alle anderen ‹einsamen Inseln›, auf denen andere Lebensformen vorhanden sein könnten, sind für uns absolut irrelevant. (. . .) Das Szenario des inflationären Universums kommt als Grundlage für eine Art schwaches anthropisches Prinzip sehr wohl in Frage.»

Als besonders gelungenes Schlußwort eignet sich Lindes Satz, «Wie Guth sagte: ‹Das inflationäre Universum ist das einzige Beispiel für eine Gratismahlzeit, da alle Materie in diesem Szenario aus dem instabilen Vakuum (dem «Nichts») geschaffen ist.› Nun können wir hinzufügen, daß das inflationäre Universum die einzige Gratismahlzeit darstellt, bei der jede mögliche Zahl von Gängen verfügbar ist.»

Die ferne Zukunft

Aus derzeitiger Sicht hängt die ferne Zukunft des Universums von einem entscheidenden Punkt ab: wird die Expansion des Weltraums endlos weitergehen oder nicht? Wird der Kosmos erkalten und sich leeren oder wieder extrem aufheizen und verdichten? In den nächsten Jahren dürfte diese Frage aufgrund der genauen Analyse der Beobachtungsdaten, die das Weltraumteleskop von seiner Umlaufbahn um die Erde aus liefern wird, eine Antwort finden können. Es wird noch vieler Arbeit bedürfen, denn es werden erhebliche Beobachtungszeiten und eine gut organisierte internationale Zusammenarbeit benötigt werden. Zählt man die 10–20 Jahre hinzu, die mit der Entwicklung und dem Bau des Beobachtungsinstruments vergangen sind, dann wird die gesuchte Antwort das Ergebnis der Anstrengungen einer ganzen Generation von Astronomen sein. Das Universum gibt seine Geheimnisse nicht ohne weiteres preis.

Ich habe meinerseits zehn Jahre meines wissenschaftlichen Arbeitens einem speziellen Punkt der Problemstellung gewidmet. Der Frage, wie man die Entfernungen zwischen Galaxien mißt. Ein wichtiges Detail, denn teilt man die Fluchtgeschwindigkeit durch die Entfernungen, dann erhält man die Expansionsgeschwindigkeit, die berühmte Hubble-Konstante H. Die Entfernungen zwischen so unzugänglichen Objekten wie den Galaxien aber zu messen, ist ein mühsames Unterfangen. Selbst wenn es lange Meßketten gäbe, man könnte sie nicht bis zu ihnen hin auslegen. Deshalb muß man seine Zuflucht zu indirekten Meßmethoden nehmen. Man muß in den Galaxien eichbare Meßpunkte auffinden, deren Beobachtung dann die Entfernungen liefern können.

Hierfür habe ich mich mit meiner Forschungsgruppe auf die ganz neue Methode der Radioastronomie verlegt. Das neue Radioteleskop von Nancay, zum Zeitpunkt der Inbetriebnahme eines der zwei leistungsstärksten der Welt, machte es möglich, die Galaxien auf der 21 cm-Wellenlänge zu beobachten, einer Wellenlänge, die durch deren interstellare Wasserstoffatome abgestrahlt wird. Schwache Radiosignale, in Nachtwachen abgerungen, gesammelt, verglichen, analysiert, gnadenlos mit verfeinerten Statistikprogrammen ausgesiebt, korreliert mit Beobachtungsdaten im sichtbaren Bereich, haben nach und nach die Umrisse einiger im Nebel des Weltraums vorhandener Meßpunkte erkennen lassen. Dem aufmerksam Hinhörenden schien das Ergebnis zugeflüstert zu werden. H = 25 km/Sek. Fluchtgeschwindigkeit bei 1 Million Lichtjahren Entfernung.

Während eben dieser Zeit erhielten andere Forschungsgruppen in der Welt, die auf anderen Pfaden suchten, H = 15 oder H = 35 . . . Wer hat recht? Noch bleibt es ein Geheimnis. Wir sind allesamt an einer Grenze angelangt, die man durch neue und leistungsstärkere Meßmethoden überschreiten können müßte. Hieraus erklärt sich die Hoffnung auf das Weltraumteleskop, denn von H hängt die ferne Zukunft des Kosmos ab.

Die Lösung «erneute Kontraktion» kann zu einer zeitlich relativ begrenzten Zukunft führen: die höllische Vernichtungsaktion kann von heute aus gesehen in etwa 100 Milliarden Jahren stattfinden. Die Lösung «unbegrenzte Expansion» hingegen eröffnet einen Weg in eine zeitlich grenzenlose Zukunft. In den zurückliegenden Jahren haben sich einige Theoretiker von Physik und Astronomie die Frage gestellt, was – wenn die Zeit keine Grenzen kennt – mit dem Kosmos im Laufe seines Ausströmens passieren würde?

Wie, so sei zunächst gefragt, wird die Bühne des Geschehens denn aussehen? Aufgrund der Ausdehnung des Weltraums werden sich die Galaxienhaufen mehr und mehr von uns entfernen, wobei aber jeder Haufen seine Galaxien unter dem Einfluß seiner Schwerkraftwirkung hält. Dennoch werden zunehmend mehr Galaxienhaufen beobachtbar sein, denn der kosmologische Horizont eilt im Weltraum der Ausdehnung des Weltraums voraus (eine Ausnahme bilden die «frustrierenden» Fälle). Wir werden also immer isolierter sein, aber zugleich immer weniger allein.

Dann aber wird ein erster kritischer Zeitpunkt kommen: sämtliche Sterne aller Galaxien werden ihre Licht und Wärme produzierenden Kernreaktionen einstellen. Ein Gutteil ihrer Atomkerne wird den energetischen Minimalzustand erreicht haben, den der Eisenatomkerne. Da die Sterne über keine Stabilität durch thermischen Druck mehr verfügen werden, werden sie unter der Wirkung ihrer eigenen Schwerkraft in sich zusammenstürzen. Die weniger massereichen werden zu Kugeln zusammenfallen, die größtenteils aus Eisen bestehen werden. Sie werden durch den Druck eines Elektronengases zusammengehalten werden und mehr und mehr abkühlen. Sie werden «schwarze Zwerge» von der Größe des Erdballs. Bei den mittelgroßen werden sich unter der gewaltigen Schwerkraftwirkung die Elektronen mit den Protonen zusammentun, und sie werden zu «Neutronensternen», Himmelskörpern mit einem Durchmesser von 10 Kilometern. Bei den massereichsten schließlich werden sogar die Neutronen in sich zusammenstürzen, und nichts wird mehr ihr totales, von der Schwerkraft bewirktes Einstürzen verhindern können. Sie werden zu «stellaren schwarzen Löchern» mit Durchmessern von einigen Kilometern.

Diese erste Etappe wäre bei etwa 10^{14} Jahren durchlaufen, also zu einem Zeitpunkt, der tausendmal weiter entfernt läge als die 100 Milliarden Jahre, die dem Kosmos im hypothetischen Fall der erneuten Kontraktion praktisch vergönnt wären. Die Galaxien wären dann Dunkelsysteme aus schwarzen Zwergen, Neutronensternen und stellaren schwarzen Löchern. Die Planeten, Asteroiden und Stäube würden weiterbestehen, denn die Kohäsion ihrer Atome würde zweifellos ihrer eigenen Schwerkraftwirkung standhalten können.

Zweite Etappe: die Planeten verlassen ihre Sterne, werden wie von Flutwellen unter der Anziehungskraft benachbarter Sterne weggerissen, die im Laufe der Zeit allmählich nahe an ihnen vorbeifliegen. Der Zeitpunkt wäre 10^{17} Jahre.

Dritte Etappe: 90 % der Sterne sind aufgrund ebendieser Ursachen, der Schwerkraftwechselwirkung einander benachbarter Körper, aus ihren Galaxien herausgerissen und liegen verstreut im intergalaktischen Raum. Im Gegensatz hierzu versammeln sich die 10 % verbleibenden Sterne mehr und mehr dem Zentrum der Galaxien zu. Dort bilden sie einen konzentrischen Haufen aus, in dem Zusammenstöße an der Tagesordnung sind, bis sie schließlich ein «galaktisches schwarzes Loch» bilden, in dem sie alle verschluckt werden. Dieser Vorgang ist vielleicht dem ähnlich, der derzeit in den Quasaren abläuft. Diese galaktischen schwarzen Löcher haben einen Umfang von 1 Lichttag. Der Zeitpunkt dieses Übergangs ist schwer zu berechnen, er dürfte zwischen 10^{18} und 10^{24} Jahren liegen.

Die schwarzen Löcher

Eine Materiekugel wie z. B. die Sonne krümmt den sie umgebenden Raum. Im Kapitel über die gekrümmten Räume war eine Modellvorstellung entwickelt worden, die diese Krümmung anschaulich machte. Eine Kautschukfolie wird über einen Rahmen gespannt, und die Kugel wird in sie hineingelegt. Eine Vertiefung bildet sich, und die Krümmung wird desto stärker, je näher man an die Kugel herankommt. Die Krümmung wird auch in dem Maße stärker, in dem die Kugel aus dichterem Material besteht. Und es gibt eine Dichte, bei der die Krümmung exakt dem Umriß der Kugel entspricht. Damit schließt sich der Raum wieder in sich. Er ist von einem sphärischen «Horizont» begrenzt, der der Kugel von allen Seiten anliegt. Selbst wenn man die Dichte der Kugel dadurch, daß man sie noch weiter zusammendrücken würde, noch mehr erhöhen wollte, würde dieser Horizont bestehen bleiben, denn er hängt in seinen Ausmaßen nur von der Masse der Kugel ab. Dieser Horizont hat Eigenschaften, die an diejenigen des kosmologischen Horizontes erinnern. So wird ein punktförmiges Objekt, das auf die Kugel zu fällt, einem außenstehenden Beobachter mit einer immer größeren spektralen Verschiebung erkennbar und scheinbar nie den Horizont selbst erreichen. Der Film dieser Fallbewegung wird sich mit zunehmender Annäherung immer stärker verlangsamen. Läßt sich hingegen der Beobachter selbst in Richtung auf den Horizont fallen, so wird er ihn in einer, von ihm aus gemessen, äußerst kurzen Zeit erreichen. Diese Phänomene kommen durch komplexe Krümmungseffekte zustande, die durch die Gleichungen der allgemeinen Relativitätstheorie bestimmt werden. Was die wahre Natur der physikalischen Bedingungen im Innern des Horizonts angeht, so ist sie noch sehr wenig geklärt. Es läßt sich nur soviel sagen, daß die Kugelmasse dort eingeschlossen ist, daß sie keinerlei Botschaft nach außerhalb zu senden vermag und daß sie nur mit dem numerischen Wert ihrer Masse in die Rechnungen eingeht, ihre eigentliche materielle Natur also keine Bedeutung mehr hat. Der kosmologische Horizont war eine gewaltige Kugel, die uns von allen Seiten umschloß. Hier ist der Horizont des schwarzen Lochs eine winzige Kugel, die einen punktförmigen Ort im Weltraum umschließt und die man von außen her betrachtet. Da man zu seinem Zentrum nicht gelangen kann, ist es angemessen, eher von ihrem Umfang als von ihrem Radius zu sprechen, denn um sie herumzugehen wäre prinzipiell möglich. Dieser Umfang ist von Schwarzschild berechnet worden. Für eine der Sonne vergleichbare Masse beträgt er 18 km und 5 cm für eine der Erde vergleichbare Masse.

Gegen Ende dieser Periode kommt es durch nahe Vorbeiflüge auch zu wechselseitigen Schwerkrafteinwirkungen zwischen den galaktischen schwarzen Löchern eines und desselben Haufens von Ex-Galaxien. Die meisten werden sich im intergalaktischen Raum verteilen, aber die am Ort bleiben, werden letztendlich zu «supergalaktischen schwarzen Löchern» verschmelzen. Diese Löcher können dann Massen vom 100-milliardenfachen der Sonne und Umfangsmaße von einem Lichtmonat erreichen.

So wäre das Universum in etwa 10^{24} Jahren übersät mit supergalaktischen, galaktischen und stellaren schwarzen Löchern, schwarzen Zwergen, Neutronensternen, Planeten und Stäuben, die alle in einem dunklen Weltraum relativ zueinander ihrer Fluchtbewegung folgen würden. Diese Situation scheint eine beträchtliche Zeitspanne einnehmen zu können, bis auch dann wieder neue, sehr seltene Phänomene ins Spiel kämen.

Das erste wäre der Zerfall der Nukleonen, der durch die Theorie der Großen Vereinheitlichung wahrscheinlich gemacht wurde. Er würde eine Zeitspanne einleiten, die sich bis in die Nähe von 10^{32} Jahren, d. h. über 100 Milliarden Jahre später erstrecken dürfte. Die Mehrzahl der Nukleonen wäre in den schwarzen Zwergen und in den Neutronensternen enthalten. Die durch ihren Zerfall freigesetzte Energie könnte diese tiefgefrorenen Sterne auf etwa 100° unter Null aufwärmen. Die übrigen Nukleonen wären im intergalaktischen Gas vorhanden, in dem die Zerfallsvorgänge sehr spärlich verteilte Elektronen und Positronen erzeugen würden. Ihr wechselseitiger Abstand würde im Mittel dem derzeitigen Durchmesser unserer Galaxie, also 100'000 Lichtjahren entsprechen. Trotz dieser riesigen Entfernungen könnten sie mit der Zeit gewaltige Positronium-«Atome» ausbilden, die aus einem Elektron und einem Positron bestünden, wobei jedes eine Umlaufbahn um das andere besäße. Sie könnten sich, hätten sie noch mehr Zeit zur Verfügung, einander annähern auf immer kleiner werdenden Umlaufbahnen und sich letztendlich gegenseitig vernichten.

Diese vierte Etappe, die durch den Zerfall der Nukleonen gekennzeichnet wäre, dürfte für zahlreiche Formen des Lebens verhängnisvoll sein und könnte die letzte Stunde des Kosmos einläuten. Zudem könnte sie sehr viel früher einsetzen, denn diese Zerfallsprozesse können von magnetischen Monopolen, diesen ungezogenen Kindern des inflationären Universums, katalysatorisch ausgelöst werden. Alles hängt von der Häufigkeit ihres Vorkommens im Weltraum ab, die mit verschiedenen Annahmen nur in ihren Obergrenzen geschätzt werden konnte. Typischerweise würde ein Neutronenstern durch die Monopole, die sich dort in nur 10^{11} Jahren heimlich ausgebildet hätten, verzehrt. Die Erde selbst würde nach und nach in 10^{18} Jahren aufgelöst. Wird man ihre Monopole ausmerzen müssen, um diesen Verfall zu verlangsamen?

Andererseits ist der Nukleonenzerfall bisher im Labor noch nicht registriert worden. Wenn die Nukleonen stabil sind, kann die Materie lange bestehen. Wie lange? Über noch größere Zeiträume betrachtet, ist sie immer noch bedroht. Und dies führt eine Variante der vierten Etappe ein: das Verschwinden der Materie durch virtuelle schwarze Löcher. Diese Überraschung verdanken wir dem großen Spezialisten, der auf schwarze Löcher angewandten Quantenphysik, S. W. Hawkins. Ihm zufolge können virtuelle schwarze Löcher von 10^{-33} cm, der Planckschen Größe, für kurze Augenblicke durch Quantenfluktuation auftreten. Eines von ihnen kann, bevor es wieder verschwindet, ein benachbartes Nukleon verschlingen. So könnte die Materie des Kosmos im Laufe eines auf 10^{45}–10^{50} Jahre geschätzten Zeitraums verschwinden.

Die Schwelle von 10^{50} Jahren scheint eine kritische zu sein. Aber sie ist in eine außergewöhnlich weite Zukunft eingebettet; 10^{50} Jahre stellen 10 Tausend Milliarden Milliarden Milliarden Milliardenmal das derzeitige Alter des Universums dar. Allerdings ist der auf virtuelle schwarze Löcher gestützte Hawkins-Vorgang nicht bewiesen, und es ist erlaubt, ja empfehlenswert, sich der Betrachtung einer noch weiteren Zukunft – für den Fall, daß diese Schwelle überschritten würde – zu widmen. Auf jeden Fall sind, selbst wenn die Materie verschwinden würde, die supergalaktischen, galaktischen und stellaren schwarzen Löcher immer noch im Universum anwesend.

Aber wir scheinen kein Glück zu haben, denn Hawkins kündigt die fünfte Etappe an, die der Verflüchtigung der schwarzen Löcher, in einem in etwa umgekehrten Vorgang. Wird in der Nähe eines schwarzen

Loches ein virtuelles Teilchen-Antiteilchen-Paar ausgebildet, so kann das eine unter bestimmten Umständen in das schwarze Loch hineinfallen und seine Masse verkleinern. Dieser Masseverlust führt zur Emission einer Strahlung, ganz im Gegensatz zur üblichen Sehweise, derzufolge nichts aus einem schwarzen Loch entkommen kann. Das schwarze Loch verflüchtigt sich also nach und nach, später zunehmend rascher und verschwindet in einem abschließenden Strahlungsblitz völlig. In etwa 10^{100} Jahren hätten sich alle schwarzen Löcher des Kosmos in sporadischen Blitzen aufgelöst und dabei der Finsternis im verwüsteten Weltraum einen Modergeruch von Aktivität zurückgegeben. Unter diesen Bedingungen wäre der Kosmos außer von Strahlung nur noch von schwarzen Zwergen, Neutronensternen und Planeten besiedelt.

In den Folgeetappen, die in immer weitere Zeiträume hinausreichen, kommen noch Vorgänge eines anderen Typs hinzu, die sich auf den «Tunnel-Effekt» der Quantenphysik stützen. Die Haupt-«gewinner» sind alle Gestirne außer den Neutronensternen. Es wäre die sechste Etappe, die von 10^{500}–10^{1500} Jahren reichen würde. Jeder vom Eisen verschiedene Atomkern würde sich in einen Eisenatomkern umwandeln, da dieser der stabilste ist. Das Universum würde auf diese Weise eine gewaltig lange Zeit nuklearer Radioaktivität, die eine bescheidene Energie freisetzen würde, erleben.

Der Tunnel-Effekt

Um eine Gebirgskette zu überqueren, muß ein Wagen zunächst auf sie hinauf- und dann auf ihrer anderen Seite wieder hinabfahren. Verfügt er für dieses Vorhaben nicht über genug Benzin, dann ist ein Überqueren unmöglich. In der Quantenphysik ist die Situation eine andere: ein Teilchen oder selbst ein Wagen, im Extremfall sogar ein Gestirn, ist im Weltraum lokalisiert durch eine mit ihm verknüpfte Welle, die die Wahrscheinlichkeit seiner Anwesenheit an diesem oder jenem Ort angibt. Befindet sich der Wagen diesseits des Gebirges, so besitzt die mit ihm verknüpfte Welle auf dieser Seite eine große Amplitude. Aber das Gebirge ist nicht völlig undurchlässig für die Welle, wie auch eine Mauer für einen Ton nicht ganz undurchlässig ist. Ein kleiner Teil der Welle geht durch das Gebirge hindurch und stellt jenseits eine trotz ihrer sicherlich sehr kleinen Amplitude doch meßbare Welle dar. Also gibt es ein gewisses Maß an Wahrscheinlichkeit, daß der Wagen sich auf der anderen Seite des Gebirges befände, ohne daß er es hätte überqueren müssen. Er hat es wie durch einen Tunnel, der doch gar nicht vorhanden ist, durchquert. Wenn der Übergang von einem Zustand in einen anderen von vornherein einen bestimmten Energieaufwand erfordert – selbst wenn dieser danach wieder zurückgewonnen werden kann –, so kann in der klassischen Physik dieser Übergang nicht erfolgen, wenn diese Energie nicht schon vorher zur Verfügung steht. In der Quantenphysik kann der Übergang ohne einen solchen Energieaufwand aufgrund des Tunnel-Effekts gelingen.

Siebte Etappe: der Tunnel-Effekt verwandelt die schwarzen Zwerge aus Eisen in Neutronensterne, unter Freisetzung gewaltiger Energien in Form von starken Neutrinowellen. Diese Etappe würde sich bis in die 10hoch10hoch76-er Jahre erstrecken.Hier nun reicht das 10er-Potenzsystem nicht mehr aus. Nun braucht man zwei ineinander geschachtelte Potenzen. Diese Jahreszahl würde als eine 1 mit ebenso vielen Nullen geschrieben, wie es Protonen in den Milliarden, mit den derzeitigen Teleskopen beobachtbaren Galaxien gibt. Es ist die längste Zeit, die jemals aus den Rechnungen der Theoretiker resultierte, und Freeman J. Dyson ist ihr geistiger Vater.

Die achte, sich möglicherweise mit der siebten überschneidende Etappe: Die Berechnungen sind ehedem nur Näherungen; die Neutronensterne würden sich mit Hilfe des Tunnel-Effekts in noch stabilere schwarze Löcher verwandeln, die sich in der Folgezeit zu Strahlung verflüchtigen würden. Und was die Planeten, Kleinplaneten und Stäube angeht, so haben sie sich im Weltraum – im üblichen Sinn des Wortes – verflüchtigt: Jedes ihrer Atome hatte über derart lange Zeitperioden eine Chance größer als Null, sich von seinen Nachbarn loszulösen.

Im «Zeitalter Dysons» ist der Kosmos nur noch ein kalter, spärlich mit einigen Photonen, Neutrinos und wenigen noch selteneren Teilchen durchsetzter expandierender Raum . . . und was dann? Vielleicht wird er ad aeternam nur noch von Quantenfluktuationen des Vakuums erregt werden.

Es ist überflüssig zu betonen, daß diese Betrachtungsweisen äußerst gewagt sind. Sie beruhen auf den Naturgesetzen, die uns heute bekannt sind. Schwachpunkte sind in dieser Odyssee enthalten. Ich meine gar nicht speziell das 10hoch10hoch76-Datum, das aus groben Näherungen, aber doch klaren Rechnungen resultiert. Die Schwachpunkte liegen eher in den nicht eindeutig geklärten Eigenschaften der schwarzen Löcher. Wie beim Zeitpunkt Null des Urknalls bedarf es auch hier einer beweiskräftigen Vereinheitlichung von Quantenphysik und allgemeiner Relativitätstheorie. Andere Unbekannte sind bereits erwähnt worden: Expansion oder erneute Kontraktion in 10^{11} Jahren, Stabilität der Nukleonen oder das Gegenteil bei 10^{32} Jahren. Diese wagemutigen Betrachungsweisen sind die ersten Entwürfe, die die Menschen in eine derart weite Zukunft hineintragen. Es ist ihnen gestattet, von nur vorläufiger Natur zu sein.

Sie sind vorläufig, weil sie nur auf die heute bekannten physikalischen Gesetze gegründet sind; die zukünftigen Fortschritte werden unsere Sehweisen zweifelsohne verändern. Meiner Meinung nach ist der am wenigsten kalkulierbare Faktor, der für die Zukunft des Universums bedeutsam ist, der direkte Einfluß der menschlichen Intelligenz auf den Kosmos. Die Entwicklungsgeschichte des Lebens auf der Erde war derart rasch und ergiebig, daß es unmöglich ist, auch nur die geringste sichere Vorstellung darüber zu entwickeln, wo sie in einer Milliarde Jahren angekommen sein wird. Und eine Milliarde Jahre ist nur ein kurzer Augenblick in Anbetracht der in der weiten Zukunft des Universums angelegten Äonen.

Nichts verbietet dem intelligenten Leben, sich in die Zukunft hinein über erhebliche Zeiträume fortzusetzen. Die erste große Katastrophe wird die Erde erst in mehr als einer Milliarde Jahren ereilen, wenn ihre Umdrehungsachse ins Taumeln oder Kippen geraten wird. Bis dahin können technologische Mittel gegen dieses Übel entwickelt werden. Die nächste liegt dann am Zeithorizont um etwa 10 Milliarden Jahre herum, wenn die Sonne ihr Lebenswerk beenden wird. Es wird nötig werden, von ihr wegzukommen zu lebensgünstigeren Sonnen in der Nachbarschaft, um so von deren Kernenergie leben zu können, zumindest bis zum Ende der zweiten Etappe bei 10^{14} Jahren.

Schritt für Schritt wird es nötig sein, daß wir uns dem Zentrum unserer Galaxie nähern, um zu vermeiden, daß wir in den intergalaktischen Raum hinausgeschleudert und dort in die Einsamkeit verbannt werden. Das müßte vor dem Ende der 3. Etappe gelungen sein, bei 10^{18}–10^{24} Jahren, wobei wir bis dahin auf der Basis künstlicher Kernenergie leben können müßten.

Dann würden wir uns in eine gute Umlaufbahn um das galaktische schwarze Loch unserer eigenen Galaxie bringen müssen oder – besser noch – um das noch größere supergalaktische Loch im Sternbild der Jungfrau, um aus seiner Rotationsenergie unser Leben zu fristen. Wäre sein Energievorrat groß genug, so könnte dieses Leben bis zur Verflüchtigung dieses schwarzen Loches dauern, bis zum Ende der 5. Etappe bei

10^{100} Jahren; zumindest wenn das Verschwinden der Materie unsere Überlebenschancen nicht bereits vorher, in der 4. Etappe, bei 10^{32}–10^{50} Jahren etwa, geschmälert hätte.

Welches derzeit bekannte physikalische Gesetz verbietet die Vorstellung eines Überlebens bis zu mindestens 10^{32} Jahren? Bis dahin ist Energie verfügbar und ebenso die gewohnte materielle Grundlage der Nukleonen. Das Leben könnte also, besonders wenn es mit Vernunft in ad hoc entwickelten Bahnen gelenkt wird, ein derart hohes Alter durchaus erreichen.

Wenn ihm dies gelingen sollte, wer könnte dann aber beschwören, daß ihm nicht auch die Zeit bliebe, uns bisher unbekannte Technologien zu entwickeln, die es noch weiter voranbrächten? Niemand. Leider aber gebe ich mich hier eitler und zu nichts nutzer Spekulation hin. Glücklicherweise hat Dyson aufgezeigt, daß bestimmte Lebensformen, wahrscheinlich andere als biologische, prinzipiell in einem unendlich expandierenden Universum auf unbegrenzte Zeiten überleben können. Mit sinkender Temperatur im Kosmos wird sich auch die Aktivität dieser Lebensformen reduzieren, und es wird Zwischenzeiten einfacher Überwinterung geben. Aber trotz alledem sind seine Aktivierungszeiten in ihrer möglichen Zahl unbegrenzt, wie für uns die Zahl der Sekunden, wenn wir irgendeine gedankliche Arbeit ausführen. Jede Sekunde in einer unbegrenzten Zahl von Sekunden zu denken, wäre möglich und bedürfte, um ad aeternam zu gelingen, nach Dyson nur einer begrenzten Energiemenge. Dieser letzte Schritt der Vollendung ist wesentlich und macht grundsätzlich die Unsterblichkeit möglich.

Wozu aber unsterblich werden, wenn das Erinnerungsvermögen begrenzt ist? Wenn jeder von uns tausend Jahre alt würde, sich aber in keinerlei Weise an sein erstes Jahrhundert erinnern könnte, worin bestünde dann der Unterschied zum derzeitigen Vater-Sohn-Enkel-usw.-Prinzip? Auch hier hat Dyson gezeigt, daß prinzipiell Gedächtnissysteme ohne Kapazitätsbegrenzungen entwickelt werden können; schon aufgrund der Expansion des Alls. Er demonstrierte auch, daß diese möglichen Zivilisationen mittels elektromagnetischer Wellen untereinander auch auf der Grundlage eines seinerseits begrenzten Energiebudgets unbegrenzt kommunizieren könnten. Damit eröffnet sich die Perspektive einer Aktivität von unendlich reicher Vielfalt, in der es immer wieder etwas Neues zu entdecken geben wird.

Ich zitiere Dyson. «Ich habe ein Universum vorgefunden, das an Reichtum und Komplexität grenzenlos wächst, ein mit Leben erfülltes Universum, das für alle Zeiten Bestand hat und es seine Nachbarn über unvorstellbar weite Räume und Zeiten hinaus wissen läßt. (...) Es liegen gute wissenschaftliche Gründe dafür vor, um ernsthaft die Möglichkeit ins Auge fassen zu dürfen, daß es dem Leben und der menschlichen Intelligenz gelingen könnte, dieses Universum auf dem Hintergrund seiner eigenen Ziele für unsere Zwecke auszuformen.»

Hätte dieses blinde und ziellose Universum dann doch eine Chance, endlich in die richtigen Hände zu fallen? Es wäre ein – doch wenigstens etwas – ermutigender Gedanke.

Nachwort

Wie steht es nun nach diesen Darstellungen mit dem tausendjährigen Rätsel? Erkennbar hat sich das Wissen vertieft. In seiner räumlichen Ausdehnung wurde der Kosmos von der Planckschen Größe bis zu den Quasaren und zum kosmologischen Horizont durchforscht. In seinen Zeiträumen von der Planckschen Zeiteinheit bis zum Zeitalter Dysons. Seine Gebilde reichen von den drei Quarks, die in einem Proton – wie drei Viren in einem der Sonne gleichen riesigen Volumen – vorhanden sind, bis zur Filamentstruktur des Universums. Seine Teilchen reichen vom subtilen Neutrino bis zum superschweren, «unangenehmen» und alles vernichtenden hypothetischen magnetischen Monopol. Die allgemeine Fluchtbewegung der Galaxien und die kosmologische Hintergrundstrahlung sind die Grenzmarken seines plötzlichen Anbeginns, und der Urknall führt im Rahmen der Symbiose von Raum und Zeit in der Relativitätstheorie zum Grandiosen Fresko. Zwischen dem Alter von einer Sekunde und den heutigen 15 Milliarden Jahren hat das Universum nach einer Viertelstunde frenetischer nuklearer Aktivität eine lange Lethargieperiode von 100 Millionen Jahren erlebt, in der es nur knapp dem Tod für alle Zeiten entging. Glücklicherweise haben sich die Sterne entzündet und haben Wärme und Licht hervorgebracht, so daß 10 Milliarden Jahre später das Leben auf der Erde entstehen konnte. Diese glückliche Zeit kann noch 100 Milliarden Jahre fortdauern. Bei derartigen Zeitspannen ist es kaum vorstellbar, daß die menschliche Intelligenz der Weisheit letzter Schluß auf dieser langen Odyssee wäre. Werden die modernen, von der internationalen astronomischen Union geförderten Technologieentwicklungen zur Registrierung extraterrestrischer Signale möglicherweise bald überraschende Zivilisationen entdecken helfen?

Die Quantenphysik hat erstaunliche Einsichten in die ersten Augenblicke des Kosmos eröffnet. Mit ihrer Unschärferelation, ihren Antiteilchen, ihren virtuellen Teilchen, hat sie die elektroschwache Vereinheitlichung herausgearbeitet und die Existenz der W- und Z-Bosonen vorhergesagt, die im CERN auf glanzvolle Weise bestätigt wurden. In diesem Aufschwung zur Großen Vereinheitlichung fortfahrend, hat sie in einer fruchtbaren Zusammenarbeit mit der Kosmologie ein phantastisches Szenario entwickelt: von 10^{-35} bis 10^{-32} Sekunden hätte demnach der Weltraum eine gewaltige inflationäre Periode durchgemacht, während der jeder Kubikmeter des aus Nirgendwoher freigesetzten Lebensraums mit seiner Ration an «Sprengstoff» des Vakuums ausgestattet wurde. Dieser kritische Zustand fand in der 2. Explosion sein Ende. Durch diese 2. Explosion wurden Materie und Antimaterie erzeugt, mit, o Wunder, einem leichten Übergewicht zugunsten der Materie, der Grundlage der gesamten Fortsetzung der Geschichte. Dann hat die längste Sekunde dieses anfängliche Universum abgeklärt und gereinigt, um es an die Schwelle zum Grandiosen Fresko zu führen.

Viele andere außergewöhnliche Umstände haben das Auftreten der Menschheit begünstigt. Die spezifischen Eigenschaften der Atomkerne und der Atome des Kohlenstoffs, das flüssige Wasser auf einer Erde, die den Katastrophen, wie sie Venus und Mars verwüstet haben, entkommen konnte. Sollte unser Universum ein einmaliger Glücksfall in einer Vielzahl von Kosmosbildungen sein, in einem Universum von Universen, wie dies die «Kristalle» des inflationären Szenarios nahelegen?

Und später? Geht es in Richtung auf Kontraktion oder unbegrenzte Expansion? Die Spanne der 100 Milliarden Jahre scheint zur Verfügung zu stehen. Wenn aber die Zeit endlos verläuft, werden die Sterne erlöschen, sich im zunehmend weiten und leeren intergalaktischen Raum verstreuen oder zu riesigen schwarzen Löchern zusammenballen. Die überlebenden Zivilisationen werden einen langen Exodus unternehmen müssen, und sie werden ihre Odyssee auf Umlaufbahnen um supergalaktische schwarze Löcher abschließen. Nach Dyson ist ein an Reichtum und Komplexität grenzenloses Universum zumindest physikalisch vorstellbar.

Das tausendjährige Rätsel hat erleben müssen, daß sein Herrschaftsgebiet begrenzt wurde, aber es hat sich in seinem Festungsturm verschanzt, und es wird immer schwieriger, es noch weiter zurückzudrängen. Um das Universum kennenzulernen und zu verstehen, gilt es, Tabus, gesunden Menschenverstand, anthropomorphistische Gefühle und räsonierendes Gejammer über Bord zu werfen und den Fakten ins Gesicht zu sehen. Im übrigen ist – wenn die Spielregeln des Kosmos erst einmal ausgebreitet und ungefähr berechnet sind – nicht ausgeschlossen, daß die Menschen und ihre vielleicht existierenden extraterrestrischen Geschwister durch gemeinsame Anstrengung das Universum mattsetzen und dazu bringen könnten, daß es ihren eigenen Wünschen oder ihren Träumen zu Diensten wäre. Sicherlich sind unsere Chancen dafür äußerst gering, aber da sie ungleich Null sind, darf man verlangen, daß diese Wünsche respektiert werden; und sie spielen uns sogar eine gewissermaßen vornehme Rolle zu.

Und sind denn unsere Wünsche wirklich so außergewöhnlich? Vielleicht ist dies gar nicht der Fall. Zumindest nicht nach einem japanischen Lied aus dem 14. Jahrhundert.

Ich, der ich wie der Schaum
auf der Spitze der Wogen
eine sich verflüchtigende Welt durchqueren muß
wünsche mir vor allem
eine kleine Barke zum Fischen.

Quellenangaben zu den Abbildungen

Photographien:

1. Jean Heidmann. – 2., 3., 7. und 8. National Geographic. – Palomar Observatory Sky Survey. – 4. Max-Planck-Institut für Radioastronomie. – 5. Astronomisches Institut von Hawaii. – 6. National Radio Astronomy Observatory. – 9. P. J. E. Peebles, Physics Department, Princeton University. – 10. ESA. – 11. und 12. NASA. – 13. Klischees NASA und J. Reader, Montage Jean Heidmann.

Abbildungen im Text:

1. Prähistorische Abteilung des Musée de l'Homme. –
2. R. Dickerson, Universität von Los Angeles. –
3.–18. Jean Heidmann. – 19. P. Cloud, University of California in Santa Barbara.